Python编程基础与应用

——任务式案例教程

许桂秋 张东生 谢鸿稳◎主　编
韩迎春 李　季 谢智峰◎副主编

人民邮电出版社
北　京

图书在版编目（CIP）数据

Python编程基础与应用 : 任务式案例教程 / 许桂秋，张东生，谢鸿稳主编. -- 北京 : 人民邮电出版社，2024.2
（大数据技术与应用丛书）
ISBN 978-7-115-63426-9

Ⅰ. ①P… Ⅱ. ①许… ②张… ③谢… Ⅲ. ①软件工具—程序设计—教材 Ⅳ. ①TP311.56

中国国家版本馆CIP数据核字(2024)第001462号

内 容 提 要

本书是一本全面介绍 Python 编程语言的专业图书，旨在帮助读者从零开始学习 Python，掌握其基础知识和应用技巧。

本书共 13 章，涵盖 Python 的基础知识和多个领域的应用。第 1 章介绍 Python 的背景和特点，帮助读者逐步搭建 Python 开发环境，为后续章节的学习打下基础；第 2～4 章详细介绍 Python 的基础语法、变量和数据类型，这些知识能够帮助读者学会编写简单的程序；第 5～8 章介绍 Python 程序设计的高级主题，例如函数、模块、异常处理和文件操作，这些知识能够帮助读者编写复杂、可重用的程序；第 9～13 章介绍 Python 在不同领域的应用，其中包括数据分析、网络编程、Web 开发、数据分析等，这些知识可以帮助读者在不同领域使用 Python 实现具体应用。

本书可以作为高等院校计算机、数据科学与大数据技术等相关专业的 Python 程序设计教材，也可作为从事数据分析相关工作的技术人员的参考用书。

◆ 主　　编　许桂秋　张东生　谢鸿稳
副 主 编　韩迎春　李　季　谢智峰
责任编辑　张晓芬
责任印制　马振武
◆ 人民邮电出版社出版发行　　北京市丰台区成寿寺路 11 号
邮编　100164　　电子邮件　315@ptpress.com.cn
网址　https://www.ptpress.com.cn
北京九州迅驰传媒文化有限公司印刷
◆ 开本：787×1092　1/16
印张：17　　　　2024 年 2 月第 1 版
字数：393 千字　　　　2025 年 1 月北京第 2 次印刷

定价：69.80 元

读者服务热线：(010)53913866　印装质量热线：(010)81055316
反盗版热线：(010)81055315

前言

选择什么样的编程语言是每个程序员进入编程领域时都要面对的一个重要问题。在众多的编程语言中，Python 是一种备受推崇和喜爱的编程语言。它具有简洁、易学、功能强大等特点，可以用于多个不同的应用领域（从数据分析到网站开发，从人工智能到科学计算）。

本书的目的是帮助初学者迅速入门 Python 编程，并逐步提升技能水平。我们的写作宗旨是让编程变得简单、有趣和具有实际应用性。

在本书中，我们将按照逐步深入的方式介绍 Python 的基本概念和语法，从最简单的程序开始，逐渐引入变量、数据类型、控制结构、函数、对象等概念。同时，我们还将介绍如何使用 Python 进行文件操作、网络编程、数据库连接等内容。

全书共 13 章，可分为两个部分。这种划分有助于初学者系统地学习基本概念和语法，然后能够将所学知识应用于实际项目。

第一部分是基础应用，包括第 1～8 章。在这 8 章中，我们将详细介绍 Python 的基本概念和语法规则，先介绍变量、数据类型和运算符，然后逐步引入条件语句、循环语句、函数等核心概念。通过大量的实例和练习，我们将帮助读者打下扎实的编程基础。

第二部分是综合应用，包括第 9～13 章。在这 5 章中，我们将探讨如何把 Python 应用到实际项目中，介绍如何使用 Python 进行数据分析、网络编程、Web 开发和数据分析挖掘，并利用综合案例加深读者对各部分内容的理解，帮助读者将所学知识应用到实际场景中。

本书可以作为高等院校计算机、数据科学与大数据技术等相关专业的 Python 程序设计教材，也可作为从事数据分析相关工作的技术人员的参考书。

由于作者水平有限，书中难免存在一些疏漏和不足之处，恳请广大读者批评指正。

编　者

2024 年 2 月

目录

第1章 Python 程序设计概述

在编程的世界里，没有哪一种编程语言更好，只有哪一种编程语言更合适。当前，热门的编程语言都有其存在的道理，它们有各自擅长的领域和特性，因此，我们无法判断哪一种编程语言是最好的，只能根据具体的应用场景选择最合适的编程语言。

Python 是一种跨平台、开源、免费的解释型高级动态编程语言，具有语法精简、易于安装、可扩展性强的特点，越来越受到人们的关注和青睐。本章主要探讨以下 3 个方面的内容。

① 计算机与程序的执行。

② 计算机编程语言的形式和功能。

③ Python 语言的开发环境。

1.1 计算机与程序

计算机是一种能够执行指定任务的智能设备，由硬件和软件组成。计算机的核心是中央处理器（CPU），负责执行指令和进行算术逻辑运算。计算机还包含用于临时存储数据和程序的内存（RAM），以及用于持久性存储数据的存储器（硬盘、固态硬盘等）。

程序是一组指令的有序序列，告诉计算机如何完成特定的任务。程序可以是用高级编程语言编写的，例如 Python、C++、Java 等，也可以是低级的机器语言指令。编写程序的目的是使计算机按照一定的逻辑和规则完成特定的工作。

计算机执行程序的基本过程如下。

① 编写程序。程序员使用编程语言编写程序，描述问题的解决方案和计算机需要执行的指令。

② 编译或解释程序。如果程序使用编译型语言（例如 C++、Java），则需要将程序源代码转换成计算机能够理解的机器语言，这个转换过程被称为编译。而对于解释型语言（例如 Python），解释器会逐行读取程序并直接执行。

③ 运行程序。一旦程序被编译或解释成功，计算机就可以执行程序了。程序被加载到计算机的内存中，并由 CPU 逐条执行其中的指令。

④ 输出结果。程序的执行过程中可能会涉及输入/输出操作。输入是指程序接收外部数据，输出是指程序将处理结果呈现给用户。

计算机与程序的关系是相辅相成的。计算机是执行程序的工具，而程序是指导计算机进行工作的指南。在学习编程时，我们需要理解计算机的工作原理，并学会编写有效的程序来实现各种任务。通过编程，我们可以进行任务自动化、解决问题、数据处理、开发应用程序等工作，发挥计算机的强大功能。

1.2 Python 语言简介

Python 是一种功能强大的编程语言，能够轻松应对日常任务。例如，我们可以使用 Python 来开发网站，许多知名的网站（如 YouTube）是用 Python 语言构建的。此外，Python 也是网络游戏后台的优选语言，很多在线游戏采用 Python 语言来搭建后台。然而，值得注意的是，Python 并不适合所有领域，例如操作系统、手机应用、三维游戏等，这些领域可能需要选择其他更适合的编程语言。不过，对于日常的任务和大多数应用来说，Python 语言仍然是非常不错的选择。

Python 是一种高级、通用、解释型编程语言，由 Guido van Rossum 于 1989 年创造，于 1991 年首次发布。Python 的设计目标是简单、易读、易学和灵活，强调代码的可读性和清晰性，因此 Python 被称为“人类友好的编程语言”。

现在，全世界有 600 多种编程语言，但流行的编程语言只有 20 多种。2023 年 8 月编程语言排行榜如图 1-1 所示，可以看出，Python 排在第一位。

2023 年 8 月编程语言排行榜

编程语言 ▾　　TIOBE　　8月 ▾

排名	编程语言	流行度	对比上月	年度明星
1	Python	13.33%	▼ -0.09%	2021, 2020
2	C	11.41%	▼ -0.15%	2019, 2017
3	C++	10.63%	▼ -0.17%	2022, 2003
4	Java	10.33%	▼ -0.17%	2015, 2005
5	C#	7.04%	▲ 0.17%	-
6	JavaScript	3.29%	▲ 0.18%	2014

图 1-1　2023 年 8 月编程语言排行榜

1. Python 语言的发展

1991 年，Guido van Rossum 发布了 Python 的第一个公开版本，也就是 Python 0.9.0。Python 的名称是 Guido van Rossum 受英国喜剧团 Monty Python 名字的启发所起的，目的是在开发者之间制造一些幽默和欢乐。

随着时间的推移，Python 逐渐发展壮大。在 Python 1.x 时期，Python 逐渐成为一种可行的编程语言选择，不断引入新功能，不断改进，为更广泛的应用领域奠定基础。

2000 年，Python 2.0 发布，带来了更多重要的功能和语法更新，成为新的主流版本。Python 的生态系统也在这一时期不断扩大，很多重要的库和框架开始涌现，为 Python 的应用和发展增添了动力。

然而，随着时间的推移，Python 2.x 的设计缺陷和不一致性逐渐凸显。为了解决这些问题，Python 3.0 于 2008 年发布，引入了一些不向后兼容的变化。虽然在初始阶段，Python 3.x 的推广和应用面临一些挑战，但随着社区的努力和支持，Python 3.0 逐渐成为主流版本，并得到了广泛的应用。

当前阶段，Python 已成为全球范围内非常受欢迎的编程语言之一，它在多个领域（例如 Web 开发、数据科学、人工智能、机器学习、自然语言处理等）有广泛的应用。Python 社区不断壮大，成为全球最活跃、最友好和最具支持性的编程社区。

Python 语言的发展在过去几十年取得了飞速的进展，在未来也有着更广阔的发展前景。不断涌现的新库、框架和功能将继续推动 Python 在各个领域的发展和应用，使它成为越来越多开发者和组织的首选编程语言。

2．Python 的特点

① 易于学习。Python 有相对较少的关键字，结构简单，语法定义明确，学习起来较为容易。

② 易于阅读。Python 代码的定义很清晰。

③ 易于维护。Python 的源代码相当易于维护。

④ 拥有广泛的标准库。Python 具有丰富的库，且可跨平台使用，在 UNIX、Windows、macOS 等不同操作系统中的兼容性很好。

⑤ 支持互动模式。互动模式支持用户从终端输入执行代码并获得结果，用户可利用互动模式进行测试和调试代码。

⑥ 可移植强。基于开放源代码的特性，Python 已经被移植（也就是使 Python 工作）到许多平台中。

⑦ 可扩展性强。如果用户需要一段运行很快的关键代码，或者是想要编写一些不开放的代码，则可以使用 C 语言或 C++语言完成这些程序，然后在 Python 程序中调用它们。

⑧ 支持数据库。Python 提供了主要的商业数据库的接口。

⑨ 支持用户图形界面（Graphical user Interface，GUI）编程。Python 下的 GUI 编程代码可以被许多系统调用。

⑩ 可嵌入。用户可以将 Python 代码嵌入到 C/C++程序中，让程序的使用者获得“脚本化”的能力。

3．Python 语言的优点

① 提供丰富的基础代码库。当使用一种语言开始进行软件开发时，除了编写核心代码，还需要很多基本的已经写好的代码，以加快开发进度。Python 为我们提供了非常完善的基础代码库，这些库覆盖了网络、文件、GUI、数据库、文本等大量的编程内容，被形象地称作“内置电池”。用 Python 开发软件时，许多功能不必从零编写代码，直接使用现

成的代码即可。

② 具有丰富的第三方库。除内置的库外，Python 还有大量的第三方库，也就是别人开发的、可供用户直接使用的库。当然，我们开发的代码也可以通过封装，作为第三方库供别人使用。

③ 应用范围广。许多大型网站都是用 Python 开发的，例如 YouTube、豆瓣等。很多大公司（包括谷歌、雅虎等）甚至美国国家航空航天局都选择使用 Python。

4．Python 语言的缺点

任何编程语言都有缺点，Python 也不例外，它的缺点如下。

① 运行速度慢。与 C 程序相比，Python 程序的运行速度非常慢，因为 Python 是解释型语言，Python 程序代码在执行时会一行一行地被翻译成 CPU 能理解的机器指令语句，这个翻译过程非常耗时，所以运行速度很慢。而 C 程序则是运行前直接编译成 CPU 能执行的机器指令语句，所以运行速度非常快。

在实际应用中，很多应用程序不需要非常快的运行速度，因为用户根本感觉不出来。例如，开发一个下载网络音频的网络应用程序，C 程序的运行需要 0.001 s，Python 程序的运行需要 0.1 s，加之网络更慢，用户还需要等待 1 s，但是，用户感觉不到 1.001 s 和 1.1 s 的区别。

② 代码不能加密。如果要发布 Python 程序，则必须发布源代码。这一点与 C 语言不同。C 语言不用发布源代码，只需要把编译后的机器指令语句（也就是 Windows 操作系统上常见的.exe 文件）发布出去。要从机器指令语句中反推出 C 代码是不可能的，所以，凡是编译型的编程语言都没有代码不能加密这个问题，而解释型的编程语言必须把源代码发布出去。

5．Python 语言的特色

Python 是一个高层次的，结合了解释型、编译型、互动型和面向对象的语言等优势的语言。Python 程序具有很强的可读性，具有比其他语言程序更有特色的语法结构。

① Python 是一种解释型语言。这意味着开发过程中没有了编译这个环节，类似于 PHP 和 Perl 语言。

② Python 是交互式语言。这意味着用户可以使用 Python 提示符直接互动执行编写的程序。

③ Python 是面向对象语言。这意味着 Python 支持面向对象的风格或代码封装在对象的编程技术。

④ Python 是初学者的语言。Python 对初级程序员而言，是一种伟大的语言，支持广泛的应用程序开发（从简单的文字处理，到浏览器的制作，再到游戏的开发等）。

1.3 Python 的开发环境

Python 可应用于多个操作系统，用户可以通过终端窗口输入“python”命令来查看本地是否已经安装 Python 及 Python 的安装版本。在进行 Python 编程之前，需要先安装 Python 解释器和一些常用的开发工具。

1.3.1　Python 解释器

1. 安装 Python 解释器

Python 解释器是运行 Python 代码的程序。在 Python 的官网上，我们可以找到适合不同操作系统的 Python 安装包。如无特殊说明，本书涉及的操作系统为 Windows 11 64 位，Python 版本为 3.8.10。

以下为 Python 解释器的安装及配置。

首先，从 Python 的官网下载 Python 安装包。进入官网后，读者需要根据自己的操作系统（Windows、macOS 或 Linux）选择与本机系统（是 32 位还是 64 位）相匹配的 Python 版本。Python 官网下载界面如图 1-2 所示。

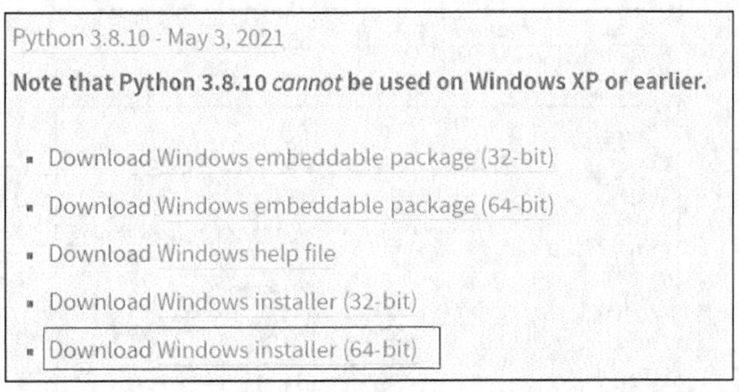

图 1-2　Python 官网下载界面

然后，双击安装程序，启动安装。具体步骤如下。注意：如果安装过程中遇到了问题，那么可在安装期间暂时禁用杀毒软件，待安装结束后重新启用杀毒软件。

步骤 1：启动安装软件，进入欢迎界面，如图 1-3（a）所示。先单击图 1-3（a）中数字 1 对应内容的复选框，将 Python 添加到系统环境变量，这样就可以在命令行或终端中直接运行 Python 命令。之后，单击数字 2 对应内容，进入图 1-3（b）所示自定义安装配置页面，选择需要安装的内容并单击“Next”按钮，进入安装配置页面。

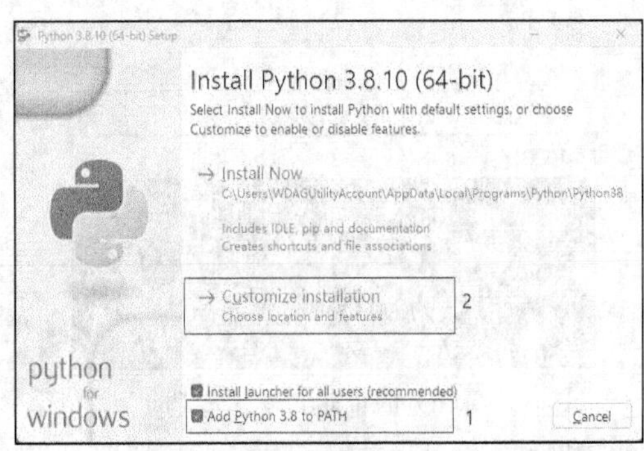

（a）欢迎界面

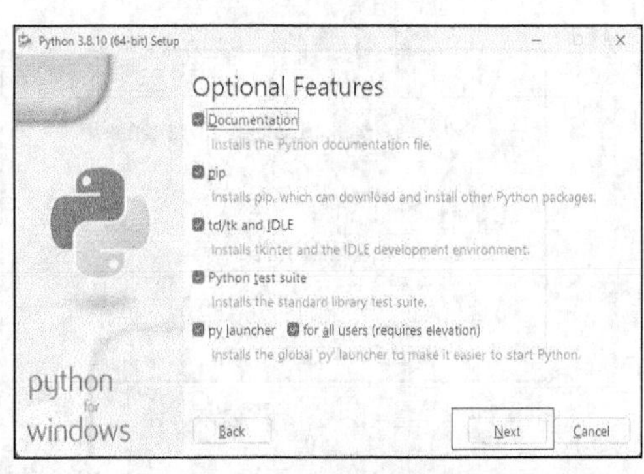

（b）自定义安装配置界面

图 1-3　安装 Python

步骤 2：配置选项如图 1-4 所示。在该界面上选择“Install for all users”选项，并在 Customize install location 输入框旁单击“Browse”按钮选择目标文件夹，之后单击“Install”按钮，等待 Python 安装完成。Python 安装成功界面如图 1-5 所示。

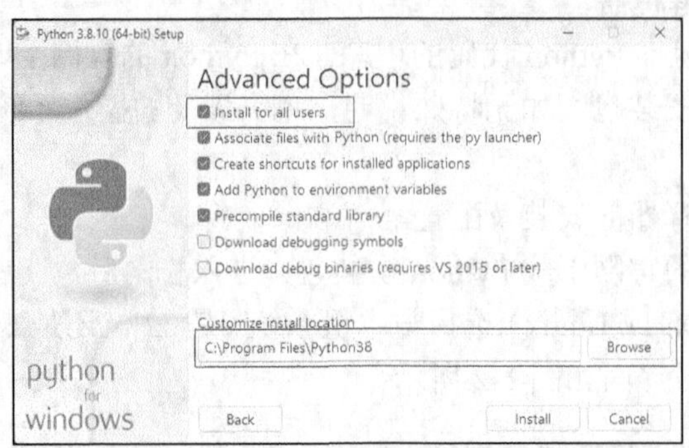

图 1-4　配置选项

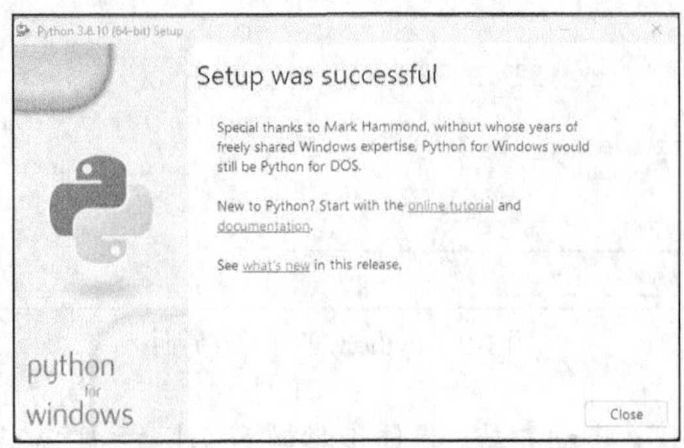

图 1-5　Python 安装成功界面

步骤 3：同时按住“Win”键和“R”键，打开运行窗格，并输入“cmd”，如图 1-6（a）所示，以打开终端。在打开的终端中输入“python”命令，验证 Python 解释器是否安装成功，若安装成功则会输出安装的 Python 版本信息。从图 1-6（b）所示界面可以看出，Python 解释器已安装成功，Python 版本号为 3.8.10。

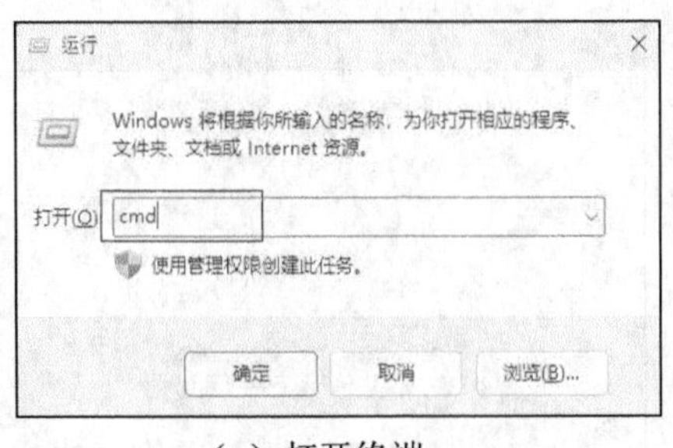

（a）打开终端

（b）验证是否安装成功

图 1-6　Python 安装验证

至此，Python 解释器安装完成。

2．Python 虚拟环境

虚拟环境是 Python 中用于隔离不同项目所依赖的工具，允许我们在同一台机器上创建多个独立的 Python 运行环境，确保项目之间不会相互干扰。Python 自带了一个名为 venv 的模块，用于创建和管理虚拟环境。

（1）创建虚拟环境

打开终端或命令行，创建并进入我们想要创建虚拟环境的目录，此处以用户目录下的 my_venv 文件夹为例。在终端中输入以下命令，创建一个名为“myenv”的虚拟环境（可以用任何名字替换“myenv”），其终端形式如图 1-7 所示。

```
mkdir my_venv           # mkdir 为创建文件夹命令，my_venv 为虚拟环境所在位置。
python -m venv myenv    # venv 用于创建和管理虚拟环境的模块，Myenv 为创建的虚拟环境名称。
```

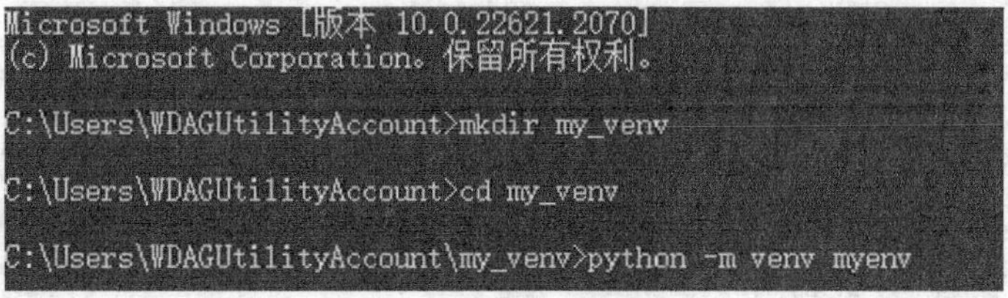

```
Microsoft Windows [版本 10.0.22621.2070]
(c) Microsoft Corporation。保留所有权利。

C:\Users\WDAGUtilityAccount>mkdir my_venv

C:\Users\WDAGUtilityAccount>cd my_venv

C:\Users\WDAGUtilityAccount\my_venv>python -m venv myenv
```

图 1-7　创建虚拟环境命令

执行完以上命令后，系统会在当前目录下创建一个新的文件夹“myenv”，作为虚拟环境的根目录。该目录将包含独立的 Python 解释器和标准库。

（2）激活虚拟环境

创建完虚拟环境后，可通过 activate 命令激活创建的虚拟环境。激活虚拟环境命令如下，其终端形式如图 1-8 所示。

```
myenv\Scripts\activate
```

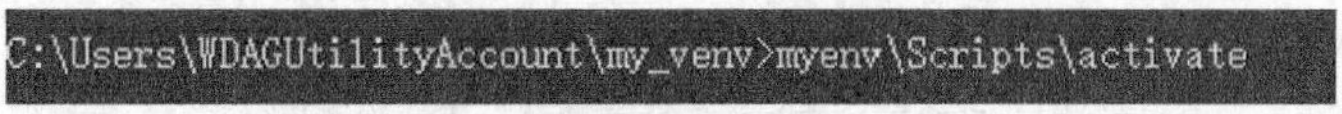

```
C:\Users\WDAGUtilityAccount\my_venv>myenv\Scripts\activate
```

图 1-8　激活虚拟环境命令

激活虚拟环境后，终端的命令行前面出现了虚拟环境的名称（myenv），如图 1-9 所示，这表示虚拟环境已经成功激活。

```
(myenv) C:\Users\WDAGUtilityAccount\my_venv>
```

图 1-9　激活虚拟环境后的命令行

在虚拟环境中，我们可以像平常一样使用 Python 命令和安装第三方库，所有的操作将在虚拟环境中生效，这样可以保持不同项目的依赖隔离，避免不同项目之间的冲突。当完成当前项目的开发或者需要切换到其他项目时，可以使用以下命令退出当前虚拟环境，其终端形式如图 1-10 所示。

```
deactivate
```

```
(myenv) C:\Users\WDAGUtilityAccount\my_venv>deactivate
C:\Users\WDAGUtilityAccount\my_venv>
```

图 1-10　退出虚拟环境命令

退出虚拟环境后，我们将回到原来的 Python 环境。使用 venv 工具创建虚拟环境，可以让我们更好地管理项目的依赖，使开发过程更加模块化和清晰。特别是对于同时开发多个项目或者涉及不同 Python 版本的情况，使用虚拟环境可以保障各个项目之间的环境隔离，使它们互不影响。

1.3.2　PyCharm

PyCharm 是一种 Python IDE，带有一整套可以帮助用户在使用 Python 语言开发时提高效率的工具，例如调试、语法高亮、Project 管理、代码跳转、智能提示、自动完成、单元测试、版本控制等。此外，PyCharm 还提供了一些高级功能，用于支持 Django 框架下的专业 Web 开发，同时支持 Google App Engine 和 IronPython。

1．下载和安装 PyCharm

进入 PyCharm 官网，读者可以根据自己计算机的操作系统选择相应的版本下载安装包并进行安装。PyCharm 的安装步骤非常简单，读者只需选择安装的目标文件夹，其他选择默认项即可。之后，PyCharm 就会自动运行了（由于是首次使用，所以有一些初始选择项需要设置），运行后会按以下顺序依次弹出相应的窗口。

① 选择是否在 PyCharm 加入 Import 路径，如图 1-11 所示。在该窗口中选择默认选项即可，无须配置导入路径，之后单击“OK”按钮。

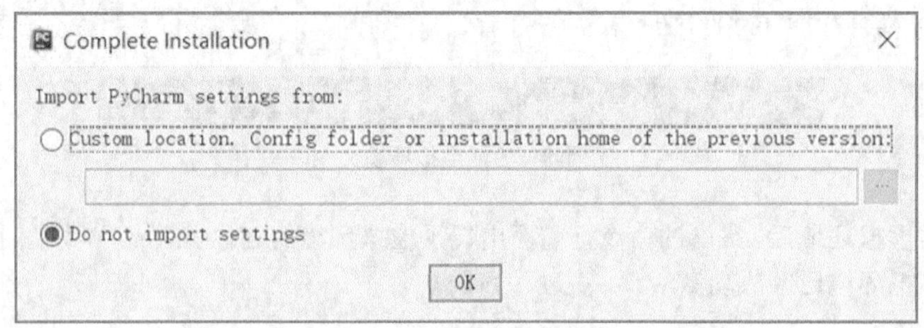

图 1-11　选择是否在 PyCharm 加入 Import 路径

② 免费激活 PyCharm，如图 1-12 所示。在该窗口中选择“Evaluate for free”（PyCharm 并不是免费的，读者可以购买正版，也可以选择免费试用 30 天），然后单击“Evaluate”按钮。

③ PyCharm 初始界面如图 1-13 所示。在该窗口中可以选择的操作分别是“Create New Project”（创建新项目）或“Open”（打开一个项目）。首次使用时可以选择创建一个新的项目，即单击“Create New Project”选项。

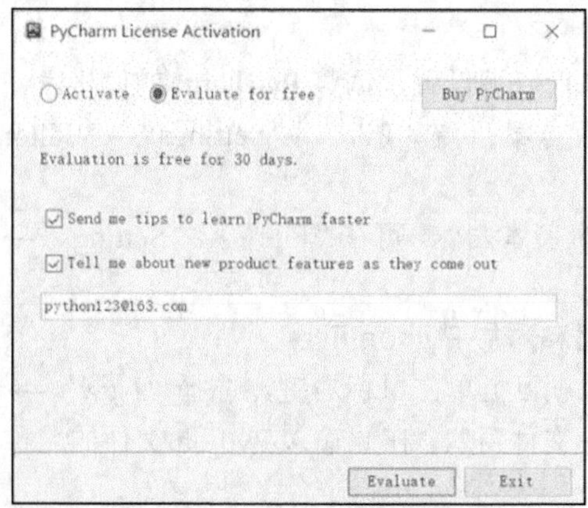

图 1-12　免费激活 PyCharm

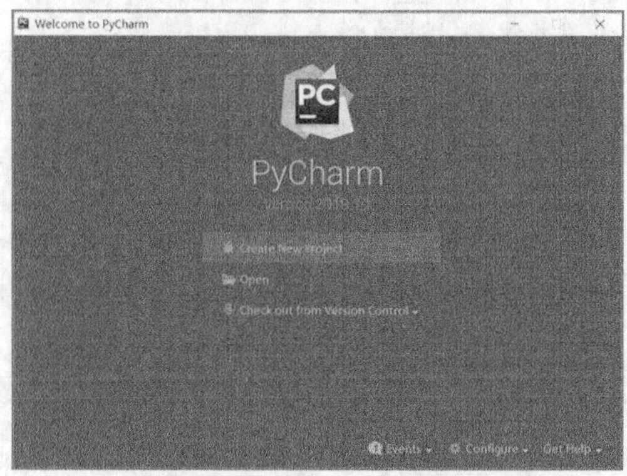

图 1-13　PyCharm 初始界面

④ 创建一个 Python 项目，如图 1-14 所示。在该窗口左侧的导航栏中选择“Pure Python”选项，在右侧的“Location”输入框中输入或选择创建项目要存储的路径，之后单击“Create”按钮。

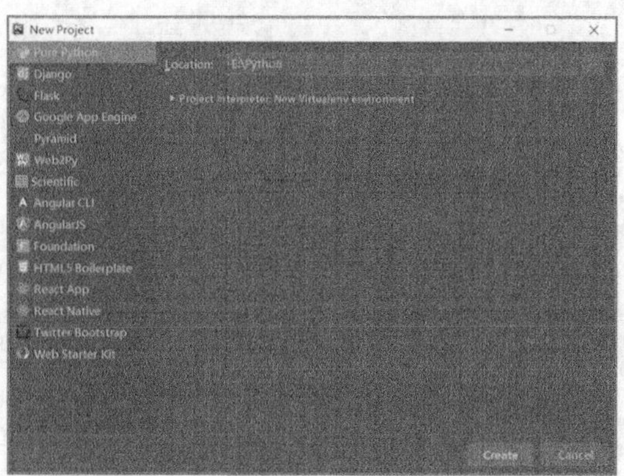

图 1-14　创建一个 Python 项目

至此，我们创建了一个空项目，其中包含一个名称为.idea 的文件夹，用于 PyCharm

管理项目。

另外，我们还可以进行以下设置，调整 PyCharm 的风格。

设置 PyCharm 的配色方案：可在“File”→“Settings”→“Editor”选项下的 Code Scheme 子选项中进行设置。

设置 PyCharm 代码的字体大小：可在“File”→“Settings”→“Editor”选项下的 Font 子选项里进行设置。

2．创建 Python 项目和添加 Python File

首先，在刚才创建的项目上单击鼠标右键，选择“New”→“Python File”选项，进入图 1-15 所示的添加 .py 文件窗口，在此输入 Python 文件的名称，之后单击“OK”按钮。

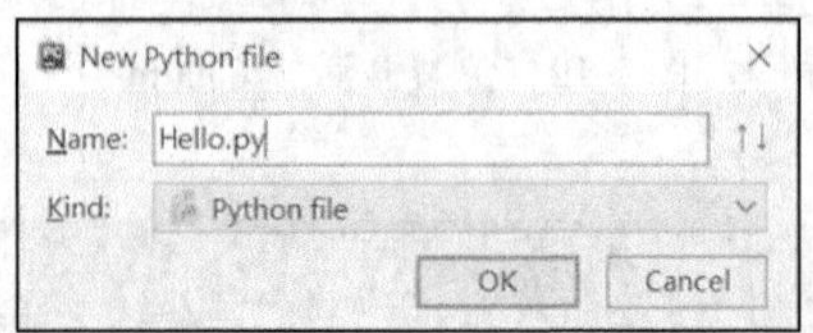

图 1-15　添加.py 文件

其次，进入代码编写界面，编辑该文件的脚本代码。这里输入代码：print "Hello word!"。

再次，运行代码。在代码编辑区域空白处单击鼠标右键，在弹出的窗口中选择“Run 'hello'”选项运行代码，如图 1-16 所示。

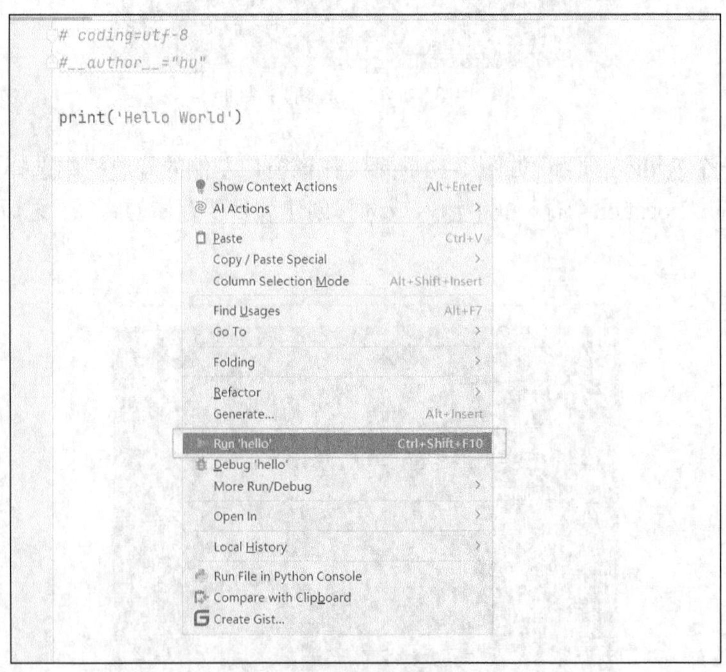

图 1-16　运行代码

最后，观看程序运行的输出结果。Hello.py 程序的运行结果如图 1-17 所示。

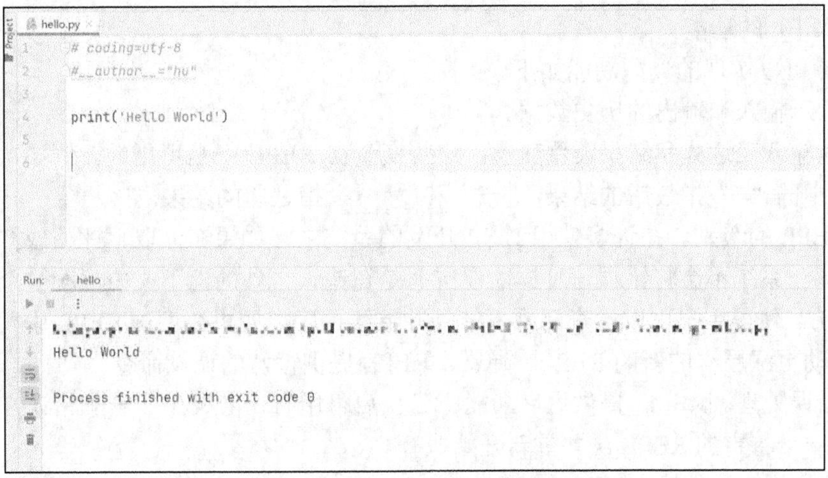

```
hello.py
# coding=utf-8
#__author__="hu"

print('Hello World')
```

```
Run: hello
Hello World

Process finished with exit code 0
```

图 1-17　hello.py 程序的运行结果

1.3.3　REPL

Python 是一种交互式的语言，这意味着用户能够在一个软件环境中以一种互动的方式输入 Python 程序代码，该环境实时地给出代码的执行结果。这种软件环境在计算机的领域中被称为 REPL（Read–Eval–Print Loop），又称 Shell。REPL 是一种简单、交互式的计算机编程环境，采用单用户输入，之后对输入内容进行评估，并将评估结果返回给用户。在 REPL 环境中编写的程序总是被分段执行。

1. REPL 简介

在 REPL 中，用户键入一条或多条表达式（而不是整个完整的程序单元），然后 REPL 对这些表达式进行评估并显示结果。REPL 的命名来源于 LISP 的私有功能，具体如下。

① 系统的读取（Read）函数接收来自用户的表达式，并将其解析为内存中的数据结构。例如，用户在 Lisp 的交互界面输入 S 表达式：(+ 1 2 3)，系统将其解析为包含 4 个数据元素的链表。

② 评估（Eval）函数获取内部数据结构，并对该结构进行评估。在 LISP 中，评估 S 表达式是从函数名开始的，其余部分是函数的参数，因此，S 表达式内的符号“+”调用参数 1、2、3，并得出结果 6。

③ 打印（Print）功能是通过调用评估函数来产生结果的，并将结果输出给用户。对于一个复杂的表达式，评估函数会输出一个格式化的结果，以便用户理解。但是，在这个例子中，数字 6 不需要打印很多格式。之后，开发环境返回读取状态，并创建一个循环，当程序关闭时，该循环终止。

REPL 有助于探索性编辑和调试程序，因为程序员可以在决定为下一次读取提供表达式之前检查打印结果。

打印函数格式化文本的输出结果与读取函数所使用的输入格式完全相同，因此大多数结果以可复制的形式被打印并粘贴回 REPL 中。

2. REPL 的功能

REPL 可以实现的典型功能如下。

① 显示输入和输出的历史数据。

② 为输入表达式和结果设置变量，这些变量在 REPL 中是可用的。例如，通常情况下，Lisp 中的“*”指最后的结果，“**”和“***”指之前的结果。

③ REPL 的级别。在许多使用 LISP 开发的系统中，如果在读取、评估或打印表达式时发生错误，系统不会将错误消息抛回顶层而是在错误之处的上下文中启动一个更深层的新的 REPL，使得用户可以检查问题，修复并继续程序。如果在调试 REPL 中发生错误，则再次启动更深层次的新的 REPL。通常，REPL 提供特殊的调试命令。

④ 错误处理。REPL 提供重启功能。当重启可用时，若发生了一个错误，那么，系统会回到一个特定的 REPL 层并重新开始执行。

1.3.4 Python 脚本

Python 和其他脚本语言（例如 R、Perl）一样，也可以直接在命令行里运行脚本程序。

安装完 IDLE（Python GUI）代码编辑器后，“开始”菜单会出现对应的 Python 3.8 文件夹和相应的工具选项，如图 1-18 所示。

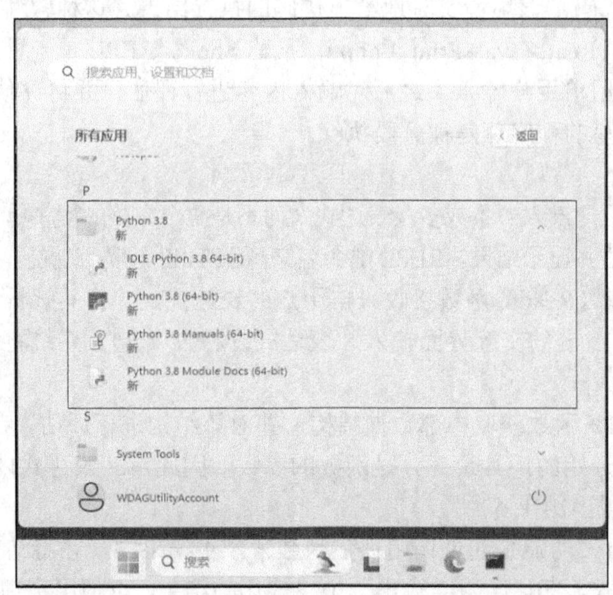

图 1-18　开始菜单中 Python 3.8 文件夹和工具选项

如果选择文件夹中的 IDLE 工具选项（这是一个功能完备的代码编辑器），则允许用户在这个编辑器中编写 Python 代码。在 IDLE 代码编辑器中，输入 Python 的关键字后，按【Tab】键即可自动补全不完整的代码。IDLE 代码编辑器如图 1-19 所示。如果单击开始菜单下 Python 3.8 文件夹的 Python 命令行，便可进入执行 Python 脚本的命令行界面，如图 1-20 所示。这两种方式均可运行 Python 脚本。

```
IDLE Shell 3.8.10
File  Edit  Shell  Debug  Options  Window  Help
Python 3.8.10 (tags/v3.8.10:3d8993a, May
AMD64)] on win32
Type "help", "copyright", "credits" or "
>>> x=8
>>> y=9
>>> x+y
17
>>>
```

图 1-19　IDLE 代码编辑器

```
管理员: C:\Windows\system32\cmd.exe - python
Microsoft Windows [版本 10.0.22621.2070]
(c) Microsoft Corporation。保留所有权利。

C:\Users\WDAGUtilityAccount>python
Python 3.8.10 (tags/v3.8.10:3d8993a, May  3 2021,
Type "help", "copyright", "credits" or "license" f
>>> x=8
>>> y=9
>>> x+y
17
>>> _
```

图 1-20　Python 命令行界面

第 2 章　Python 程序设计基础

本章主要介绍 Python 语言的基本语法和编码规范，重点讲解 Python 语言的运算符、数据类型、常量、变量、字符串等基础知识。这些基础知识可以为后续的 Python 程序开发打下坚实的基础。

2.1　Python 编码规范

本节简要介绍 Python 编码规范，其中包括注释规则和代码缩进。需要注意的是，读者在编写 Python 程序时，应该严格遵循这些约定俗成的规范。关于 Python 编码规范的更多内容，读者可以在 Python 官方网站上进行查询。掌握更多的编码规范，能够帮助我们编写出更具可读性和易于维护的 Python 代码。

2.1.1　注释规则

为代码添加注释是一种良好的编程习惯，它有助于代码的维护和阅读。在 Python 代码中，通常有 3 种类型的注释，包括单行注释、多行注释及用于编码规范的注释。通过使用这些注释，我们可以提高代码的可读性和可维护性。

1. 单行注释

在 Python 代码中，我们可以使用“#”符号来表示单行注释。单行注释可以独立为一行，位于被注释代码行的上方，也可以放在语句或表达式之后。我们可以通过这种注释方式对代码进行解释和说明，提高代码的可读性。

作为单独一行放在被注释代码行之上的单行注释示例如下。

```
pi = 3.14
r = 2
# 使用面积公式求出圆的面积
area = pi*r*r
print(area)
```

运行结果如下。

```
12.56
```

在 Python 代码中，当单行注释作为单独的一行放在被注释代码行之上时，建议在“#”

后面先添加一个空格，再添加注释内容，以提高代码的可读性。同样，当单行注释位于语句或表达式之后时，建议注释内容和语句（或表达式）之间至少有两个空格（本书为了便于展示，采用一个空格），以确保代码的可读性。这种规范操作可以让代码更易于理解和维护。

2．多行注释

在 Python 代码中，当注释内容过多而无法在一行中显示时，我们可以使用多行注释。多行注释可以用 3 个单引号或 3 个双引号来表示。通过这种方式，我们可以在多行中自由地添加注释内容，以便更好地对代码进行解释和说明。这样的注释形式可以使代码更具可读性和可维护性。

使用 3 个双引号的多行注释示例如下。

```
"""
文件名：area.py
用途：用于求解矩形的面积
"""
print("上面内容为多行注释")
```

运行结果如下。

```
上面内容为多行注释
```

3．编码规则注释

编码规则注释主要是为了解决 Python 2.x 中不支持直接写中文的问题。虽然这个问题在 Python 3.x 中已经不存在，但为了方便他人了解代码文件所使用的编码，我们依然建议在文件开始位置加上编码规则注释，这样可以明确指定该文件的编码方式，确保代码在不同环境下的正确性和可移植性。同时，这也可以提醒开发人员在编辑和修改代码时要注意编码一致性的问题。

示例演示如下。

```
# -*- coding:utf-8 -*-
length = 3              # 矩形的长
width = 5               # 矩形的宽
area = length*width     # 求出矩形的面积
print(area)
```

运行结果如下。

```
15
```

2.1.2　代码缩进

与其他编程语言（例如 C 语言和 Java 语言）相比，Python 语言在语法结构上有一个显著的不同之处：Python 语言使用代码缩进和冒号来区分代码层次，而 C 语言和 Java 语言使用大括号来分隔代码块。对于那些有其他编程语言（例如 C 语言或 Java 语言）开发经验的人来说，刚开始可能会对 Python 语言的强制缩进不习惯。然而，一旦习惯了 Python 语言的缩进规范，他们就会发现它非常方便。使用缩进来表示代码层次这种方式简化了代码结构，使代码更加清晰和易读。此外，强制缩进也有助于避免一些语法错误，让代码更加健壮和可靠。

缩进在 Python 语言中可以使用空格键或者“Tab”键来实现，我们建议使用空格键来进行缩进。当使用空格键来实现缩进时，推荐使用 4 个空格作为一个缩进量，这样可以保证代码的一致性和可读性，使代码在不同的编辑器和环境下都能够正确地显示缩进。使用空格作为缩进方式的另一个好处是，可以避免在不同编辑器之间进行转换时出现混乱的缩进问题。虽然 Python 语言允许使用“Tab”键来进行缩进，但是为了编写规范的代码，我们推荐使用空格，并以 4 个空格作为一个缩进量。

Python 的缩进规范示例如下。

```
length = 3            # 矩形的长
width = 5             # 矩形的宽
area = length*width  # 矩形的面积
if area > 10:
    print("大矩形")
```

运行结果如下。

```
大矩形
```

常用的集成式开发环境（例如 IDLE、PyCharm、Eclipse 等）具有自动缩进的机制，例如输入“:”之后按回车键，代码会自动进行缩进。

2.2 关键字和标识符

2.2.1 关键字

Python 语言中定义了一些特殊的词汇，这些词汇被称为关键字。这些关键字都有特定的含义，并且只能在特定的位置使用。Python 语言中的所有关键字见表 2-1。

表 2-1 Python 语言中的所有关键字

关键字	关键字	关键字	关键字	关键字	关键字
and	as	assert	async	await	break
class	continue	def	del	elif	else
except	finally	for	from	False	global
if	import	in	is	lambda	nonlocal
not	None	or	pass	raise	return
try	True	while	with	yield	

查看 Python 语言中的所有关键字示例如下。

```
>>> import keyword
>>> keyword.kwlist
```

需要注意的是，Python 中的关键字是区分字母大小写的，例如，for 是关键字，但是 FOR 不是关键字。

2.2.2　标识符

在 Python 语言中，类名、对象名、方法名、变量名等统称为标识符。为了提高程序的可读性，定义标识符时应尽量遵循“见其名知其意”的原则，即标识符的命名能够清晰地表达标识符的意义。以下是 Python 标识符的命名规则。

① 标识符由字母、数字和下划线组成。

② 标识符的第一个字符必须是字母或下划线。

③ 标识符不能以数字开头。

④ 标识符区分大小写。例如，变量 name 和变量 Name 是不同的标识符。

⑤ 不要使用 Python 关键字作为标识符，以免引起命名冲突。

⑥ 标识符应具有一定的描述性，能够清楚表达其含义。例如，使用 student_name 作为学生姓名的标识符。

⑦ 标识符应避免使用过于简单的名称，以免与 Python 内置函数或常用模块名称产生冲突。

⑧ 长标识符可以使用下划线来分隔单词（例如 student_name 和 user_address），提高可读性。

以上命名规则可以使代码更加易读易维护，并且能够让人更好地与其他开发者协作。因此，在编写 Python 代码时，建议根据标识符的命名规则进行命名。

以下是非法的标识符。

```
4gen  # 以数字开头
for   # 属于 Python 中的关键字
$book # 包含特殊字符 $
```

2.3　运算符与数据类型

Python 程序由一系列表达式和语句构成，其中，表达式可以用于计算，并得到一个具体的值。表达式包含了运算符和 Python 对象。

2.3.1　运算符与表达式

运算符是程序设计语言最基本的元素，也是构成表达式的基础。在使用运算符对一个或多个数值进行运算操作时，可以指定运算操作的类型。

Python 支持的运算符有算术运算符、赋值运算符、比较运算符、位运算符、逻辑运算符。下面将结合各类型运算符来介绍相应的表达式。

1．算术运算符及表达式

算术运算符用于对操作数或表达式进行数学运算。Python 的常用算术运算符见表 2-2。

表 2-2 Python 的常用算术运算符

算术运算符	具体描述	示例
+	加法运算，即两个对象相加	3 + 5 的结果是 8
–	减法运算，即两个对象相减	23 – 6 的结果是 17
*	乘法运算，即两个对象相乘	2 * 11 的结果是 22
/	除法运算，即两个对象相除	4 / 2 的结果是 2
%	取模运算，即返回除法的余数	5 % 3 的结果是 2
**	求幂运算，即 $x**y$，返回 x 的 y 次幂	2 ** 3 的结果是 8
//	整除运算，即返回商的整数部分	21 // 10 的结果是 2

例如，表达式(3 + 5) / 2 的计算结果及结果类型如下，其中，<class 'float'>表示结果类型是 float 类型，即浮点型。

```
>>> (3 + 5) / 2
4.0
>>> type((3 + 5) / 2)
<class 'float'>
```

例如，表达式 5 % 3 的计算结果及结果类型如下，其中，<class 'int'>表示结果类型是整数类型。

```
>>> 5 % 3
2
>>> type(5 % 3)
<class 'int'>
```

例如，表达式 2 ** 3 的计算结果及结果类型如下。

```
>>> 2 ** 3
8
>>> type(2 ** 3)
<class 'int'>
```

例如，表达式 21 // 10 的计算结果及结果类型如下。

```
>>> 21 // 10
2
>>> type(21 // 10)
<class 'int'>
```

2．赋值运算符及表达式

赋值运算符的作用是将运算符右侧的表达式的值赋给运算符左侧的变量。Python 常用的赋值运算符见表 2-3。

表 2-3　Python 常用的赋值运算符

赋值运算符	具体描述	示例
=	赋值运算符	c = a + b，即将 a + b 的结果赋值给 c
+=	加法赋值运算	a += b，等效于 a = a + b
−=	减法赋值运算	a −= b，等效于 a = a − b
*=	乘法赋值运算	a *= b，等效于 a = a * b
/=	除法赋值运算	a /= b，等效于 a = a / b
%=	取模赋值运算	a %= b，等效于 a = a % b
//=	取整除法赋值运算	a //= b，等效于 a = a // b

注：表中的=为 Python 中常用的基本赋值运算符，其他为特殊赋值运算符。

赋值运算的示例如下。

```
>>> x = 3                       # 简单赋值运算
>>> x += 3                      # 加法赋值运算
>>> print(x)
6
>>> x *= 4                      # 乘法赋值运算
>>> print(x)
24
>>> x /= 4                      # 除法赋值运算
>>> print(x)
6.0
```

注意：对于一个未定义变量，不能对它使用特殊赋值运算符，示例如下。

```
>>> f += 2               # f 为未定义变量，不能进行特殊赋值运算
Traceback (most recent call last):
  File "<pyshell#16>", line 1, in <module>
    F += 2
NameError: name 'f' is not defined
```

在上述代码中，表达式下面的信息意味着程序运行出现错误，因此 Python 解释器抛出了异常，并且把异常描述信息显示出来。

3. 比较运算符及表达式

比较运算符一般用于两个数值或表达式的比较，返回一个布尔值（False 或 True）。Python 常用的比较运算符见表 2-4。

比较运算的示例如下。

```
>>> 2 == 3 ; 2 != 3
False
True
>>> 3 <= 3 ; 2 >= 3
True
False
```

表 2-4　Python 常用的比较运算符

比较运算符	具体描述	示例
==	等于，即比较对象是否相等	(2 == 3)，返回 False
!=	不等于，即比较两个对象是否不相等	!(2 == 3)，返回 True
>	大于，即返回 *x* 是否大于 *y*	(1 > 2)，返回 False
<	小于，即返回 *x* 是否小于 *y*	(1 < 2)，返回 True
>=	大于或等于，即返回 *x* 是否大于或等于 *y*	(1 >= 2)，返回 False
<=	小于或等于，即返回 *x* 是否小于或等于 *y*	(1 <= 2)，返回 True

4. 位运算符及表达式

位运算符允许对整型数值中指定的位进行置位。Python 常用的位运算符见表 2-5。

表 2-5　Python 常用的位运算符

位运算符	具体描述	示例（a = 56, b = 13）
&	按位与运算符：参与运算的两个位如果相应值都为 1，则结果为 1，否则为 0	a & b 输出结果为 8
|	按位或运算符：只要参与运算的两个位中至少有一个值为 1，则结果为 1，否则为 0	a | b 输出结果为 61
^	按位异或运算符：当参与运算的两个位的值相异时，结果为 1，否则为 0	a ^ b 输出结果为 53
~	按位取反运算符：对数据的每个位取反，即把 1 变为 0，把 0 变为 1	~a 输出结果为 199
<<	左移动运算符：运算数的各个值全部左移若干位，由“<<”右边的数指定移动的位数，高位丢弃，低位补 0	a << 2 输出结果为 224
>>	右移动运算符：运算数的各个值全部右移若干位，由“>>”右边的数指定移动的位数，低位丢弃，高位补 0	a >> 2 输出结果为 14

位运算的示例如下。我们可以从打印结果中直观地看到各个运算符的作用。

```
>>> a = 56 ; b = 13
>>> print('a & b = ',a & b) ;print('a | b = ',a | b) ;print('a ^ b = ',a ^ b) ;
a & b = 8
a | b = 61
a ^ b = 53
>>> print('~a = ',~a) ;print('a << 2 = ',a << 2) ;print('a >> 2 = ',a >> 2) ;
~a = -57
a << 2 = 224
a >> 2 = 14
```

在示例中，a 为 56，b 为 13，它们对应的二进制数分别如下。

a = 0011 1000；

b = 0000 1101。

5. 逻辑运算符及表达式

逻辑运算符包含 and、or 和 not。Python 常用的逻辑运算符见表 2-6。

表 2-6 Python 常用的逻辑运算符

逻辑运算符	具体描述	示例（a = 9, b = 11）
and	布尔“与”，即 x and y，如果 x 为 False，返回 False；否则返回 y 的计算值	a and b，输出结果为 11
or	布尔“或”，即 x or y，如果 x 为 True，返回 True；否则返回 x 的计算值	a or b，输出结果为 9
not	布尔“非”，即 not(x)，如果 x 为 True，则返回 False；如果 x 为 False，则返回 True	not(a and b)，返回 False

逻辑运算的示例代码如下。

```
>>> a = 9 ; b = 11
>>> print('a and b = ', a and b); print('a or b = ', a or b); print('not(a and b) = ', not(a and b));
a and b = 11
a or b = 9
not(a and b) = False
```

注意：Python 支持的运算符有优先级之分。Python 的运算符优先级见表 2-7，表中所列运算符按优先级从上到下逐渐降低的顺序排列。

表 2-7 Python 的运算符优先级

运算符	具体描述
**	指数（最高优先级）
~、+、-	逻辑非、正数、负数运算符（注意，这里的+和-不是加减运算符）
*、/、%、//	乘、除、取模和取整运算
+、-	加和减
>>、<<	右移、左移运算
&	按位与运算符
^	按位或运算符
<=、<、>、>=	比较运算符
<>、==、!=	等于运算符
=、%=、/=、//=、-=、+=、*=、**=	赋值运算符
is、is not	身份运算符
in、not in	成员运算符
not、or、and	逻辑运算符

2.3.2 数据类型

Python 支持的数据类型包括简单数据类型、元组、列表、字典、集合等，其中简单数据类型主要为数值型。此处主要介绍数值型数据类型，其他数据类型将在后续章节中介绍。Python 常用的数值型数据类型见表 2-8。

表 2-8 Python 常用的数值型数据类型

数值型数据类型	具体描述	示例
int	整数	8、10、100
float	浮点数	1.0、2.1、1e–3
bool	布尔值	True、False
complex	复数	1+2j、1.23j、1.1+0j

Python 中可以实现数值型数据类型的相互转换，使用的内置函数包括 int()、float()、bool()、complex()。

int()函数转换数值型数据类型的示例如下。

```
>>> int(1.32) ; int(0.13) ; int(-1.32) ; int()
1
0
-1
0
>>> int(True) ; int(False)
1
0
>>> int(1 + 2j)                                    # 不能将复数转化为整型数据
Traceback (most recent call last):
  File "<pyshell#34>", line 1, in <module>
    int(1 + 2j)
TypeError: can't convert complex to int
```

bool()函数转换数值型数据类型的示例如下。

```
>>> bool(1); bool(0)
True
False
>>> bool(1 + 23.j) ;
True
>>> bool(); bool("");
False
False
```

2.4 语句与变量

2.4.1 语句

Python 程序由若干条语句构成，计算机通过执行这些语句完成整个程序的运行并得到结果。在 Python 程序中，语句可以分为单行语句和多行语句。

单行语句示例如下。

```
>>> a = 30                          # 单行语句
>>> print(a)                        # 单行语句
```

多行语句可以分为一条语句多行和一行多条语句两种情况。

一条语句多行的情况一般是语句太长，一行写完一条语句显得很不美观，所以使用反斜杠（\）实现一条语句的换行。示例如下。

```
sum = mathScore +\                # 长语句换行
    physicalScore +\
    englishScorea
```

一行多条语句通常在短语句中应用比较广泛，使用分号（;）对多条短语句进行隔离。示例如下。

```
>>> mathScore = 60; physicalScore = 70; englishScorea = 80
# 一行多条语句，用分号隔开
```

2.4.2　变量

变量实质上是代表内存中的某个存储单元，其值可以动态变化。为了区分 Python 语句中不同的变量，我们需要为每个变量命名。

Python 中的变量不需要声明，可以直接使用赋值运算符对其进行赋值，并根据所赋的值决定其数据类型。变量示例如下。

```
>>> a = "你好"                        # 定义一个字符串变量
>>> b = 2                             # 定义一个整型变量
>>> c = True                          # 定义布尔型变量
```

上述代码定义了一个字符串变量 a、整型变量 b 和布尔型变量 c，并为它们赋予了相应的值。此过程的实质是，在内存中为相应的值分配内存空间，并利用变量名称指向值所在内存中的位置。赋值语句示意如图 2-1 所示。

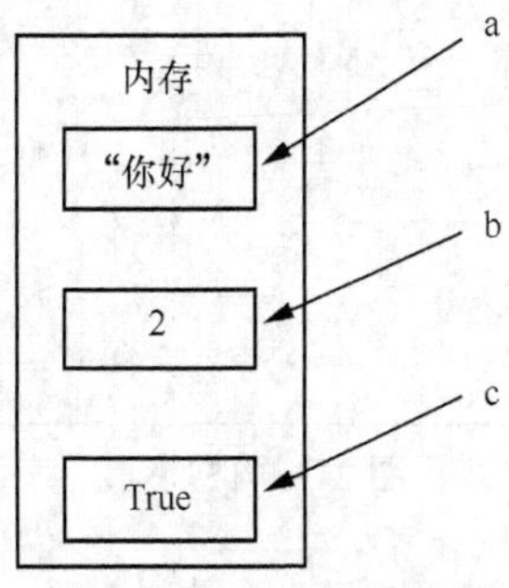

图 2-1　赋值语句示意

同时，变量也可以被赋值给另一个变量，示例如下。

```
>>> a = "你好"
>>> b = a
```

上述代码将变量 a 的值赋给变量 b，于是变量 b 指向了变量 a 指向的内容，但内存空间并不会发生变化。重新赋值示意如图 2-2 所示。

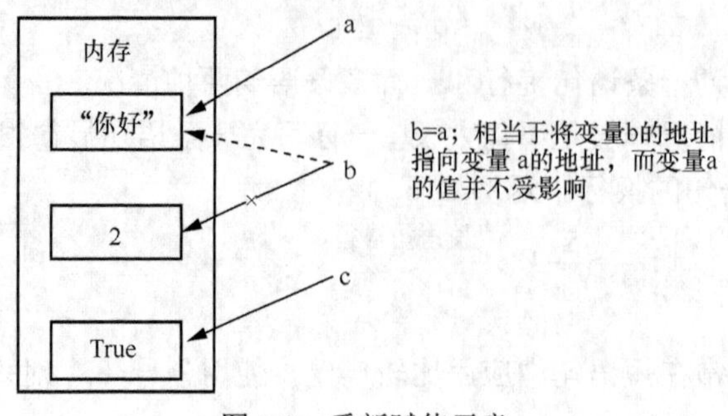

图 2-2　重新赋值示意

在 Python 中定义变量时，不需要指定变量的数据类型，Python 会根据所赋的值来决定该变量的数据类型。但是，我们可以使用函数对变量进行类型转换，以便对它们进行相应的操作。

2.4.3　实训案例：打印购物小票

购物小票又称购物收据，是指消费者购买商品时由商场或其他商业机构给用户留存的销售凭据。购物小票中一般会包含用户购买商品的规格、名称（商品）、数量、价格等信息。用户在某商场购买商品的购物小票如图 2-3 所示。

WW STORE

*** RECEIPT ***

CASHIER#1　　01/06/2021-08:08AM

规格	商品	数量	价格
93/	*蓝色星球	*1	$88
55/	*梦想盒子	*1	$88
33/	*粉红飞机	*1	$88

合计：$264

THANK YOU FOR SHOPPING!

图 2-3 购物小票

本案例要求编写代码，实现打印图 2-3 所示购物小票的功能。

2.4.4　实训案例：打印蚂蚁森林植树证书

蚂蚁森林是支付宝客户端发起“碳账户”的一款公益活动。用户通过步行、地铁出行、在线消费等行为，可在蚂蚁森林中获取能量。当能量到达一定数值后，用户可以在支付宝中申请一棵虚拟的树，申请成功后会收到支付宝发放的植树证书。植树证书中包含申请日期、树苗编号等信息，如图 2-4 所示。

图 2-4　植树证书

本案例要求编写代码，实现打印图 2-4 中植树证书信息的功能。

2.5 字符串

在计算机编程中，字符串是一种应用非常广泛的数据类型。无论是处理源代码、超文本标记语言（Hypertext Mark Language，HTML）、加密的原文，还是多语言应用程序中的翻译结果，都与字符串密切相关，因此，字符串常用的操作方法是计算机编程的重要组成部分。

2.5.1 字符串的基本概念

字符串是 Python 中非常常用的数据类型之一。在使用 print()函数时，该函数的第一个参数通常是一个字符串。字符串是一种不可变数据类型，这意味着在声明之后，字符串中的字符不能进行修改。若要判断一个变量是否为字符串，可以使用 isinstance()函数，示例如下。

```
>>> testString = "ts"
>>> isinstance(testString, str)
True
```

从上述代码中可以看到，isinstance()函数是一个用于判断变量数据类型的函数，其中包含两个参数，第一个参数是待判断的变量，第二个参数 str 是字符串的缩写。使用该函数时，如果返回值为 True，则说明该值是一个字符串；如果返回值为 False，则说明该值不是一个字符串。这个函数常常用于检查输入值的类型是否转换正确。举例来说，当用户输入了“2021-05-01”，且使用某个函数进行转换后，我们需要判断它是否为一个字符串，这时就可以使用 isinstance()函数。

字符串的声明非常简单，只需要将一串字符使用单引号或双引号包裹起来。在 Python 中，无论是单引号还是双引号，它们包裹的都是字符串。然而，需要注意的是，引号必须成对出现，不能以双引号开始、单引号结束，也不能以单引号开始、双引号结束。

下面是字符串的一些示例。

```
>>> aString = 'Hello World'
>>> bString = "I'm a String"
>>> cString = '<div class = "my"></div>'
>>> dString = "这是一个错误的示例，不能双引号开始，单引号结束'
SyntaxError: EOL while scanning string literal
```

被引号包裹的内容称为字符串字面量，有具体语境时也可以称为字面量或字面值。例如，在上面的例子中，aString 的字符串字面量是 Hello World。这里需要注意，字符串字面量不包括引号。举例来说，aString 的字符串是 Hello World，并不包含引号。在书写时，我们只需确保使用一对正确的引号即可。无论是单引号还是双引号，字符串的开始引号和结束引号必须配对使用，但在字符串中的引号则不需要配对使用。

在上述示例中，选用的字符串都只有一行。而在实际操作中，字符串经常需要编写多行。在 Python 中，可以使用三引号来表示一个多行字符串，具体示例如下。

```
>>> aString = '''\
# -*- coding:utf-8 -*-
x = 1;
y = 1;
print(x + y);
'''
>>> print(aString)
# -*- coding:utf-8 -*-
x = 1;
y = 1;
print(x + y);
```

从上面的示例中还可以看到，第一行结尾有一个“\”，这个符号是一个转义字符（简称转义符），意味着本行结尾的换行符不计入输出。如果不加这个符号，则输出效果如下。

```
>>> aString = '''\
# -*- coding:utf-8 -*-
x = 1;
y = 1;
print(x + y);
'''
>>> print(aString)

# -*- coding:utf - 8 -*-
x = 1;
y = 1;
print(x + y);
```

注意观察上面的“print（aString）”输出多了一个空行。在输出多行字符串时，行尾增加一个反斜线（\）可以避免在输出时将换行符也输出，使输出更加美观。

2.5.2　字符串的索引和切片

1. 字符串的索引

在字符串中，每个字符都有一个特定的位置，称为字符的偏移量或索引值。字符串本质上是由字符组成的，通过索引查询的方法来查找指定位置的字符。实际操作中通常不会用字符的偏移量来描述字符的位置，而是使用索引值，因此，在实际使用环境中，索引值通常指的就是字符的偏移量。

字符串的索引可以分为两种：正向索引、反向索引。正向索引是符合阅读习惯的索引方式，即从左至右的顺序进行索引。在正向索引中，字符串第一个字符的索引值是 0，随后每个字符的索引值依次增加 1，因此，正向索引的所有索引值都是非负整数。在反向索引中，为了避免与正向索引产生歧义，从右开始第一个字符的索引值是−1，其他索引值依次往左逐渐减 1，因此，反向索引的所有索引值都是负数。正向索引和反向索引的示例如下。

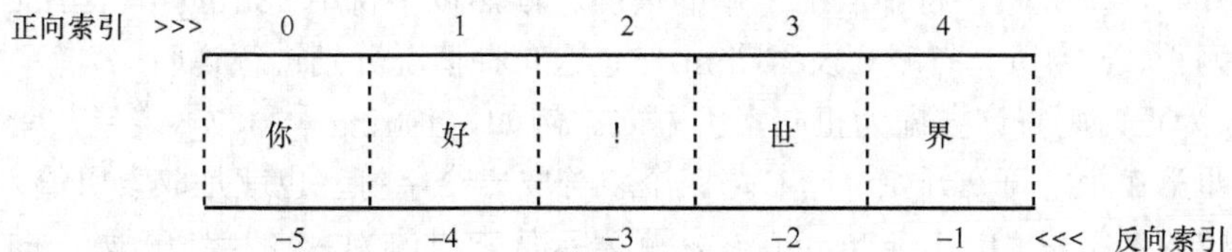

在字符串中，使用索引运算符“[]”来查询指定索引值对应的字符，具体示例如下。

```
>>> aString = "你好！世界"
>>> aString[3]
'世'
>>> aString[-4]
'好'
>>> aString[0]
'你'
```

2. 字符串的切片

字符串的切片操作与列表的切片操作类似，不同之处在于字符串的切片返回的是一个新的字符串，而不是一个列表。由于返回值是原字符串的一部分，我们可以称其为原字符串的子字符串（简称子串）。切片操作的基本方法如下。

返回 [m, n] 的子串，可以使用 aString [m : n] 这种写法，其中，m 必须小于 n，同时，返回的值包含 m 对应的值而不包含 n 对应的值。例如，对于字符串 aString="string"，aString [1∶3] 的值为“tr”，“tr”就是“string”中索引值 1 和 2 对应的值。这里的 m 和 n 也可以是负数，但是需要注意负数的大小关系，正确的写法是 aString[−3∶−1]，而不能写成 aString [−1∶−3]。同样，这种情况下的返回值不包括−1 所代表的字符。

如果使用了错误的索引值，那么系统将返回一个空字符串，但不会提示一个错误或者异常，因此，这是一个任何时候都可以安全使用的方法。具体示例如下。

```
>>> aString = "string"
```

```
>>> aString[1:3]
'tr'
>>> aString[-3:-1]
'in'
>>> aString[-1:-3]
''
```

如果 m 和 n 分别指的是字符串的开头和结尾，那么这种情况可以省略对应索引值。例如，查询从第 2 个字符开始到字符串结尾的子串，可以写成 aString［1：］。又如，反向查询从开头到倒数第 2 个字符，可以写成 aString［：-2］。特别指出，如果 m 和 n 都省略，即 aString［：］，那么表示字符串从头取到尾，也就是字符串本身。具体示例如下。

```
>>> aString = "string"
>>> aString[1:]
'tring'
>>> aString[:-2]
'stri'
>>> aString[:]
'string'
```

切片还有 aString［m :: n］这种形式，用于从字符串索引值为 m 的字符（即第 m+1 个字符）开始，每 n 个字符中取出 1 个的情况。依然以字符串 aString = “string”为例，下面对 n 为正、n 为负、省略 n 及省略 m 与 n 这 4 种情况分别进行说明。

① *n* 为正，则查询方向为正向索引方向。例如，aString［1 :: 2］表示从索引值为 1 的字符（即第 2 个字符）开始，向右每 2 个字符取一个字符，也就是取索引值为 1、3、5 的字符组成的字符串“tig”。aString[-5 :: 2］表示从索引值为 -5 的字符开始，向右每 2 个字符取一个字符，也就是取索引值为 -5、-3、-1 的字符组成的字符串，也是“tig”。特别指出，省略 m 表示从索引值 0 开始查询。

② n 为负，则查询的方向为反向索引方向。例如，aString［5 :: -2］表示从索引值为 5 的字符（即第 6 个字符）开始，向左每 2 个字符取一个字符，也就是取索引值为 5、3、1 的字符组成的字符串“git”。aString[-1::-2］表示从索引值为 -1 的字符开始，向左每 2 个字符取一个字符，也就是取索引值为-1、-3、-5 的字符组成的字符串，也为“git”。特别指出，省略 m 表示从索引值-1 开始查询。

③ 省略 n，则视为 aString［m :: 1］。例如，aString［3 ::］的值为“ing”，aString［-3 ::］的值也是“ing”，它们分别从索引值为 3 和-3 的字符开始，以正向索引的方向取每个字符直至字符串结尾。

④ 省略 n 和 m，则视为 aString［0 :: 1］，即从字符串的开头开始取每一个字符，显然结果就是字符串本身。特别指出，如果 *n* 为 0，则系统会返回一个错误。

由此可以发现，aString［m :: n］的本质为从索引值为 m 的字符开始，取出索引值为 m、m + n、m + 2n、……、m + kn 的字符组成的字符串，其中，k 表示字符串边界中可以取到的最大正整数。在这个操作中，m 称为“起始位置”，n 称为“步长”。上述所有操作的具体示例如下。

```
>>> aString = "string"
>>> aString[1 :: 2]
'tig'
```

```
>>> aString = "string"
>>> aString[-5 :: 2]
'tig'
>>> aString = "string"
>>> aString[ :: 2]
'srn'
>>> aString = "string"
>>> aString[5 :: -2]
'git'
>>> aString = "string"
>>> aString[-1 :: -2]
'git'
>>> aString = "string"
>>> aString[ :: -2]
'srn'
```

2.5.3　字符串的拼接

字符串拼接是一种将多个短字符串连接成一个长字符串的常用操作。常见的字符串拼接方法包括加号连接、百分号连接、join()函数、format()函数和格式化字符串。

加号连接：通过使用加号运算符将多个字符串连接起来。

百分号连接：%格式化字符串是 Python 最早的，也是能兼容所有版本的一种字符串格式化方法，在 Python 2.5 之后，Python 提供了更加优雅的 str.format()方法。

join() 函数：该函数将一个可迭代对象作为参数，并使用指定的连接符将其中的字符串连接起来。

format()函数：通过使用花括号（{}）和 format()函数进行字符串的格式化和插值操作。

格式化字符串：从 Python 3.6 版本开始，Python 引入了格式化字符串的语法，使用 f 字符前缀更直观地在字符串中插入变量。例如，result = f "My name is {name}, and I am {age} years old."。

（1）加号连接

所谓加号连接，是指直接将两个字符串用加号连接在一起。例如，要拼接字符串"thon"和变量 prefix = "py"，可以使用以下方式。

```
>>> prefix = "py"
>>> result = prefix + "thon"
>>> result
'python'
```

这种方法简单明了，但是效率不高。从运行原理来说，由于 Python 的字符串是不可变类型，一个字符串在生成之后如果要修改，就只能再生成一个新的字符串。对于字符串操作'a + b + c + d + e + …'而言，在运行时，系统会按照规则先将 a 和 b 拼接为一个新字符串，再将该字符串与 c 拼接成一个新字符串，依次类推。也就是说，如果有 n 个字符串拼接，那么中间就会生成 n−2 个临时字符串。虽然开发人员看不到这些字符串，但是它们依然会占用内存空间。

（2）百分号连接

要解决上面这个问题，就需要使用百分号连接，这种连接方式只需要申请一次内存空间。对于上面的示例，如果使用百分号连接，则采用以下方式。

```
>>> prefix = "py"
>>> result = "%sthon" % prefix
>>> result
'python'
```

（3）join()函数连接

还有一种常用的拼接方法，那就是 join()函数。它可以将一个列表拼接为一个字符串，这种方式广泛地用于生成参数表，例如生成 URL 查询字符串。该函数是字符串的成员函数，使用时需要以一个字符串为对象，指定的字符串将作为拼接的分隔符。比如，将列表［"Hello", "World", "Python"］用逗号拼接，可以采用以下方式。

```
>>> ",".join(["Hello", "World", "Python"])
'Hello,World,Python'
```

（4）format()函数连接

很多时候，字符串拼接并不能直接简单地将数量值与字符串拼接在一起。例如，账单中的数值需要保留两位小数；再如，在显示时为了美观，某些内容需要对齐，这时需要用到一种称为格式化字符串的特殊字符串。具体示例如下。

```
>>> aString = "{0:>4}:{1:.2f}".format("价格", 10)
>>> aString
'价格:10.00'
```

在这个示例中，格式化字符串指的是调用 format()函数的对象，也就是“{0:>4}:{1:.2f}”。在格式化字符串中可以看到有一些被花括号{}包裹的部分，它们在 Python 中被称为格式规格迷你语言。这种格式规格迷你语言的基本规则如下。

```
{参数编号:格式化规则}
```

参数编号如果为 0，则其位置对应 format()函数的第一个参数；如果为 1，则对应第 2 个参数。每个参数可以使用多次。格式化规则的书写方法如下。

```
[对齐方式] [符号显示规则] [#] [0] [填充宽度] [千分位分隔符] [. <小数精度>] [显示类型]
```

在书写格式化规则代码时，除非对应部分不出现，否则必须严格遵从上述顺序，绝对不能修改。例如，“{0: <# 05}”绝对不能写成“{0: <5# 0}”，必须严格按照上述顺序，其中，< 表示对齐方式，# 和 0 都是规则中的对应符号，5 表示填写宽度，其他为默认值。

在格式化规则中，对齐方式指的是文本是居中显示、居左显示还是居右显示，空白部分使用什么字符填充。对齐方式的书写规则为：［填充文本］(>或<或^)。例如，如果填充宽度是 20 格，文本居右显示，空白处填写加号，那么对齐方式的书写规则要写成{0:+>20}，其中，“+”表示填充文本，“>”表示文本居右，数字 20 表示填充宽度。具体示例如下。

```
>>> aString = "{0: +> 20}".format("价格", 10)
>>> aString
'++++++++++++++++++价格'
```

2.5.4 特殊字符和字符转义

字符串的实际使用中存在着一些无法直接显示的特殊字符，例如换行符、制表符等。为了在字符串中表示这些特殊字符，我们需要使用转义字符。Python 常用的转义字符见表 2-9。

表 2-9 Python 常用的转义字符

转义字符	含义
\newline	使用时是反斜杠加换行，实际效果中的反斜杠和换行会被全部忽略，即不显示
\\	反斜杠（\）
\'	单引号（‘）
\”	双引号（“）
\n	换行符（LF）
\r	回车符（CR）
\t	水平制表符（Tab）
\ooo	表示一个八进制数码位的字符，例如，\141 表示字母 a
\xhh	表示一个十六进制码位的字符，例如，\x61 表示字母 a

需要注意的是，标记为“\newline”的转义字符并不是写为“\newline”，实际的使用方法如下。

```
>>> sql = """\
SELECT ID, Name, AccessLevel \
FROM [Users] \
WHERE Name = @p1 AND Password=@p2\
"""
>>> sql
'SELECT ID, Name, AccessLevel FROM [Users] WHERE Name = @p1 AND Password = @p2'
```

2.5.5 字符串的常用操作

字符串的常用操作可以分为两种：类型转换、字符串操作。开发过程中经常用到的函数如下。

（1）类型转换函数

类型转换函数有 int()、long()、float()、complex()、tuple()、list()、chr()、ord()、unichr()、hex() 和 oct()。我们根据函数名就可以判断出函数的作用，例如，int("100") 的作用是将字符串 "100" 转为数字 100，具体示例如下。

```
>>> int("100")
100
```

```
>>> list("I'm fine, thank you")
['I', ''', 'm', ' ', 'f', 'i', 'n', 'e', ',', ' ', 't', 'h', 'a', 'n', 'k',
' ', 'y', 'o', 'u']
```

（2）表达式转换函数

表达式转换函数有 eval()。例如，eval("1al("10+20+30")") 会输出数字 60，具体示例如下。

```
>>> price = 50
>>> amount = 12
>>> eval("price * amount")
600
```

（3）长度计算函数

长度计算函数有 len()。例如，len("123") 会输出数字 3。这个函数同样也是字符串操作常用的函数，具体示例如下。

```
>>> len("price * amount")
14
```

（4）字符串大小写转换函数

字符串大小写转换函数有 lower() 和 upper()，这两个函数非常简单，它们的作用是将字符串中的英文字母转换为对应的小写或大写字母，而对于非英文字母则不起作用。在实际应用中，无论是在大小写敏感的场合还是在大小写不敏感的场合，我们都可以使用这两个函数。

举例来说，当用户输入验证码时，对于大写字母和小写字母，系统都可以接受，这时我们可以使用 lower() 或 upper() 函数将验证码转换为统一的大小写形式进行比较。

十六进制数中数字 10 及以上的部分使用字母表示，而大写字母和小写字母在这里是等价的，因此，我们可以根据需要使用 lower() 或 upper() 函数来控制字母的大小。具体示例如下。

```
>>> print("my python lesson".upper())
MY PYTHON LESSON
>>> print("My 1st Python Lesson".lower())
my 1st python lesson
```

（5）查询函数

在字符串的操作中，查询函数 find() 也是一种常用的函数。例如在商品搜索等场景下，用户输入关键词后，系统需要在数据库中搜索每个商品名是否包含该关键词。

find() 函数用于在字符串中查找子字符串，如果找到了子字符串，则返回其起始位置索引；如果未找到，则返回−1。

查询函数 find() 的示例如下。

```
>>> "It's python".find("yt")
6
>>> "It's python".find("C")
-1
>>> "It's python".find("yt", 2, 5)
-1
```

在上述示例中，find() 函数的第一个参数是待查询的字符串，如"yt"；第二个参数是查询的开始位置，如 2，若缺失则为 0；第三个参数是查询的结束位置，如 5，若缺失则为字符串的总长。

（6）字符串分解函数

字符串分解函数 split() 是开发过程中常用的函数之一。在实际使用中，当用户输入一串经过精心设计的字符串时，常常需要使用 split() 函数来对字符串进行分解或拆分。一个常见的例子是电子邮箱，它的格式通常为“用户名@域名”，我们可以借助 split() 函数来对电子邮箱进行分解。

split() 函数通过指定的分隔符将字符串拆分成多个子字符串，并将结果存储在列表中。默认情况下，split() 函数以空格作为分隔符进行拆分，但也可以根据具体需求以指定的其他字符作为分隔符。具体示例如下。

```
>>> print("email_address@domain".split("@"))
['email_address', 'domain']
```

在使用 split() 函数的过程中，需要注意它的参数。该函数有两个参数，第一个参数表示分隔符。例如，上面示例中的分隔符是“@”，当然，在实际使用过程中，分隔符可能是其他字符。该函数的第二个参数是切割次数。例如，字符串“Python#C#C++#JAVA#C#”是由 5 种语言组成的，即 Python、C、C++、Java 和 C#，如果用“#”来分隔，就会出现以下结果。

```
>>> print("Python#C#C++#JAVA#C#".split("#"))
['Python', 'C', 'C++', 'JAVA', 'C', '']
```

可以看到，系统将“C#”中的“#”也视为分隔符。在正常使用过程中，如果预知待分隔字符串包含分隔符，则应当更换分隔符。不过，split() 函数的第二个参数也可以解决这个问题，具体示例如下。

```
>>> print("Python#C#C++#JAVA#C#".split("#", 4))
['Python', 'C', 'C++', 'JAVA', 'C#']
```

这里的第二个参数的实际含义是处理多少个分隔符，设置为 4 表示处理前 4 个分隔符，即字符串会被分成 5 段；设置为 n 表示处理前 n 个分隔符，字符串会被分成 $n+1$ 段。

字符串操作是各种数据结构中基本且重要的操作。学习和掌握字符串操作对于学习包括 Python 在内的各种编程语言都至关重要，因为字符串操作在数据展示、数据持久化、文法和词法分析等方面有着广泛应用。

2.5.6　实训案例：体重指数（BMI）

体重指数（BMI）与人的体重和身高相关，是目前国际常用的衡量人体胖瘦程度以及是否健康的一个标准。BMI 值的计算公式为：

$$\text{BMI 值} = \text{体重（kg）} \div \text{身高}^2\text{（m}^2\text{）}$$

本案例要求编写代码，实现根据用户输入的身高和体重来计算 BMI 值的功能。

2.5.7　实训案例：绝对温标

绝对温标是热力学和统计物理中的重要参数之一，也是国际单位制的基本物理量之一。绝对温标的单位为开尔文（简称开，符号为 K），绝对温标的零度对应我们日常使用的摄氏温度（单位为摄氏度，符号为℃）的−273.15℃。

本案例要求编写代码，实现将用户输入的摄氏温度转换为绝对温标的功能。

2.6 实战：基于 Python 字符串操作的文本情绪分析

在本实战中，通过计算文本中正面和负面情绪词汇的数量，来判断一段文本的情绪倾向。

1. 启动 Jupyter Notebook

启动 Jupyter Notebook 后，创建新的 Notebook，如图 2-5 所示。

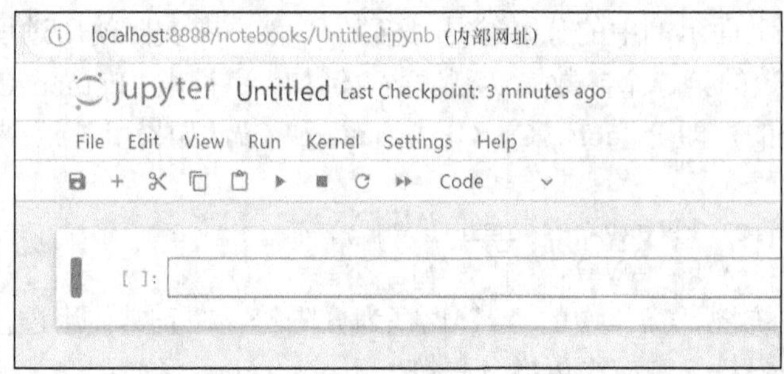

图 2-5　新建 Notebook

2. 文本情绪分析

实现文本情绪分析的代码如下。

```
# 读取 users 数据
def analyze_sentiment(text):
    positive_words = ['happy', 'love', 'good']
    negative_words = ['sad', 'hate', 'bad']

    # 初始化正面情绪和负面情绪计数
    positive_count = 0
    negative_count = 0

    # 将文本拆分为单词
    words = text.lower().split()

    # 遍历每个单词，检查是否为情绪词
    for word in words:
        if word in positive_words:
            positive_count += 1
        elif word in negative_words:
            negative_count += 1

    # 根据正面情绪词汇和负面情绪词汇的数量判断文本的情绪倾向
    if positive_count > negative_count:
        return "Positive sentiment"
```

```
    elif positive_count < negative_count:
        return "Negative sentiment"
    else:
        return "Neutral sentiment"

# 测试案例
text1 = "I love the sunny weather and good food."
text2 = "I hate Mondays and bad weather."
text3 = "I feel indifferent about this movie."

print(analyze_sentiment(text1))  # 输出: Positive sentiment
print(analyze_sentiment(text2))  # 输出: Negative sentiment
print(analyze_sentiment(text3))  # 输出: Neutral sentiment
```

本实战展示了 Python 语法的基本操作，特别是对字符串的操作。

第 3 章　Python 流程控制

流程控制对任何编程语言都非常重要，因为它提供了一种控制程序执行的方法。本章将介绍 Python 中的顺序结构、选择结构和循环结构。

3.1　顺序结构

顺序结构是指代码从上到下依次执行，每行代码只会执行一次。顺序结构是最为简单和基础的结构。下面我们重点介绍选择结构和循环结构，把这些程序结构组合起来能够解决很多大型且复杂的问题。

3.2　选择结构

选择结构也称为分支结构，根据条件成立与否来判断程序是否继续往下执行。例如，根据学生的成绩是否大于 60 分来判断该学生是否考试合格，因此，选择结构语句也称为条件判断语句。

按照条件数量，选择结构可分为单分支结构、双分支结构和多分枝结构，表现形式分别为 if 语句、if…else 语句和 if…elif…else 语句。

3.2.1　if 语句

if 语句是最简单的选择结构语句，其语法格式如下。

```
if  表达式:
    语句块
```

从语法格式中可以看出，Python 使用 if 关键字来组成选择语句。只有当 if 后面的表达式的值为真（True）的情况下，才会执行相应的语句块（一条或多条语句）。而当表达式的值为假（False）时，程序则直接跳过相应的语句块，继续执行后面的语句。

要注意的是：if 语句中的表达式可以是单纯的变量或者布尔值，也可以是逻辑表达式（例如 a = b）或者比较表达式（例如 a > b）。

在 if 语法格式中，要特别注意以下几点。

① if 关键字和表达式之间需要用空格分开，且表达式后面的“:”不可漏写。

② 语句块（一条或多条语句）的缩进非常重要，这个缩进代表代码之间的层级逻辑关系，所以务必注意代码的缩进，并且同一个代码块的缩进量必须一致。缩进量为 4 个空格。

【例 3-1】 输入成绩判断是否合格。

```
score = int(input('请输入您的成绩：'))
if score >= 60:
    print('成绩及格')
```

运行结果如下。

```
请输入您的成绩：65
成绩及格
```

在使用 if 语句时，如果语句块中只有一条语句，那么该语句块可以直接写到冒号的右侧，例如，if score >= 60: print('成绩合格')，但是为了程序代码的美观性、可读性，我们一般不建议这么写。

3.2.2 if…else 语句

if…else 语句为双分支结构，用于有两个选择的情况。例如，成绩大于或等于 60 分为及格，成绩小于 60 分为不及格。if…else 语句的语法格式如下。

```
if 表达式:
    语句块 1
else:
    语句块 2
```

要注意的是，if 语句中的表达式可以是单纯的变量或者布尔值，也可以是逻辑表达式或者比较表达式。当 if 后面的表达式为真（True）时，执行语句块 1，否则执行 else 对应的语句块 2，语句块 1 和语句块 2 有且只有一个会被执行。

【例 3-2】 输入成绩判断是否合格。

```
score = int(input('请输入您的成绩：'))
if score >= 60:
    print('成绩及格')
else:
    print('成绩不及格')
```

运行结果如下。

```
请输入您的成绩：60
成绩及格
请输入您的成绩：59
成绩不及格
```

3.2.3 if…elif…else 语句

if…elif…else 语句为多分支结构，主要用于有多个选择的情况，其语法格式如下。

```
if 表达式 1:
    语句块 1
```

```
elif 表达式 2:
    语句块 2
elif 表达式 3:
    语句块 3
...
else:
    语句块 n
```

使用 if…elif…else 语句时，表达式可以是单纯的变量或者布尔值，也可以是逻辑表达式或者比较表达式。当 if 后面的表达式 1 为真（True）时，执行语句块 1，若表达式 1 不成立，则跳过语句块 1，进入 elif 表达式 2 进行判断；当 elif 后面的表达式 2 为真（True）时，执行语句块 2，若表达式 2 不成立，则跳过语句块 2，进入 elif 表达式 3 进行判断；依次类推，若所有的表达式都不满足，则执行语句块 *n*。语句块 1 到语句块 *n* 有且只有一个会被执行。

多分支结构的语法格式也要特别注意。例如，所有关键字 elif 与关键字 if 都要左对齐；所有语句块也要左对齐；同时所有表达式后面的“:”都不可漏写。

【例 3-3】 根据用户的身高和体重，计算用户的体重指数（BMI），并给出相应的健康建议，BMI 的计算式为 BMI = 体重(kg)/身高 ^{2}(m)。BMI 是目前国际上常用的衡量人体肥胖程度的一个标准，标准 BMI 数值如下。

过轻：低于 18.5。

正常：18.5～23.9。

过重：24～27.9。

肥胖：28～32。

过于肥胖：32（不含）以上。

```
height = float(input('请输入您的身高(m):'))
weight = float(input('请输入您的体重(kg):'))
BMI = weight/height**2
if BMI < 18.5:
    print('您的体型偏瘦，要注意饮食和多运动哦')
elif 18.5 <= BMI < 24:
    print('您的体型正常，请继续保持哦')
elif 24 <= BMI < 28:
    print('您的体型偏胖，要注意饮食和多运动哦')
elif 28 <= BMI < 32:
    print('您的体型较肥胖，要注意饮食和多运动哦')
else:
    print('您的体型过于肥胖了')
```

运行结果如下。

```
请输入您的身高(m):1.65
请输入您的体重(kg):68
您的体型偏胖，要注意饮食和多运动哦
```

3.2.4 if 分支语句嵌套

当实际问题需要考虑多个条件都满足，并且这些条件之间有递进关系时，可用分支语句的嵌套，即分支语句的语句块中再用分支语句。单分支语句、双分支语句、多分支语句可以相互嵌套，但要注意的是，书写的过程中要注意缩进，以区分各层级的 if 分支结构。

【例 3-4】　《民法典》婚姻编规定，男性的合法结婚年龄为 22 岁，女性的合法结婚年龄为 20 岁。编写一段代码来判断一个人是否到了合法结婚年龄，并输出判断结果，其中，M 表示男性，F 表示女性。

```
age = eval(input('请输入您的年龄：'))
sex = input('请输入您的性别（M或者 F）：')
if sex == 'M':
    if age >= 22:
        print('恭喜您达到国家合法结婚年龄')
    else:
        print('很遗憾，您未达到国家合法结婚年龄')
else:
    if age >= 20:
        print('恭喜您达到国家合法结婚年龄')
    else:
        print('很遗憾，您未达到国家合法结婚年龄')
```

运行结果如下。

```
请输入您的年龄：18
请输入您的性别（M或者 F）：M
很遗憾，您未达到国家合法结婚年龄
```

3.2.5　实训案例：计算器

计算器极大地提高了人们进行数学运算的效率与准确性。无论是超市的收银台，还是集市的小摊位，我们都能够看到计算器的身影。计算器最基本的功能是四则运算。

本案例要求编写代码，实现计算器的四则运算功能。

3.3　循环结构

Python 的循环结构是流程控制中常用且非常重要的一种结构。本节中我们将详细介绍 Python 循环语句，引入帮助循环设计的常用内置函数，讲述程序设计中如何设计循环控制结构，并讨论猜测和检验的循环算法设计思路和循环不变式的概念，最后还将介绍典型的循环程序设计实例——累积、递推等。

3.3.1　while 循环语句

while 循环语句作为 Python 中非常常用的循环结构，能够适用于任何需要循环的场景。在 while 循环语句中，当表达式条件为真时，重复执行循环体；当表达式条件为假时，执行循环体后面的语句。

while 循环语句的基本格式如下。

```
while 条件表达式:
    循环体
else:                    # 可选
    语句
```

使用 while 循环语句打印字符串中字符的代码如下。

```
>>> sample = "python"
>>> index = 0
>>> while index < len(sample):  # 当索引变量小于字符串长度时，执行循环体
...   print(sample[index], end = " ")
...   index += 1
...
p y t h o n
```

上述代码使用下标法访问 sample 变量中的各个字符。为了使字符都在一行中显示，该代码使用了 end=" "关键字（对应双单号内的空格）参数。

使用 while 循环语句计算整数 1～10 的累加和，代码如下。

```
>>> i = 1
>>> sum = 0              # 初始化
>>> while i < 11:        # 判断语句
...   sum += i           # 循环体
...   i += 1
...
>>> print(sum)           # 输出结果
55
```

在上述代码中，i 表示加数，sum 表示和。因为是求整数 1～10 的累加和，所以 i 初始化为 1，i 的最大值为 10，也就是小于 11。之后循环体中使用 sum 求和，求得整数 1～10 的累加和，并输出结果。

3.3.2 for 循环语句

for 循环语句用于遍历可迭代对象，在可迭代对象还有元素时会重复执行循环体。可迭代对象包含序列对象（字符串、列表、元祖）、支持迭代协议的对象。

for 循环语句由目标变量、可迭代的对象、循环体以及可选的 else 语句组成，离开循环体时无须执行 break 语句。for 循环语句的格式如下。

```
for 目标变量 in 可迭代对象:
    循环体
else:
    语句
```

Python 在运行 for 循环语句时，会把可迭代对象中的元素逐一赋值给目标变量，并在循环体中使用目标变量，对目标变量进行一系列处理。

使用 for 循环语句打印字符串中字符的代码如下。

```
>>> for char in "python":
# 遍历字符串中的每一个字符，在循环体中使用 char 变量引用该字符
...   print(char, end = " ")
```

```
...
p y t h o n
```

与 while 循环语句的打印字符串代码相比，for 循环语句的代码要简洁很多，少了下标索引的初始化，在循环体中少了下标索引的更改。由此我们可以看出，for 循环语句在可迭代对象的循环操作上比 while 循环语句的编程效率更高，且不易出错。另外，我们在实际测试发现，对于可迭代对象，for 循环语句比 while 循环语句的执行效率更高，所以在迭代可迭代对象时尽量使用 for 循环语句。当然 for 循环语句也有不适用的场景，例如让用户输入一个答案，在答案为 No 时跳出循环。这种明显不属于可迭代对象的情况使用 while 循环语句会比 for 循环语句更加合适。

使用 for 循环语句求整数 1～10 的累加和，代码如下。

```
>>> sum = 0
>>> for i in [1, 2, 3, 4, 5, 6, 7, 8, 9, 10]:
...   sum += i
...
>>> print(sum)
55
>>>
```

上述代码执行的结果与 while 循环语句代码的结果一致，但是看起来更加简洁。有人会问，如果要求整数 1～10000 的累加和，难道我们要在可迭代对象那里手动输入 10000 个数字吗？答案是不需要。下面我们把上面的代码优化一下，求整数 1～10 的累加和。

```
>>> sum = 0
>>> for i in range(1, 11):
...   sum += i
...
>>> print(sum)
55
```

在优化后的代码中，我们使用了一个内置函数 range()，这个函数会产生一个可迭代对象。注意：这个可迭代对象并不是一个列表，而是会生成 1～10 的整数。

下面的示例为使用列表中的数字都加 1，代码如下。

```
>>> num_list = [0, 1, 2, 3, 4, 5, 6, 7, 8, 9]
>>> for index, value in enumerate(num_list):
# 使用 enumerate 类同时获得索引和元素值
...    num_list[index] = value + 1
...
>>> num_list
[1, 2, 3, 4, 5, 6, 7, 8, 9, 10]
>>>
```

上述代码用到了 Python 内置的 enumerate 类，该类能够根据一个可迭代对象生成一个新的可迭代对象，遍历新生成的可迭代对象能够同时获得原可迭代对象的元素值和索引值。上面的代码基于 num_list 列表构造了 enumerate 对象，并且使用 for 循环语句遍历 enumerate 对象，实现了在循环体中同时获得 num_list 的元素值及对应的索引值。

下面的代码进一步演示了 enumerate 类的用法，并且使用另一种方式实现了对列表中每个元素值都加 1 的功能。

```
>>> seasons = ['Spring', 'Summer', 'Fall', 'Winter']
>>> list(enumerate(seasons))
[(0, 'Spring'), (1, 'Summer'), (2, 'Fall'), (3, 'Winter')]
>>> list(enumerate(seasons, start = 1))
[(1, 'Spring'), (2, 'Summer'), (3, 'Fall'), (4, 'Winter')]
>>> num_list = [0, 1, 2, 1, 4, 5, 6, 7, 8, 9]
>>> num_list = list(map(lambda i:i + 1, num_list))
>>> num_list
[1, 2, 3, 2, 5, 6, 7, 8, 9, 10]
>>>
```

上述代码是对列表中数字加 1 的代码的一种改写，其中用到了匿名函数 lambda，暂时需要知道的是 lambda 函数中的 i 是参数，返回值为 i+1。代码中的 map() 函数有两个参数：第一个参数是可调用对象，第二个参数是可迭代对象。map() 函数会把可迭代对象中的元素逐一作为参数，调用可调用对象。

3.3.3 continue 语句和 break 语句

1. continue 语句

continue 语句的作用是结束本次循环，continue 语句后面的循环语句不会被执行，而是继续进行下一次循环条件判断。continue 语句仅在 while 和 for 循环语句中使用，具体位置是在循环结构的循环体中。以 while 循环语句为例，continue 语句使用形式如下。

```
while  条件表达式 1:
    语句块 1
    if 条件表达式 2:
        continue;
    语句块 2
```

下面使用 continue 语句求 1～10 偶数的累加和，并输出求和结果，代码如下。

```
>>> sum = 0
>>> for i in range(1, 11):
...     if  i % 2 != 0:
...       continue
...    sum += i
...
>>> print(sum)
30
```

代码执行后的输出结果为 30。

2. break 语句

break 语句的作用是终止整个循环结构的执行。break 语句在 while 和 for 循环语句中使用，具体位置是在循环结构的循环体中。以 while 循环语句为例，break 语句的使用形式如下。

```
while  条件表达式 1:
    语句块 1
    if 条件表达式 2:
```

```
    break;
语句块 2
```

下面示例的作用是查找字符是否在字符串中。

```
>>> char = "o"
>>> str = "python"
>>> for tmp_char in str:
...     if char == tmp_char:
...         print("found")
...         break
...     else:
...         print("not found")
...
found
```

在上述代码中，当找到与 char 相同的字符时，打印结果并跳出循环。如果直到字符串遍历完成仍没执行 break 语句，则说明没有找到这个字符，打印输出“not found”。

3.3.4 循环的设计思路

1. 循环控制结构

循环控制结构是在一定条件下，反复执行某段程序的流程结构。被反复执行的代码即为循环体。循环控制结构是程序中非常重要和基本的一种结构，由循环语句来实现。

一个循环控制结构一般包括以下四部分。

初始化部分：用于设置循环的初始条件，例如，为循环控制计数的变量设置初始值，初始化变量等。

循环体部分：循环结构程序的核心部分，是反复被执行的代码。这部分可以是一条语句，也可以是多条语句组成的复合语句。

循环控制部分：在重复执行循环体的过程中，不断地修改循环控制变量，直到符合结束条件，结束循环体的执行为止。循环结束控制方法分为循环计数控制法和循环条件控制法，图 3-2 所示循环使用的是循环计数控制法，图 3-3 与图 3-4 所示循环使用的是循环条件控制法。

终止部分：通常是布尔表达式，每次循环要对该表达式求值，以验证是否满足循环终止条件。

上面介绍的四部分有时能较明显地区分，有时则相互包含，无法明确区分。

2. 一种循环算法设计思路：猜测和检验

算法是解决问题的流程和步骤，许多问题的解决算法中会需要用到循环，那么，如何设计循环呢？有没有较为通用的思路？这里介绍一种常见的循环算法设计思路，我们称之为猜测和检验。

猜测和检验是一种逐步逼近的思路。假设要解决的问题有一个最终的解，我们的目的是设计一个循环算法来求得这个解。首先，以简单可行的方式设定一个对最终解的初始猜测值。然后，进入循环流程，循环的终止条件是获得最终解或者已经确认无法获得最终解。判断循环是否终止的过程就是这种思路中的检验环节。每次循环基于上一次的猜测值，朝着最终解的方向接近一步，这样从最初的猜测值开始，通过一次次循环向着最终解的方向一步步逼近。当检验出已经得到最终的结果时，算法流程结束。猜测和检验的思路如图 3-1 所示。

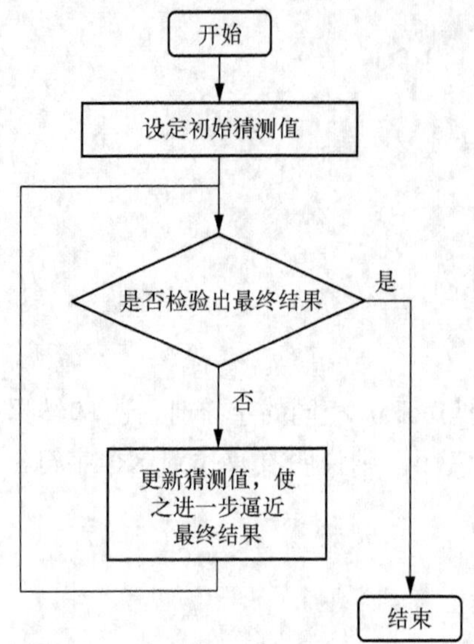

图 3-1　猜测和检验的思路

接下来，我们通过一个具体的例子来理解这种猜测和检验的思路。这个例子是寻找正整数 x 的正整数立方根，要求在计算过程中只能使用加法和乘法操作。根据猜测和检验的思路，需要先设定初始猜测值。根据题目的要求，问题的解可能的最小值是 1，那么，我们以 1 作为最初的尝试。

下面进入循环过程，这个过程要解决两个问题：一个是如何基于上一次的猜测值计算出下一次的猜测值，另一个是如何检验出是否得到了最终结果。这里使用名为 i 的变量来表示猜测值。第一个问题很简单，因为初始猜测值设定为 1，所以 i+1 可以逐渐逼近最终解。关于第二个问题，如果 i 正好是 x 的正整数立方根，那么，$i \times i \times i$ 的值应该等于 x。此外，x 的立方根未必是正整数，如果 $i \times i \times i$ 的值大于 x，则说明 x 没有正整数立方根。综上，我们可以使用 $i \times i \times i$ 的值是否小于 x 作为检验条件。

根据前面的分析，我们编写了计算正整数 x 的正整数立方根的函数 cube_root，具体如下。

```
def cube_root(x):
i = 1
while i * i * i < x:
    i = i + 1
if i * i * i == x:
    return i
else:
    return None
```

当 x 的正整数立方根存在时，cube_root()函数返回这个立方根；否则，返回 None，表示不存在这样的立方根。

3．循环不变式

循环不变式实际上是我们为确保某些事情，对循环中每次迭代操作都成立而设置的前提条件。之所以叫作循环不变式，是因为它在相关操作中自始至终都是在数学范围内成立的，并阐述了通过循环（迭代、递归）来计算一个累计的目标值的正确性。

循环不变式的主体是不变式，也就是一种描述规则的表达式。循环不变式的过程分 3 个部分：初始化、保持和终止。

初始化部分：循环的第一次迭代之前，循环不变式为真。

保持部分：如果在循环的某次迭代之前循环不变式为真，那么下次迭代之前循环不变式仍为真。

终止部分：在循环终止时，不变式提供了一个有用的性质，该性质有助于证明算法是正确的。

在这 3 个部分中，前两个是条件，最后一个是结论。

3.3.5 典型的循环控制

下面介绍使用 Python 实现一些典型循环控制的方法。

1．重复处理一批数据

（1）冒泡排序

对数据的处理操作主要有排序、查找、插入、删除等，其中，排序操作是非常常见的操作。下面我们介绍经典的冒泡排序算法，并使用它对数据进行排序。排序中会使用嵌套循环、条件语句。冒泡排序算法是一种典型的重复处理一批数据的实用算法。

使用冒泡排序算法对{1, 8, 2, 6, 3, 9, 4, 12, 0, 56, 45}进行排序，具体代码如下。

```
# 冒泡排序
>>> mppx = [1, 8, 2, 6, 3, 9, 4, 12, 0, 56, 45]
>>> for i in range(len(mppx)):
...     for j in range(i+1, len(mppx)):
...         if mppx[i] < mppx[j]:
...             mppx[i], mppx[j] = mppx[j], mppx[i]
...
>>> print(mppx)
[56, 45, 12, 9, 8, 6, 4, 3, 2, 1, 0]
```

说明：遍历列表，用最前面未排序的数值与后续数值一一比较，如果后续数值比最前面的数值大，则交换两个值的位置。当完一次遍历后，最前面的值将为最大值，依次类推，遍历列表长度数次后，整个列表便实现了排序。

（2）选择排序

经典的排序算法除了冒泡排序算法，还有选择排序算法。使用选择排序算法对上述数据进行排序，具体代码如下。

```
# 选择排序
>>> xzpx = [1, 8, 2, 6, 3, 9, 4, 12, 0, 56, 45]
>>> for i in range(len(xzpx)):
...   max_index = 0
```

```
...    for j in range(len(xzpx) - i):
...        if xzpx[max_index] < xzpx[j]:
...            max_index = j
...    xzpx[max_index], xzpx[len(xzpx)-i-1] = xzpx[len(xzpx)-i-1], xzpx[max_inde
x]
# 互换变量的位置
>>> print(xzpx)
[0, 1, 2, 3, 4, 6, 8, 9, 12, 45, 56]。
```

2. 累积

一个正整数的阶乘是所有不大于该数的正整数的积。自然数 *n* 的阶乘表示形式为 *n*!。用 Python 实现 *n*!的示例如下。

```
>>> num = int(input("请输入一个数字: "))
>>> if num < 0:
...        print("抱歉，负数没有阶乘")
...    elif num == 0:
...        print("0 的阶乘为 1")
...    else:
...        factorial = 1
...        for i in range(1,num + 1):
...            factorial = factorial*i
...        print("%d 的阶乘为 %d" %(num,factorial))
```

3. 递推

递推算法是一种用若干步重复运算来描述复杂问题的算法。递推算法是序列计算中一种常用的算法，通常是通过计算前面的一些项来得出序列中指定项的值。典型的递推案例有斐波那契数列。斐波那契数列指的是这样一个数列：{0, 1, 1, 2, 3, 5, 8, 13,…}，其中，第 0 项的值是 0，第 1 项的值是 1，从第 3 项开始，每一项的值都等于前两项之和。

用 Python 实现斐波那契数列的示例如下。

```
>>> num = int(input("请输入一个数字: "))
请输入一个数字: 10
>>> last_one = 0
>>> last_two = 1
>>> result = 0
>>> for index in range(2, index + 1):
...    result = last_one + last_two
...    last_one, last_two = last_two, result
>>> print(result)
34
>>>
```

3.3.6 实训案例：逢 7 拍手游戏

逢 7 拍手游戏的规则是：从 1 开始顺序计数，当数为 7 或者为 7 的倍数时候拍手。本案例要求编写程序，模拟实现逢 7 拍手游戏，输出 100 以内需要拍手的数字。

3.3.7　实训案例：打印五子棋棋盘

五子棋是一种由双人对弈的纯策略型棋类游戏，它使用的棋盘一般由横纵等距的水平和垂直方向各 15 条的平行线构成，这些线垂直交叉形成的 225 个交叉点为对弈双方的落子点。

本案例要求编写代码，实现按用户要求打印指定大小的五子棋棋盘的程序（10×10 的五子棋棋盘如图 3-2 所示）。

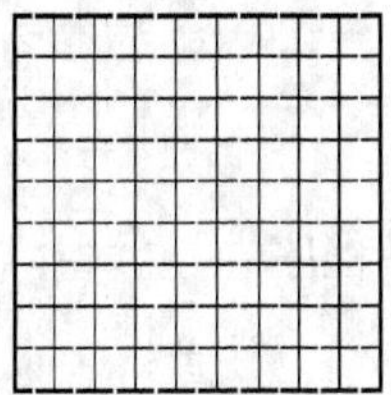

图 3-6　五子棋棋盘

3.4　实战：设计猜数字游戏程序

设计一个猜数字游戏程序，该程序要实现以下功能。具体实现过程如下。

① 随机产生一个 1～100 之间的数字。

② 让用户猜这个数字，并读取用户的输入。

③ 当用户没有猜对的时候，提示用户输入的值太大或太小。

④ 再次读取用户的输入，直到用户猜对为止，并输出用户猜测的次数。

（1）在 IDE 中创建项目

在 PyCharm 中创建名为 guess.py 的文件。

（2）按功能要求实现程序

程序的实现代码如下。

```
import random
target_number = random.randint(1, 100)
num_guesses = 0
while True:
    user_guess = int(input("请猜一个 1～100 之间的数字："))
    num_guesses += 1
    if user_guess == target_number:
        print("恭喜你猜对了！你猜了", num_guesses, "次。")
        break
    elif user_guess < target_number:
        print("你猜的数字太小了！再试一次。")
    else:
        print("你猜的数字太大了！再试一次。")
```

（3）在 IDE 中运行程序

在 guess.py 上单击鼠标右键，并单击菜单项中的“运行”选项来运行程序。得到的运行结果如下。

```
请猜一个 1~100 之间的数字：50
你猜的数字太大了！再试一次。
请猜一个 1~100 之间的数字：20
你猜的数字太大了！再试一次。
请猜一个 1~100 之间的数字：10
你猜的数字太小了！再试一次。
请猜一个 1~100 之间的数字：15
恭喜你猜对了！你猜了 4 次。
```

（4）在命令行中运行程序

本命令行中执行以下代码来运行程序。

```
cd <项目文件所在目录>
    python guess.py
```

运行结果如图 3-7 所示。

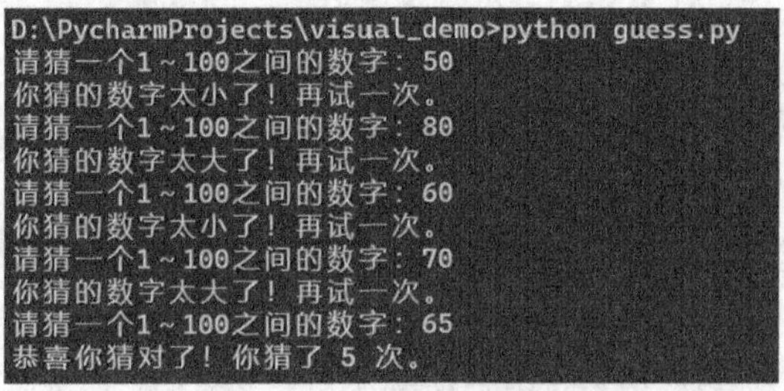

```
D:\PycharmProjects\visual_demo>python guess.py
请猜一个1~100之间的数字：50
你猜的数字太小了！再试一次。
请猜一个1~100之间的数字：80
你猜的数字太大了！再试一次。
请猜一个1~100之间的数字：60
你猜的数字太小了！再试一次。
请猜一个1~100之间的数字：70
你猜的数字太大了！再试一次。
请猜一个1~100之间的数字：65
恭喜你猜对了！你猜了 5 次。
```

图 3-7　运行结果

本实战实现了一个简单的猜数字游戏程序，并通过两种方式运行该程序。读者可根据自己的需求对该程序进行扩展和完善。

第 4 章 Python 数据结构

本章的主要介绍如何使用 Python 语言来表达数据。数据在程序运行过程中如何表示，如何使用，如何叠加、复合以构造更复杂的结构，如何针对不同的目标选择不同的结构来解决问题，这些都属于数据结构研究的范畴。Python 内置了几种通用的数据结构，它们的适用性非常广，可以解决很多问题。这几种数据结构还可以进一步组合，解决更复杂的问题。

本章将要介绍的 Python 数据结构包括列表、元组、字典和集合，它们都属于复合数据类型，这对于编程而言非常重要——因为程序不仅需要使用单个变量来保存数据，还需要使用多种数据结构来保存大量数据，而列表、元组、字典和集合可以满足此需求。

4.1 列表

列表是本章引入的第一种复合数据类型，它是非常重要的 Python 内置对象之一，由一系列按特定顺序排列的元素组成。列表可以存储不同类型的元素，允许将字母、数字等作为元素，列表的元素之间可以没有任何关系。

4.1.1 列表的操作

Python 中用方括号[]表示列表，并用逗号分隔其中的元素。列表可以同时包含整数、实数、字符串等基本类型元素，也可以包含列表、元组、字典、集合、函数，以及其他对象。

（1）列表的创建与删除

列表的创建与删除示例如下。

```
>>> ls = [1, 'two', 3]  # 使用方括号创建列表对象
>>> ls
[1, 'two', 3]
```

在 Python 中，使用“=”直接将一个列表赋值给变量，即可创建列表对象。我们也可以使用 list()函数把元组、range 对象、字符串、字典、集合或其他可迭代对象转换为列表。示例如下。

```
>>> ls_1 = []                    # 使用[]创建空列表
```

```
>>> ls_2 = list()              # 使用 list()创建空列表
>>> list(range(1, 10, 2))      # 将 range 对象转换为列表
[1, 3, 5, 7, 9]
>>> list('hello world')        # 将字符串转换为列表
['h', 'e', 'l', 'l', 'o', ' ', 'w', 'o', 'r', 'l', 'd']
```

一个列表当不再使用时，可以使用 del 命令进行删除。示例如下。

```
>>> ls = [1, 2, 3]                    # 定义列表对象
>>> del ls                            # 删除列表对象
>>> ls                                # 对象删除后无法再访问，抛出异常
NameError: name ' ls ' is not defined
```

（2）列表元素访问

创建列表之后，元素可以通过索引进行访问，也就是使用整数作为下标来访问其中的元素，其中，0 表示第 1 个元素，1 表示第 2 个元素，2 表示第 3 个元素，依次类推。列表还支持使用负整数作为下标，其中，−1 表示最后 1 个元素，−2 表示倒数第 2 个元素，−3 表示倒数第 3 个元素，依次类推。示例如下。

```
>>> ls = list('Python')                  # 创建类别对象
>>> ls
['P', 'y', 't', 'h', 'o', 'n']
>>> ls[0]                                # 下标为 0 的元素，第一个元素
'P'
>>> ls[-1]                               # 下标为-1 的元素，最后一个元素
'n'
```

（3）列表对象支持的运算符

加法运算符“+”可以达到列表增加元素的目的，但不属于原地操作，而是返回新列表，并且涉及大量元素的复制，效率非常低。复合赋值运算符“+=”也可以实现列表元素的追加，但属于原地操作，效率高。示例如下。

```
>>> [12, 89] + ['abc', 'xyz']  # 拼接
[12, 89, 'abc', 'xyz']
```

乘法运算符“*”可以用于列表和整数相乘，表示序列重复，返回新列表。运算符“*=”也可以用于列表元素重复，属于原地操作。代码如下。

```
>>> 3 * ['x', 'y']  # 重复
['x', 'y', 'x', 'y', 'x', 'y']
```

成员运算符“in”可以用于测试列表中是否包含某个元素，其查询时间随着列表长度的增加而呈线性增加。示例如下。

```
>>> 'python' in ['abc', 'xyz', 'python']  # 判断列表中是否存在某个值
True
```

关系运算符可以用于比较两个列表的大小。示例如下。

```
>>> [1, 2, 4] > [1, 2, 3, 5]      # 逐个比较对应位置的元素，直到能够比较出大小为止
True
>>> [1, 2, 4] == [1, 2, 3, 5]
False
```

（4）len()函数

len() 函数是一个内置函数，用于返回一个对象的长度或元素个数。示例如下。

```
>>> len( ['a', 'b', 'c'] )  # 获取元素个数
3
```

（5）切片

切片的语法格式如下。

```
[start: end: step]
```

上面语法中 start、end 两个索引值都可以使用正数或负数，其中，负数表示从最后一位开始。该语法表示从 start 索引的元素（包含）开始，到 end 索引的元素（不包含）结束的所有元素。step 表示步长，使用负数表示返回逆序列表。切片可以返回列表中部分元素所组成的新列表。示例如下。

```
>>> ls = list(range(1,11))  # 创建列表
>>> ls[::]                  # 返回列表中的所有元素
[1, 2, 3, 4, 5, 6, 7, 8, 9, 10]
>>> ls[::-1]                # 返回列表的逆序列表
[10, 9, 8, 7, 6, 5, 4, 3, 2, 1]
>>> ls[::2]                 # 隔一个取一个，获取偶数位置的元素
[1, 3, 5, 7, 9]
>>> ls[1::2]                # 隔一个取一个，获取奇数位置的元素
[2, 4, 6, 8, 10]
>>> ls[3:6]                 # 指定切片的开始和结束位置
[4, 5, 6]
>>> ls[:100]                # 切片结束位置大于列表长度时，从列表尾部截断
[1, 2, 3, 4, 5, 6, 7, 8, 9, 10]
```

此外，列表还支持多种常用方法，见表 4-1。

表 4-1 列表常用的方法

方法	说明
append(x)	将 x 追加至列表尾部
extend(L)	将列表 L 中所有元素追加至列表尾部
insert(index, x)	在列表 index 位置处插入 x，该位置后面的所有元素后移，并且它们的索引值加 1，如果 index 为正数且大于列表长度，则在列表尾部追加 x，如果 index 为负数且小于列表长度的相反数，则在列表头部插入 x
remove(x)	在列表中删除第一个值为 x 的元素，该元素之后所有元素前移且索引值减 1。如果列表中不存在 x 则抛出异常
pop([index])	删除并返回列表中下标为 index 的元素，如果不指定 index 则默认值为−1，弹出最后一个元素。如果弹出中间位置的元素，则该元素后面的元素索引值减 1。如果 index 不是[−L, L]区间的整数，则抛出异常
clear()	清空列表，删除列表中所有元素，保留列表对象
index(x)	返回列表中第一个值为 x 的元素的索引，若不存在值为 x 的元素，则抛出异常
count(x)	返回 x 在列表中的出现次数
reverse()	对列表所有元素进行原地逆序，首尾交换
sort(key = None, reverse = False)	对列表中的元素进行原地排序，key 用于指定排序规则；reverse 为 False 表示升序，为 True 表示降序

赋值给列表的下标，从而改变下标位置的元素，代码如下。

```
>>> ls = [2, 1, 3]
>>> ls[1] = 5  # 修改 index 为 1 位置的元素值
>>> ls
[2, 5, 3]
```

使用 append() 方法向列表尾部追加一个元素，代码如下。注意，append() 方法属于原地操作。

```
>>> ls = [2, 1, 3]
>>> ls.append(5)  # 在列表末尾添加一个值
>>> ls
[2, 1, 3, 5]
```

使用 extend() 方法将另一个列表中的所有元素追加至当前列表的尾部，代码如下。

```
>>> ls = [3, 5, 9]
>>> ls.extend( [1, 2] )  # 扩展 ls，在末尾添加两个值
>>> ls
[3, 5, 9, 1, 2]
```

弹出、删除操作示例如下。

```
>>> ls = [1, 2, 3, 4, 5, 6, 7]
>>> ls.pop()                          # 弹出并返回尾部元素
7
>>> ls.pop(0)                         # 弹出并返回指定位置的元素
1
>>> ls = [1, 2, 1, 1, 2]
>>> ls.remove(2)                      # 删除首个值为 2 的元素
>>> del ls[3]                         # 删除指定位置上的元素
>>> ls
[1, 1, 1]
```

4.1.2 列表是可变的

列表可变意味着列表对象中的元素能够被重新赋值，列表对象能够增减元素。下面使用方括号[]创建列表对象，同时创建元组对象用于对比，代码如下。

```
>>> ls = [2, 1, 3]
>>> ls[1] = 5  # 列表能够修改其中的元素值
>>> ls
[2, 5, 3]
>>> t = (2, 1, 3)
>>> t[1] = 5   # 修改元组的元素值，导致系统抛出异常
Traceback (most recent call last):
  File "<stdin>", line 1, in <module>
TypeError: 'tuple' object does not support item assignment
```

可以看到，通过对列表对象的下标赋值，改变了下标所标示位置的元素。与之形成对比的是，对元组对象的下标赋值会导致系统抛出异常。这是可变对象与不可变对象的区别，读者需要特别注意可变性。引入可变的数据类型之后，程序设计的很多方面都会受到影响。

首先来看可变对象与别名的关系。程序中的变量有一个名字，这个名字引用了一个对象。如果多个变量引用了同一个对象，那么这个对象会同时具有多个名字，这就是别名的含义。如果多个别名指向的对象是不可变的，这并不会导致问题的出现。但是，如果这个对象是可变的，那可能会导致一个意料之外的问题，示例如下。

```
>>> cool = ['blue', 'green', 'grey']    # cool 绑定了一个列表对象
>>> chill = ['blue', 'green', 'grey']   # chill 绑定了另一个列表对象
>>> chill[2] = 'blue'
```

在上述代码中，cool 和 chill 变量分别引用了不同的对象，因此不存在别名的情况。这时，我们可以采用图 4-1 所示变量的存储模型描述代码运行的存储模型。

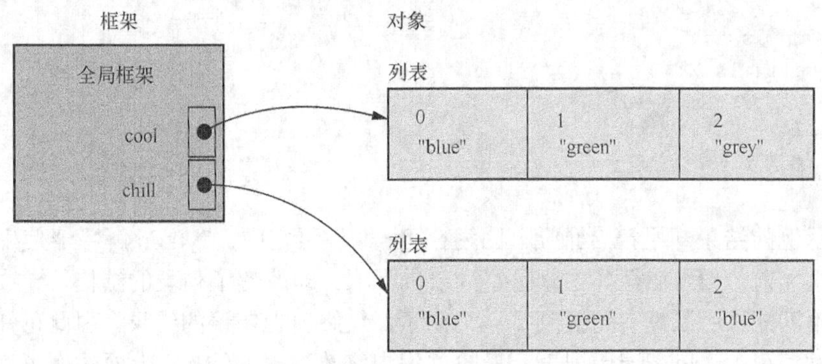

图 4-1　变量的存储模型

在图 4-1 中，左边是当前的程序运行环境，其中定义了两个变量——cool 和 chill；右边是变量引用的对象。可以清楚地看出，此时两个变量引用了两个不同的对象，因此它们是互相独立、互不影响的。

然而，当两个变量引用同一个对象时，就会出现别名的情况，示例如下。

```
>>> warm = ['red', 'yellow', 'orange']      # warm 绑定了一个列表对象
>>> hot = warm                              # hot 绑定了同一个列表对象
>>> warm
['red', 'yellow', 'orange']
>>> hot
['red', 'yellow', 'orange']
```

两个变量引用同一个对象的存储模型如图 4-2 所示。此时，warm 和 hot 变量引用了同一个对象，如果修改 hot 变量，那么会出现什么情况呢？代码如下。

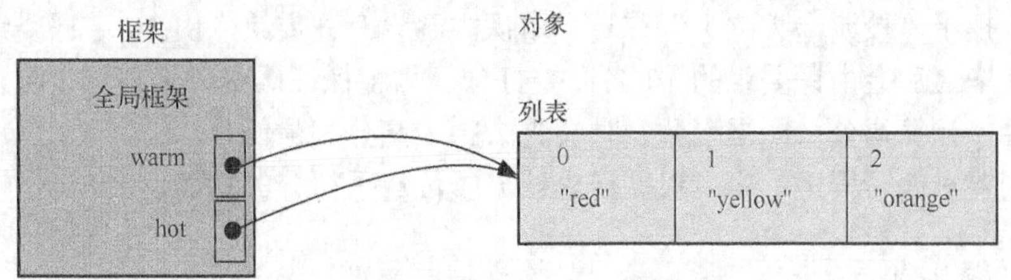

图 4-2　两个变量引用同一个对象的存储模型

```
>>> hot.append('pink')   # 修改 hot
>>> hot
```

```
['red', 'yellow', 'orange', 'pink']
>>> warm                    # 并没有直接修改 warm，但 warm 仍然发生了改变
['red', 'yellow', 'orange', 'pink']
```

可以看到，warm 的值也发生了改变，这就是别名带来的影响。别名会导致其他变量的值被误修改，使程序出现意料之外的结果。

接下来再分析可变性对遍历列表元素的影响。因为列表是可变的，所以在遍历列表元素的过程中也可以修改列表，这种操作会引发很多意料之外的问题。我们以移除 ls_1 列表与 ls_2 列表重复的元素为例，分析这些情况。示例如下。

```
>>> ls_1 = [1, 2, 3, 4]
>>> ls_2 = [1, 2, 5, 6]
>>> for e in ls_1:
...     if e in ls_2:
...         ls_1.remove(e)
...
>>> ls_1   # 结果不符合预期
[2, 3, 4]
```

上述示例的结果却不符合预期。因为在 for 循环语句中，Python 解释器使用一个内部计数器记录当前位置，在循环中删除了列表的元素，即改变了列表的结构，导致内部计数器和列表不匹配，所以没有访问到每一个元素，最终出现错误的结果。由此可知，编程时要注意这种情况，避免在遍历列表元素的过程中修改列表的结构。上面的例子应该将 ls_1 列表复制一份，使用副本进行遍历，这样才能达到预期的目的，代码如下。

```
>>> ls_1 = [1, 2, 3, 4]
>>> ls_2 = [1, 2, 5, 6]
>>> ls_copy = ls_1[:]     # 创建 ls_1 的副本
>>> for e in ls_copy:     # 在副本上遍历
...     if e in ls_2:
...         ls_1.remove(e)
...
>>> ls_1   # 得到正确的结果
[3, 4]
```

4.1.3 实训案例：十大歌手

为丰富校园文化生活，学校拟组织一场歌手大赛，从参赛选手中选拔出 10 名相对突出的选手，授予“校园十大歌手”称号。本次大赛设有评委组，由 10 名评委组成。每名选手演唱完毕之后会由评委组的 10 名评委打分。为了保证比赛公平公正、防止有人作弊或恶意打分，计算得分（即平均分）时会先去掉最高分和最低分。

本案例要求编写程序，实现根据需求计算每位选手得分的功能。

4.2 元组

元组是本章将介绍的第二种复合数据类型。元组的性质在许多方面和列表类型相似，

但不同的是，元组是一种不可变的容器。换句话说，一旦创建元组，之后不可以直接修改元组中元素值，也无法为元组增加或删除元素。

元组不支持 append()、extend()、insert()等方法，无法向元组中添加元素。同样地，元组也不支持 remove()和 pop()方法，也无法对元组元素进行删除操作，即不能删除元素。del 命令只能删除整个元组。

4.2.1　元组的创建

可以使用小括号()创建元组对象，示例如下。

```
>>> t = ()                  # 使用小括号创建元组对象（空元组）
>>> t
()
>>> type(t)                 # 查看元组对象的类型
<class 'tuple'>
```

也可以使用内置函数 tuple()创建，示例如下。

```
>>> t = tuple()             # 空元组
>>> tuple(range(5))         # 将其他迭代对象转换为元组
(0, 1, 2, 3, 4)
```

元组的元素使用英文逗号分隔，最后一个元素后面的逗号可以省略，示例如下。

```
>>> (1, 2, 3)
(1, 2, 3)
>>> (1, 2, 3,)              # 有多个元素的情况下，最后一个逗号可以省略
(1, 2, 3)
```

需要注意的是，如果只有一个元素，则元素后面的逗号必须写上，否则表达的就是另一种含义。示例如下。

```
>>> (3,)                    # 当元组只有一个元素时，必须写出最后一个逗号
(3,)
>>> (3)                     # 小括号变成表达式外层的普通括号
3
>>> type( (3,) )
<class 'tuple'>
>>> type( (3) )
<class 'int'>
```

元组中的元素类型是任意的，并且同一个元组对象的元素类型可以互不相同。示例如下。

```
>>> ('abc', 'xyz')
('abc', 'xyz')
>>> (12, 2.99, 'abc')       # 元组中的元素类型可以混合存在
(12, 2.99, 'abc')
```

4.2.2　元组的操作

如前所述，元组和列表类型有很多相似之处，因此，许多应用在列表类型对象上的操作也可以应用在元组对象上。元组的主要操作包含以下几种。

（1）拼接操作

元组拼接操作示例如下。

```
>>> (12, 89) + ('abc', 'xyz')      # 拼接操作
(12, 89, 'abc', 'xyz')
```

（2）重复操作

元组重复操作示例如下。

```
>>> 3 * ('x', 'y')                 # 重复操作
('x', 'y', 'x', 'y', 'x', 'y')
```

（3）len()函数

元组调用 len()函数的示例如下。

```
>>> len( ('a', 'b', 'c') )         # 调用 len()函数获取元素个数
3
```

（4）下标操作

元组的下标操作如下。

```
>>> ('x', 'y', 'z')[0]             # 获取 index 为 0 位置的元素
'x'
>>> ('x', 'y', 'z')[2]
'z'
>>> ('x', 'y', 'z')[3]             # index 超过有效范围，抛出异常
Traceback (most recent call last):
  File "<stdin>", line 1, in <module>
IndexError: tuple index out of range
```

（5）切片操作

元组支持切片操作，但是只允许通过切片来访问元组中的元素，不允许使用切片来修改元组中元素的值，也不使用切片为元组增加或删除元素。

```
>>> ('a', 'b', 'c', 'd', 'e')[2:5]   # 获取下标为 2、3、4 的元素构成的新元组
('c', 'd', 'e')
```

（6）成员运算符 in 操作

元组类型支持成员运算符 in 操作，测试某个对象是否存在其中。示例如下。

```
>>> 'python' in ('abc', 'xyz', 'python')   # 测试元组中是否存在某个值
True
>>> 'ruby' in ('abc', 'xyz', 'python')
False
```

读者可查阅 Python 官方参考手册，了解更多的元组操作。

下面给出元组的两个应用示例。

【例 4-1】 交换两个变量的值。如果不使用元组，则通常的做法是引入一个临时变量。

```
>>> x = 3
>>> y = 9
>>> tmp = x               # 使用临时变量 tmp
>>> x = y
>>> y = tmp
>>> print(x, y)
9 3
```

使用元组后，代码变得更简洁、清晰，具体如下。

```
>>> (x, y) = (y, x)      # 不使用临时变量
```

【例 4-2】　使用元组从函数中返回多个值。Python 中的函数只能返回一个值，如果需要返回多个值，则可以返回一个元组对象，将多个值存储在元组对象中。下面的代码定义了一个函数，用于计算 *x* 除以 *y* 的商（整数部分）及余数。该代码通过一个元组对象将商和余数同时返回给调用者。

```
>>> def quotient_and_remainder(x, y):
... '''返回 x 除以 y 的商（整数部分）以及余数，
... x 和 y 都是整数'''
...    q = x // y
...    r = x % y
...    return (q, r)
...
>>> (quot, rem) = quotient_and_remainder(42, 5)
>>> print(quot, rem)  # 显示商和余数
8 2
```

4.2.3　元组的遍历

类似于 str 类型，用户可以使用 range() 函数生成下标，通过下标遍历访问元组的元素。代码如下。

```
>>> for i in range(len(t)):     # 使用 range()函数遍历元组
...     print(t[i])
...
```

for 循环语句可以直接应用在序列类型的对象上，str 类型、元组类型都属于序列类型，因此上述代码可以用更简单的方式改写，具体如下。

```
>>> for item in t:              # 直接使用 for 循环语句遍历元组，推荐使用这种方式
...     print(item)
...
```

下面通过一个例子展示元组的应用：统计一篇英文文章中，每个单词在每行出现次数，统计结果存储到元组对象中，元组的每个元素存储单词在每行出现次数。元素对象仍然是元组，内层的元组有两个固定元素，其中，第一个元素是单词在行内的出现次数，第二个元素是单词本身。单词统计结果的元组结构如图 4-3 所示。

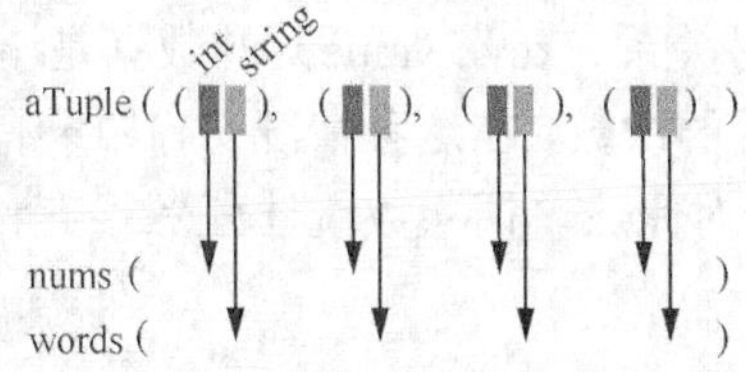

图 4-3　单词统计结果的元组结构

现在，我们需要找出数量最多的单词出现的次数、数量最少的单词出现的次数，以及文章中一共有多少个（不重复的）单词。下面的代码实现了这一功能。

```
aTuple = ((1, 'mine'),(3, 'yours'), (5, 'ours'), (7, 'mine'))
'''
返回数量最少、数量最多、不重复的单词个数。
aTuple 是一个元组对象，其结构如图 4-3 所示
'''
nums = ()
words = ()
for t in aTuple:
    nums = nums + (t[0],)           # t[0]是单词在行内的出现次数
    if t[1] not in words:
        words = words + (t[1],)     # t[1]是单词本身
min_nums = min(nums)
max_nums = max(nums)
unique_words = len(words)
print(min_nums, max_nums, unique_words, sep = ",")
```

在上述代码中，先新建两个元组 nums 和 words，然后开始遍历初始的结果元组 aTuple。遍历过程中将 aTuple 中的元素拆分，将次数和单词分别写入 nums 和 words。注意，由于元组是不可变的数据结构，因此，在每次循环中，nums 和 words 都会被赋予新的元组对象。在循环中，我们使用了 not in 操作来判断单词是否未出现过，用于确保 words 中不存在重复的单词。当循环遍历完成后，我们使用 min()、max()和 len()这 3 个函数求出元组的最小值、最大值和长度，并打印输出。得到的结果如下。

```
1, 7, 3
```

4.2.4 实训案例：神奇魔方阵

魔方阵又称纵横图，是一种 n 行 n 列、由自然数 1～（$n×n$）组成的方阵，该方阵中的数符合以下规律：

- 方阵中的每个元素都不相等；
- 每行元素的和、每列元素的和、主对角线元素的和、副对角线元素的和都相等。

本案例要求编写程序，输出一个 5 行 5 列的魔方阵。

4.3 字典

在程序设计中，存储映射关系（key : value）的数据是十分常见的需求。例如，统计一篇英文文章中各个单词出现的次数，在这种情况下，如果有一种数据结构能够成对地存储单词及其出现的次数，这会对完成单词次数统计任务很有帮助。Python 内置的字典正是这样一种数据结构。

4.3.1 字典的操作

字典是基础数据结构映射的一种。序列是按照顺序来存储数据的，而字典是通过键来

存储数据的。在字典中，一个参数称为键（Key），另一个参数称为值（Value）。字典的内部实现是基于二叉树的，数据没有严格的顺序。在一个字典对象中，键不能重复，用于唯一标识一个键值对，而值的存储则没有任何限制。

使用英文大括号{}来创建一个字典对象。

```
score_dict = {'张三':90, '李四':75, '王五':82}
```

上面创建的字典对象用于存储学生的成绩。其中，键是 str 类型，存储学生的名字；值是 int 类型，存储学生的成绩。

在字典中，根据键查找相应的值是一个高效的操作，因为查找操作无须遍历字典的所有键值对，而是通过键计算出一个数值，进而根据这个数值定位到键值对的位置。查找操作与列表下标操作类似，使用方括号[]作为操作符。如果字典中存在所查找的键，则返回对应的值；如果不存在，则抛出异常。代码如下。

```
>>> score_dict['王五']     # 获取'王五'这个键所对应的值
82
>>> score_dict['孙悟空']   # key 不存在，则抛出异常
Traceback (most recent call last):
  File "<stdin>", line 1, in <module>
KeyError: '孙悟空'
```

在字典中添加一个条目（即键值对），代码如下。

```
>>> score_dict['赵六'] = 93  # 添加一个条目，键为'赵六'，值为 93
>>> score_dict
{'张三': 90, '李四': 75, '王五': 82, '赵六': 93}
```

如果添加的键原本已存在于字典对象中，则使用新的值覆盖原有的值，代码如下。

```
>>> score_dict['王五'] = 69  # 更新'王五'这个键所对应的值
>>> score_dict
{'张三': 90, '李四': 75, '王五': 69, '赵六': 93}
```

使用成员运算符 in 检测字典中是否存在某个键，代码如下。

```
>>> '王五' in score_dict   # 检测字典中是否存在'王五'这个键
True
>>> '孙悟空' in score_dict
False
```

使用 del 操作符删除键值对。代码如下。

```
>>> score_dict
{'张三': 90, '李四': 75, '王五': 69, '赵六': 93}
>>> del(score_dict['张三'])  # 删除键为'张三'的键值对
>>> score_dict
{'李四': 75, '王五': 69, '赵六': 93}
```

字典类型的 keys()方法，返回一个可迭代对象，从而能够遍历字典对象的所有键。代码如下。

```
>>> for k in score_dict.keys():
...     print(k)
李四
王五
赵六
```

字典本身也是可迭代对象，可以用于遍历字典对象的所有键，因此上面的代码可以简写为以下形式。

```
>>> for k in score_dict:
...     print(k)
李四
王五
赵六
```

字典类型的 values()方法可返回一个可迭代对象，从而能够遍历字典对象中的所有值。示例如下。

```
>>> for v in score_dict.values():
...     print(v)
75
69
93
```

字典类型的 items()方法可返回一个可迭代对象，从而能够遍历字典对象的所有键值对。示例如下。

```
>>> for k, v in score_dict.items():
...     print(k, v)
李四 75
王五 69
赵六 93
```

需要注意的是，上面介绍的各种遍历字典元素的方法，都不能保证按照某种顺序遍历。使用字典类型时，请不要编写依赖遍历顺序的代码。

4.3.2 字典应用示例：词频统计

统计文章中单词的出现次数，即词频统计，这是字典的一个典型的应用。

下面的列表对象 she_loves_you 存储了披头士乐队一首歌的歌词，其中，一个元素是一个单词。

说明：为了便于读者复现实验，本实验的分词方式以下文这种方式为主。读者可自行按更严谨的分词方式设置实验。

```
she_loves_you = ['she', 'loves', 'you', 'yeah', 'yeah', 'yeah',
'she', 'loves', 'you', 'yeah', 'yeah', 'yeah',
'she', 'loves', 'you', 'yeah', 'yeah', 'yeah',

'you', 'think', "you've", 'lost', 'your', 'love',
'well', 'i', 'saw', 'her', 'yesterday',
"it's", 'you', "she's", 'thinking', 'of',
'and', 'she', 'told', 'me', 'what', 'to', 'say',

'she', 'says', 'she', 'loves', 'you',
'and', 'you', 'know', 'that', "can't", 'be', 'bad',
'yes', 'she', 'loves', 'you',
'and', 'you', 'know', 'you', 'should', 'be', 'glad',
```

```
'she', 'said', 'you', 'hurt', 'her', 'so',
'she', 'almost', 'lost', 'her', 'mind',
'and', 'now', 'she', 'says', 'she', 'knows',
"you're", 'not', 'the', 'hurting', 'kind',

'she', 'says', 'she', 'loves', 'you',
'and', 'you', 'know', 'that', "can't", 'be', 'bad',
'yes', 'she', 'loves', 'you',
'and', 'you', 'know', 'you', 'should', 'be', 'glad',

'oo', 'she', 'loves', 'you', 'yeah', 'yeah', 'yeah',
'she', 'loves', 'you', 'yeah', 'yeah', 'yeah',
'with', 'a', 'love', 'like', 'that',
'you', 'know', 'you', 'should', 'be', 'glad',

'you', 'know', "it's", 'up', 'to', 'you',
'i', 'think', "it's", 'only', 'fair',
'pride', 'can', 'hurt', 'you', 'too',
'apologize', 'to', 'her',

'Because', 'she', 'loves', 'you',
'and', 'you', 'know', 'that', "can't", 'be', 'bad',
'Yes', 'she', 'loves', 'you',
'and', 'you', 'know', 'you', 'should', 'be', 'glad',

'oo', 'she', 'loves', 'you', 'yeah', 'yeah', 'yeah',
'she', 'loves', 'you', 'yeah', 'yeah', 'yeah',
'with', 'a', 'love', 'like', 'that',
'you', 'know', 'you', 'should', 'be', 'glad',
'with', 'a', 'love', 'like', 'that',
'you', 'know', 'you', 'should', 'be', 'glad',
'with', 'a', 'love', 'like', 'that',
'you', 'know', 'you', 'should', 'be', 'glad',
'yeah', 'yeah', 'yeah',
'yeah', 'yeah', 'yeah', 'yeah'
]
```

我们先定义一个函数，统计歌词中各个单词出现的次数。在函数中使用字典对象存储单词和对应的次数。字典的键是 str 类型，用于存储单词；字典的值是 int 类型，用于存储单词的出现次数。统计完成后，将存储统计结果的字典对象返回。代码如下。

```
def words_to_frequencies(words):
    '''
    统计列表中各个单词出现的次数，返回 dict。
    words 是一个单词列表。
    '''
    word_dict = {}
    for word in words:
        if word in word_dict:     # word 已经出现过，将计数增加 1
            word_dict[word] += 1
```

```
        else:                              # word 还没有出现过，创建新的键值对
            word_dict[word] = 1
    return word_dict
```

得到词频统计结果的字典对象后，接下来我们进一步找出出现次数最多的单词。下面定义一个函数完成这个任务。因为有可能发生多个单词出现的次数相同的情况，所以函数最终返回一个元组，第一个元素是出现次数最多的单词的列表，第二个元素是出现次数。代码如下。

```
def most_common_words(word_dict):
    '''
    找出出现次数最多的单词。
    word_dict：词频统计结果字典。
    返回元组，其中第一个元素是单词列表，第二个元素是出现次数。
    '''
    best = max(word_dict.values())      # 单词出现的最大次数
    words = []
    for k in word_dict:
        if word_dict[k] == best:        # 单词出现次数等于最大次数，添加到结果列表
            words.append(k)
    return (words, best)
```

我们依次调用上面两个函数。从查看结果中可以看到，在这首歌中，出现次数最多的单词是 you，一共出现了 36 次。代码如下。

```
>>> word_dict = words_to_frequencies(she_loves_you)
>>> common_words, common_word_count = most_common_words(word_dict)
>>> common_words
['you']
>>> common_word_count
36
```

4.3.3 实训案例：青春有你

近两年偶像选秀节目风头正盛，吸引了许多喜欢唱跳、有成为文艺工作者梦想的年轻人参加，《青春有你》正是这类选秀节目。《青春有你》采用计票机制，选手获得的票数越多，排名越靠前。

本案例要求编写程序，实现上述计票机制，其中，输入为选手的姓名和票数，输出为排序后的成绩。

4.4 集合

与元组、列表类似，Python 中的集合数据结构可用于存储一系列元素，具有数学上集合的性质。集合中的元素是唯一的。总体来说，集合可用于表示一个无序且元素不重复的序列，该序列是可变序列。集合的主要作用是给数据去重。

4.4.1　集合的基本操作

与字典相同，集合也是使用大括号{}创建的。需要注意的是，重复的元素只会保存一份，示例如下。

```
>>> s = {'apple', 'orange', 'apple', 'pear', 'orange', 'banana'}
>>> s
{'pear', 'orange', 'apple', 'banana'}
```

另外，set() 函数可以将列表、元组、字符串、range 对象等可迭代对象转换为集合，如果原来的数据中存在重复元素，则在转换为集合时只保留一个。示例如下。

```
>>> set('abracadabra')
{'d', 'c', 'b', 'r', 'a'}
```

集合支持 len() 函数，示例如下。

```
>>> len( {1,2,3} )
3
```

集合支持 in 操作，测试某个对象是否存在其中，示例如下。

```
>>> 'b' in {'a', 'b', 'c'}
True
>>> 'e' in {'a', 'b', 'c'}
False
```

集合还可进行修改、删除等操作，示例如下。

```
>>> s = {1, 2, 3}
>>> s.add(3)          # add()方法，用于添加元素，自动忽略重复元素
>>> s
{1, 2, 3}
>>> s.update({3,4}) # update()方法，用于更新当前集合，自动忽略重复元素
>>> s
{1, 2, 3, 4}
>>> s.discard(5)      # discard()方法，用于删除元素，不存在则忽略该操作
>>> s
{1, 2, 3, 4}
>>> s.remove(5)       # remove()方法，用于删除元素，若元素不存在则抛出异常
KeyError: 5
>>> s.pop()   # pop()方法，用于随机删除并返回集合中的一个元素，如果集合为空则抛出异常
1
>>> s.clear()         # clear()方法，清空集合，删除所有元素
```

4.4.2　集合的关系操作

在集合中，除了针对单个集合对象的操作，集合对象之间还支持数学意义上的关系运算操作。Python 支持的集合关系运算操作包括两个或多个集合的并、交、差和对称差。

我们先通过以下代码构造两个元素为字母的集合 a 和 b，再介绍集合的关系运算

操作。

```
>>> a = set('abracadabra')
>>> b = set('alacazam')
>>> a
{'d', 'a', 'c', 'b', 'r'}
>>> b
{'a', 'z', 'c', 'm', 'l'}
```

（1）并操作

a 和 b 的并操作会返回一个新的集合，由所有属于 a 或者属于 b 的元素构成，代码如下。

```
>>> a | b
{'d', 'a', 'z', 'c', 'm', 'b', 'l', 'r'}
```

（2）交操作

a 和 b 的交操作会返回一个新的集合，由所有属于 a 且属于 b 的元素构成，代码如下。

```
>>> a & b
{'a', 'c'}
```

（3）差操作

a 和 b 的差操作会返回一个新的集合，由所有属于 a 但不属于 b 的元素构成，代码如下。

```
>>> a - b
{'d', 'b', 'r'}
```

（4）对称差操作

a 和 b 的对称差操作会返回一个新的集合，由所有属于 a 或者属于 b，但不同时属于 a 和 b 的元素构成，代码如下。

```
>>> a ^ b
{'l', 'd', 'b', 'z', 'm', 'r'}
```

4.5 实战：通讯录

通讯录通常包含多个联系人，每个联系人包含姓名、手机号、邮箱、地址等基本信息，且这些信息之间是相互对应的，因此这里可将联系人视为包含 4 个键值对的字典，将通讯录视为一个包含多个字典的数组，将通讯录中新增联系人、删除联系人、修改联系人、查看联系人的功能视为字典的增、删、改、查操作。根据以上分析，我们可整理出以下基本实现思路。

① 创建一个空列表，使用该列表存储联系人信息。

② 打印通讯录的功能菜单。

③ 创建一个空字典，使用该字典存储联系人的姓名、手机号、邮箱和地址信息。

④ 接收用户输入的功能序号，并根据输入的序号执行相应的操作：用户输入“1”执行增加字典元素（联系人）的操作；用户输入“2”执行查看字典元素（通讯录）的操作；用户输入“3”执行删除字典元素（联系人）的操作；用户输入“4”执行修改字典元素（联系人信息）的操作；用户输入“5”执行遍历字典元素（查看联系人）的操作；用户输入“6”执行结束程序的操作。

通讯录的代码实现如下。

首先，定义通讯录列表（person_info），其初始状态为空。

```
person_info = []
```

其次，使用 print 函数打印菜单。打印方式为逐行打印，打印格式如下。

```
====================
欢迎使用通讯录：
1.添加联系人
2.查看通讯录
3.删除联系人
4.修改联系人信息
5.查找联系人
6.退出
====================
```

代码如下。

```
print(" = " * 20)
print('欢迎使用通讯录：')
print("1.添加联系人")
print("2.查看通讯录")
print("3.删除联系人")
print("4.修改联系人信息")
print("5.查找联系人")
print("6.退出")
print(" = " * 20)
```

再次，实现各个菜单功能。菜单功能在 while True 语句块中实现，退出时使用 break 语句。代码如下。

```
#菜单功能：
while True:
    # 定义空字典 per_dict
    per_dict = {}
    # 定义变量 fun_num，用于接收 input()函数输入的功能编号，提示信息为“请输入功能序号”
    fun_num = input('请输入功能序号:')

    # 判断 fun_num 是否为“1”，在该分支内实现“添加联系人”功能：
    if fun_num == '1':
        # 分别实现姓名（per_name）、手机（per_num）、邮箱（per_email）、地址（per_addr）
        # 信息的输入。
        per_name = input('请输入联系人的姓名：')
        phone_num = input('请输入联系人的手机号：')
        per_email = input('请输入联系人的邮箱：')
        per_address = input('请输入联系人的地址：')

        # 判断输入的是否为空，语法：字符串.strip() == '',
        # 如果是空的，则输出提示信息并使用 continue 语句返回主菜单；
        # 否则，使用字典的 update()方法更新信息，并且将该字典追加至列表 person_info 中。
        if per_name.strip() == '':
            print('请输入正确信息')
            continue
        else:
            per_dict.update({'姓名': per_name,
```

```
                              '手机号': phone_num,
                              '电子邮箱': per_email,
                              '联系地址': per_address})
        person_info.append(per_dict)  # 保存到列表中
        print('保存成功')

# 判断 fun_num 是否为“2”，在该分支内实现“查看联系人”功能
elif fun_num == '2':
    # 判断通讯录是否为空(推荐使用 len()函数判断长度是否为 0),如果是则输出“通讯录无信息”。
    if len(person_info) == 0:
        print('通讯录无信息')
    # 遍历通讯录列表 person_info，使用 for…in 循环语句来实现。
    # 循环体内嵌套循环，依次打印字典的 key 和 value。
    for i in person_info:
        for title, info in i.items():
            print(title + ':' + info)

# 判断 fun_num 是否为“3”，在该分支内实现“删除联系人”功能
elif fun_num == '3':
    if len(person_info) != 0: # 确定通讯录不为空
        # 先输入要删除的联系人姓名
        del_name = input('请输入要删除的联系人姓名：')
        # 然后遍历通讯录列表 person_info，循环体内判断 value 是否与输入的姓名匹配，
        # 如果是，则删除该联系人信息，即该字典，否则打印“该联系人不在通讯录中”
        for i in person_info:
            if del_name in i.values():
                person_info.remove(i)
                print(person_info)
                print('删除成功')
            else:
                print('该联系人不在通讯录中')
    else:
        print('通讯录无信息')

# 判断 fun_num 是否为“4”，在该分支内实现“修改联系人”功能
elif fun_num == '4':
    if len(person_info) != 0:
        # 输入要修改的联系人姓名
        modi_info = input('请输入要修改的联系人姓名：')
        # 遍历通讯录列表 person_info，
        for i in person_info:
            # 循环体内判断 value 是否与输入的姓名匹配，即联系人存在
            if modi_info in i.values():
                # 获取所在元组在列表中的索引位置
                index_num = person_info.index(i)
                # 显示联系人原信息
                dict_cur_perinfo = person_info[index_num]
                for title, info in dict_cur_perinfo.items():
                    print(title + ':' + info)
                # 输入修改信息
```

```
                modi_name = input('请输入新的姓名：')
                modi_phone = input('请输入新的手机号：')
                modi_email = input('请输入新的邮箱：')
                modi_address = input('请输入新的地址：')
                # 更新修改信息
                dict_cur_perinfo.update(姓名 = modi_name)
                dict_cur_perinfo.update(手机号 = modi_phone)
                dict_cur_perinfo.update(电子邮箱 = modi_email)
                dict_cur_perinfo.update(联系地址 = modi_address)
                # 打印修改后的信息
                print(person_info)
    else:
        print('通讯录无信息')

# 判断 fun_num 是否为“5”，在该分支内实现“查找联系人”功能
elif fun_num == '5':  # 查找
    if len(person_info) != 0:
        # 输入需查找的联系人姓名，然后匹配字典，有则输出信息，无则提示
        query_name = input('请输入要查找的联系人姓名：')
        for i in person_info:
            if query_name in i.values():
                index_num = person_info.index(i)
                for title, info in person_info[index_num].items():
                    print(title + ':' + info)
                break
        else:
            print('该联系人不在通讯录中')
    else:
        print('通讯录无信息')

# 判断 fun_num 是否为“6”，在该分支内实现“退出”功能：直接 break 退出即可。
elif fun_num == '6':  # 退出
```

最后，运行代码，结果如下。

```
====================
欢迎使用通讯录：
1.添加联系人
2.查看通讯录
3.删除联系人
4.修改联系人信息
5.查找联系人
6.退出
====================
请输入功能序号:1
请输入联系人的姓名：小红
请输入联系人的手机号：13666666666
请输入联系人的邮箱：13666666666@163.com
请输入联系人的地址：北京
保存成功
请输入功能序号:2
```

```
姓名:小红
手机号:13666666666
电子邮箱:13666666666@163.com
联系地址:北京
请输入功能序号:4
请输入要修改的联系人姓名：小红
姓名:小红
手机号:13666666666
电子邮箱:13666666666@163.com
联系地址:北京
请输入新的姓名：小明
请输入新的手机号：13888888888
请输入新的邮箱：13888888888@163.com
请输入新的地址：上海
[{'姓名': '小明', '手机号': '13888888888', '电子邮箱': '13888888888@163.com',
 '联系地址': '上海'}]
请输入功能序号:5
```

通过本实战，读者应掌握以下知识或技能。

① 能熟练创建列表和操作列表元素。

② 能熟练创建字典和操作字典元素。

第 5 章 函数和递归

函数是组织好的、可重复使用的、用于实现单一或关联功能的代码段，简言之，函数就是将语句集合在一起的工具。当调用这个函数时，系统能把这些语句全部执行一遍。函数有以下两个优点。

代码重用。函数把一些语句“打包”，然后供其他用户使用，这样就可以避免每个用户为了相同功能而重复编写代码。

流程分解。我们可以使用函数把一个大系统分解为多个小系统，把大功能分解为多个小功能。

本章将要介绍的相关内容如下。

① 函数的定义。

② 函数的调用。

③ 函数的参数。

④ 作用域。

⑤ 递归函数。

⑥ 匿名函数。

5.1 自定义函数

在前几章中，我们接触了几个常用的内置函数，例如 eval()、print()等。对于内置函数，我们只需要知道它们实现了什么功能，无须知道具体如何实现功能。另外，软件开发过程中经常有很多操作是完全相同或者是非常相似的，只是要处理的数据不同而已，因此，将可能需要反复执行的代码封装为函数，在需要该功能的地方调用封装好的函数即可。这种方式不仅可以实现代码的复用，还可以保证代码的一致性。只需要修改函数的代码，所有调用位置处的修改效果均可得到体现。

使用函数是真正开始编程的第一步。在本章中，我们要学会如何定义函数，以及如何调用函数。

5.1.1 定义函数

在 Python 中，函数的定义格式如下。

```
def 函数名(参数 1, 参数 2,…, 参数 n):
    函数体
```

定义函数时，需要使用 def 关键字。def 关键字与函数名之间需要用空格隔开。

注意：

① 函数形参不需要声明类型，也不需要指定函数返回值类型；

② 即使该函数不需要接收任何参数，也必须保留一对空的圆括号；

③ 括号后面的冒号必不可少；

④ 相对于 def 关键字，函数体必须保持一定的空格缩进；

⑤ 可以嵌套定义函数。

当执行 def 语句时，系统会在内存中创建一个变量，引用函数对象。函数创建示意如图 5-1 所示。

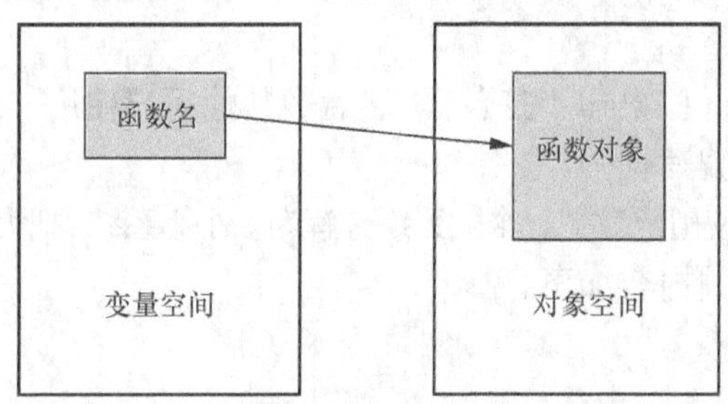

图 5-1　函数创建示意

def 语句是可执行语句。我们知道语句在没有执行时是不起作用的，若没有执行 def 语句，则这个函数不存在。def 语句的作用是创建一个对象，这个对象就是函数体（即被“打包”的语句），然后把该对象赋值给一个变量（即函数名）。函数名的实质是变量，我们还可以把这个变量再赋值给另一个变量，相当于重命名函数。

定义一个 max() 函数，实现返回这两个参数中值较大的参数，代码如下。

```
>>> def max( a , b ) :
...        if ( a > b ):
...            return  a
...        else:
...            return  b
```

在上述代码中，当执行 def 语句时，Python 会创建一个函数对象，并使用 max 变量引用这个函数对象，注意，此时并不会执行函数体，只会创建函数对象，并用函数名关联这个函数对象。代码中 return 的作用是交出控制权，将 return 后的表达式结果返回给调用者，这个函数就会停止执行。return 语句可以在函数体的任何位置。函数体可以没有 return 语句，这相当于函数返回 None。

5.1.2　调用函数

函数在被调用时会执行函数名关联的函数体。函数调用方式如下。

```
函数名(参数 1, 参数 2, …, 参数 n)
```

可以看到，函数的调用与函数定义很相似，不同之处在于函数调用时没有使用 def 关键字，也没有函数体。

下面使用前面定义的 max() 函数，求两个数字中的较大值，代码如下。

```
>>> # 调用函数，将 3 和 5 中的较大值赋值给 c
>>> c = max(3, 5)
>>> print(c)
5
```

代码执行后，输出结果 5。这与我们预期的结果一致。

5.1.3　函数的参数

函数的参数分为两种：一种是函数定义时的参数，我们称之为形式参数，简称形参；另一种是函数调用时的参数，我们称之为实际参数，简称实参。

（1）形参

根据形参个数是否确定，形参可划分为固定形参和可变形参两种。固定形参的形参个数是固定的，即函数中定义了多少个参数，就只能接收多少个实参。可变形参的形参个数是不确定的，在函数定义中通常会出现 *param 或者 **param 这种形式。

```
>>> def fixed_param_func(arg1, arg2, arg3):  # 3 个固定参数
...     print(arg1, arg2, arg3)
...
```

上面的代码形式是固定形参。在函数调用时，实参的个数必须小于或等于形参的个数，原因如下。

当实参和形参的个数相同时，可正常调用函数，代码如下。

```
>>> fixed_param_func(1, 2, 3)
1 2 3
>>>
```

当实参个数大于形参个数时，若调用固定形参的函数，系统就会报错，代码如下。

```
>>> fixed_param_func(1, 2, 3, 4)
Traceback (most recent call last):
  File "<stdin>", line 1, in <module>
TypeError: fixed_param_func() takes 3 positional arguments but 4 were given
>>>
```

以下代码形式的函数定义中的形参是可变形参。在函数调用时，实参数量可以小于、等于或者大于形参的数量。在该代码中，*arg2 形式的参数把多出来的位置参数集合成一个元组，**arg3 形式的参数把多出来的关键字参数集合成一个字典。

```
>>> def var_param_func(arg1, *arg2, **arg3):  # 第一个参数固定，后两个参数可变
...     print(arg1, *arg2, **arg3)
...
>>> var_param_func(1)
1 () {}
>>> var_param_func(1, 2, a = 2)
1 (2,) {'a': 2}
>>>
```

区分形参是固定的还是可变的，最简单的办法是观察有没有出现 *param 或 **param 这种形式的形参，如果出现就是可变形参，否则就是固定形参。

形参还可以根据有无默认值划分为一般参数和默认值参数。示例如下。

```
>>> def no_default_val_func(arg1, arg2):
...     print(arg1, arg2)
...
```

上述函数中 arg1 和 arg2 都是没有默认值的。在调用函数时，没有默认值的参数必须进行赋值，否则系统会报错。示例如下。

```
>>> no_default_val_func(1, 2)
1 2
>>> no_default_val_func(1)
Traceback (most recent call last):
  File "<stdin>", line 1, in <module>
TypeError: no_default_val_func() missing 1 required positional argument:
'arg2'
>>> def have_default_val_func(arg1, arg2 = 2):
...     print(arg1, arg2)
...
>>> have_default_val_func(1, 3)
1 3
>>>
>>> have_default_val_func(1)
1 2
>>>
```

在上面代码的参数定义中，arg1 没有默认值，为一般参数；arg2 有默认值，为默认值参数。当调用函数时，如果没有给默认值参数传递值，则形参用默认值；如果传递了，则形参用传递的值。

注意，函数形参必须按以下形式的顺序进行定义。若违反这个规则，则系统将会报错。

任何一般参数（name），默认值参数（name = value），*name 形参，**name 形参（如果有的话）。

（2）实参

实参分为位置参数、关键字参数、*arg 形参、**arg 形参，具体如下。

位置参数是简单形式的值或者表达式形式的参数，示例如下。

```
>>> have_default_val_func(1, 3)
1 3
```

上面函数调用的 1 和 3 都是位置参数。

关键字参数是 name = value 这种形式的参数。关键字参数是给特定形参赋值，所以其名必须和实参名相同。示例如下。

```
>>> have_default_val_func(arg1 = 10)
10 2
```

其中，arg1 = 10 是关键字参数

*arg 形式的参数用于解包元组，示例如下。

```
>>> args = (3, 4)
```

```
>>> have_default_val_func(*args)
3 4
```

**arg 形式的参数用于解包字典，示例如下。

```
>>> args = {'arg1': 4, 'arg2': 5}
>>> have_default_val_func(**args)
4 5
```

上述代码中的函数调用如同先执行 arg1 = 4、arg2 = 5，然后执行函数体。

注意：函数的实参必须按以下形式的顺序进行排列，违反这个规则系统将会报错。

位置参数（name），关键字参数（name = value），*name 形式参数，**name 形式参数（如果有的话）。调用函数相当于把实参赋值给形参。

形参和实参按照以下顺序进行匹配。

① 通过位置分配非关键字参数，从左到右把位置参数赋值给形参。

② 通过匹配形参参数名分配关键字参数。

③ 其他额外的位置参数分配到 *name 元组中。

④ 其他额外的关键字参数分配到 **name 字典中。

⑤ 用默认值与形参中没有得到分配的参数进行匹配。

应用这些规则后，Python 会检查每个参数是否只传递了一个值，否则系统会报错。

5.2 函数与变量作用域

在 Python 中，变量的可见范围称为该变量的作用域。简言之，变量的作用域就是这个变量的使用范围。变量在第一次赋值时被创建出来，首次赋值语句所在的位置决定了该变量的作用域。变量一般有 4 种作用域——本地作用域、非本地作用域、全局作用域和内置作用域，相应地产生了本地变量、非本地变量、全局变量和内置变量。示例如下。

```
>>> a = 1                              # a 是全局变量
>>> def outer_func(arg1):              # outer_func 是全局变量，arg1 是本地变量
...     b = 2                          # b 是本地变量
...     def inner_func():
...         c = 3                      # c 是本地变量
...         print(c)                   # print 是内置变量
```

变量可以在 3 种地方进行赋值，分别对应以下 3 种作用域。

① 如果一个变量在函数体中赋值，则这个变量属于本地变量。

② 如果一个变量在外部函数中赋值，那么对于内部函数来说，这个变量属于非本地变量。

③ 如果一个变量在 def 语句之外赋值，那么这个变量就是全局变量。

（1）内置变量

内置变量定义在__builtins__模块中。这个是 Python 解释预加载的一个模块，不需要加载便可使用这些内置函数。下面使用 dir() 函数来查看__builtins__模块包含哪些内置函数。

```
>>> dir(__builtins__)
['ArithmeticError', 'AssertionError', 'AttributeError', 'BaseException',
'BlockingIOError', 'BrokenPipeError', 'BufferError', 'BytesWarning', 'ChildProce-
```

```
ssError', 'ConnectionAbortedError', 'ConnectionError', 'ConnectionRefusedError',
'ConnectionResetError', 'DeprecationWarning', 'EOFError', 'Ellipsis', 'Environm-
entError', 'Exception', 'False', 'FileExistsError', 'FileNotFoundError', 'Float-
ingPointError', 'FutureWarning', 'GeneratorExit', 'IOError', 'ImportError', 'Im-
portWarning', 'IndentationError', 'IndexError', 'InterruptedError', 'IsADirecto-
ryError', 'KeyError', 'KeyboardInterrupt', 'LookupError', 'MemoryError', 'Module-
NotFoundError', 'NameError', 'None', 'NotADirectoryError', 'NotImplemented',
'NotImplementedError', 'OSError', 'OverflowError', 'PendingDeprecationWarning',
'PermissionError', 'ProcessLookupError', 'RecursionError', 'ReferenceError',
'ResourceWarning', 'RuntimeError', 'RuntimeWarning', 'StopAsyncIteration', 'Stop-
Iteration', 'SyntaxError', 'SyntaxWarning', 'SystemError', 'SystemExit', 'Tab-
Error', 'TimeoutError', 'True', 'TypeError', 'UnboundLocalError', 'UnicodeDecode-
Error', 'UnicodeEncodeError', 'UnicodeError', 'UnicodeTranslateError', 'Unicode-
Warning', 'UserWarning', 'ValueError', 'Warning', 'WindowsError', 'ZeroDivision-
Error', '_', '__build_class__', '__debug__', '__doc__', '__import__', '__loader_
_',
'__name__', '__package__', '__spec__', 'abs', 'all', 'any', 'ascii', 'bin',
'bool', 'breakpoint', 'bytearray', 'bytes', 'callable', 'chr', 'classmethod',
'compile', 'complex', 'copyright', 'credits', 'delattr', 'dict', 'dir', 'divmod',
'enumerate', 'eval', 'exec', 'exit', 'filter', 'float', 'format', 'frozenset',
'getattr', 'globals', 'hasattr', 'hash', 'help', 'hex', 'id', 'input', 'int',
'isinstance', 'issubclass', 'iter', 'len', 'license', 'list', 'locals', 'map',
'max', 'memoryview', 'min', 'next', 'object', 'oct', 'open', 'ord', 'pow', 'print',
'property', 'quit', 'range', 'repr', 'reversed', 'round', 'set', 'setattr',
'slice', 'sorted', 'staticmethod', 'str', 'sum', 'super', 'tuple', 'type',
'vars', 'zip']
>>>
```

（2）全局变量

全局变量指定义在模块顶层的变量，作用于全局。

（3）本地变量

本地变量指定义在函数之内的变量，包括函数形参。

（4）非本地变量

非本地变量是一种相对于本地变量的称谓。在本节前面的示例中，变量 arg1、b 相对于 inner_func 是非本地变量。

所有变量的引用都遵循 LEGB 规则：首先在本地作用域（Local）中查找变量，其次在嵌套作用域（Enclosing Function Locals）中查找（如果有的话），再次在全局作用域（Global）中查找，最后在内置作用域（Builtin）中查找。如果都没有找到，则系统会报错。

5.2.1 全局变量

Python 的全局变量是定义在函数之外，在模块文件顶层赋值的变量。全局变量可以在赋值位置之后的任何地方进行调用，示例如下。

```
>>> global_var = 10
>>> def test():
...     print(global_var)
```

```
...
>>> print(global_var + 5)
15
>>> test()
10
```

在上述代码中，global_var 是全局变量，因此，test 函数获取的值依然为 10。我们再给出一个示例，具体如下。

```
>>> def func():
...       num = 1
...       print("函数内修改后 num=", num)
>>> num = 2
# 函数内修改后 num = 1
>>> func()
>>> print("函数运行后 num=", num)
函数运行后 num = 2
```

读者可能会对上述代码有疑惑，明明 num 是全局变量，在调用 func()函数后值应该变成 1，为什么还是 2 呢？这是因为在函数体中赋值的变量是本地变量，它和全局变量 num 是两个完全不同的变量。

如果需要修改全局变量的值，应该怎么做呢？Python 给我们提供了 global 关键字。global 关键字指示这是一个全局变量。如果已经有这个变量，用户可以直接引用；如果没有，用户需要创建这个变量。示例如下。

```
>>> def func():
...       global num
...       num = 1
...       print("函数内修改后 num=",num)
>>> num = 2
#函数内修改后 num = 1
>>> func()
>>> print("函数运行后 num=", num)
函数运行后 num = 1
```

上述代码确实修改了全局变量 num 的值，这是因为 func()函数中使用了 global 关键字，指示这个 num 是全局变量。因此 func()函数中后续的赋值就是改变全局变量，而不是创建本地变量。我们再看一个示例，代码如下。

```
>>> def add_a():
...       global  a
...       a = 3
>>> add_a()
>>> print(a)
3
```

这个示例表明 global 关键字起到了创建全局变量的作用。

5.2.2 函数调用环境

在调用函数时，系统会在内存中分配一块空间，用于存储本地变量、调用者返回的程序计数器（Program Counter，PC）指针等信息。当函数运行完后，被分配的这块空间会被回收，这些变量将不能再被访问了。当再次调用该函数时，系统会再次分配空间，这时新创建的变量和之前创建的相同名字的变量是两个完全不同的变量。示例如下。

```
>>> def outer_func():
...     a = 10
...     def inner_func():
...         a = 20
...         print(a)
...     inner_func()
...     print(a)
...
>>> outer_func()
20
10
>>>
```

上述代码本来的目的是改变非本地变量 a 的值，但是却失败了，这是因为在 inner_func()函数中对 a 赋值时，创建了另一个变量 a，而不是引用非本地变量 a。为了改变非本地变量的值，需要使用关键字 nonlocal，它可申明变量为非本地变量，代码如下。

```
>>> def outer_func():
...     a = 10
...     def inner_func():
...         nonlocal a
...         a = 20
...         print(a)
...     inner_func()
...     print(a)
...
>>> outer_func()
20
20
>>>
```

注意：关键字 nonlocal 只是声明变量是非本地变量，并不会创建这个变量，只是扩大变量搜索范围，最多搜索到非本地作用域范围，不会再搜索全局作用域和内置作用域。我们再看一个示例，具体如下。

```
>>> a = 10
>>> def test():
...     def do_test():
...         nonlocal a
...         print(a)
...     do_test()
...
  File "<stdin>", line 3
SyntaxError: no binding for nonlocal 'a' found
```

5.2.3　实训案例：角谷猜想

角谷猜想又称冰雹猜想，是由日本数学家角谷静发现的一种数学现象，它的具体内容是：以一个正整数 *n* 为例，如果 *n* 为偶数，就将它变为 *n*/2，如果除后变为奇数，则将它乘 3 加 1（即 3*n*+1）。不断重复这样的运算，经过有限步后，必然会得到 1。据日本和美国的数学家攻关研究，所有小于 7×1011 的自然数，都符合这个规律。

本案例要求编写代码，计算用户输入的数据按照以上规律经多少次运算后可变为 1。

5.3　递归

递归函数是直接或间接地调用自身的函数。递归作为一种算法，在程序设计语言中被广泛应用。递归函数在其定义或说明中有直接或间接调用自身的一种方法，它通常把一个大型的、复杂的问题层层转化为一个与原问题相似的、规模较小的问题来求解。递归策略只需少量的代码就可描述出求解过程所需要的多次重复计算，大大地减少了程序的代码量。

设计递归函数时需要明确返回条件，若不设计返回条件，则这个调用就会陷入死循环，最终占满分配给进程的内存空间。

5.3.1　使用递归实现阶乘

在计算 n 的阶乘时，假设已知 n – 1 的阶乘，那么此时只需计算 n × (n – 1)!。计算 n – 1 的阶乘和计算 n 的阶乘一样，假设已知 n – 2 的阶乘，则只需计算(n – 1) × (n – 2)!。由此，可定义以下求阶乘函数。

```
>>> def  fact( n ):
...     if  n == 1:
...        return  1
...     return  n * fact( n - 1 )
```

调用 fact()函数的示例如下。

```
>>> fact(5)
120
>>> fact(3)
6
>>> fact(1)
1
```

5.3.2　斐波那契数列

斐波那契数列，又称黄金分割数列，因数学家斐波那契（Fibonacci）以兔子繁殖为例而引入，故又称为“兔子数列”。它指的是这样一个数列：1、1、2、3、5、8、13、21、34、……

在数学上，斐波纳契数列以这种递归方式进行定义：

$F(1)=1$，$F(2)=1$，$F(n)=F(n-1)+F(n-2)$，$n\geqslant 2$，$n\in \mathrm{N}^*$。

根据斐波纳契数列的定义，我们可定义 fibs()函数，代码如下。

```
>>>def fibs(n):
...     if n == 1 or n == 2:
...         return 1
...     else:
...         return fibs(n-1) + fibs(n - 2)
```

调用 fibs() 函数，输出结果如下。

```
>>> fibs(1)
1
>>> fibs(3)
2
>>> fact(6)
8
```

与预期一致，fibs() 函数可返回斐波纳契数列相应位置的数值。

5.3.3 递归与数学归纳法

数学归纳法的思想为：首先验证当 n 取第一个自然数值 $n=n_1$（$n_1=1$、2 或其他常数）时，命题正确；然后假设当 n 取某一自然数 k 时，命题正确，以此推出当 $n=k+1$ 时这个命题也正确，由此可推出命题对于从 n_1 开始的所有自然数都成立。

数学归纳法利用的是递推原理，而递归利用的也是递推原理。在这一点上，递归与数学归纳法的本质是相同的。

5.3.4 递归与分治法

分治法的基本思想为：首先将一个规模为 n 的问题分解为 k 个规模较小的子问题，这些子问题互相独立且与原问题相同；然后递归地解这些子问题，并将各个子问题的解合并，便得到原问题的解。递归是把问题转化为规模缩小的同类问题，然后递归调用函数（或过程）来表示问题的解。

简单来说，分治法是把一个复杂问题划分为多个简单的子问题，递归法是把多个子问题归为一个问题的解决方法。

5.3.5 实训案例：兔子数列

兔子数列又称斐波那契数列、黄金分割数列，它由数学家列昂纳多·斐波那契以兔子繁殖的例子引出，故此得名。兔子繁殖的故事如下。

兔子一般在出生两个月之后就有了繁殖能力，每对兔子每月可以繁殖一对小兔子，假如所有的兔子都不会死，试问一年以后一共有多少对兔子？

本案例要求编写代码，利用递归实现根据月份计算兔子总数量的功能。

5.4 高阶函数

高阶函数是把函数作为参数的一种函数，是一种高度抽象的编程方式。函数本身是一个对象，函数名作为一个变量，引用函数对象。因为可以使用其他变量来引用这个函数对象，所以函数与其他对象没有区别。

5.4.1 匿名函数

匿名函数是一个函数对象，可以赋值给一个变量，此时这个变量代表函数名。Python 使用 lambda 来创建匿名函数。lambda 的主体是一个表达式，而不是语句块，并且拥有自己的命名空间，不能访问除自己参数列表之外或者全局命名空间中的参数。

我们分别用常规函数和 lambda 函数定义一个求和函数，代码如下。

```
# 常规定义
>>> def my_sum(x, y):
        Return x + y

# 匿名函数
>>> my_sum = lambda x, y: x + y
```

通过以下代码可以观察到，调用匿名函数和调用常规函数的方式没有区别。

```
>>> print(my_sum)
<function <lambda> at 0x010462002093D07>
>>> my_sum(3, 5)
8
```

5.4.2 函数作为参数

在 Python 中，函数本身也是对象，可以作为参数传入另一个函数进行调用。

首先，定义一个求绝对值的函数，代码如下。

```
>>> def  my_abs( a ):
...        if( a > 0 ):
...            return a
...        else:
...            return -a
```

然后，定义一个加法函数 add()。该函数接收 3 个参数，其中，x 和 y 表示数字，f 表示函数。add()函数首先将 f () 函数分别应用在 x 和 y 上，再把所得的结果相加，代码如下。

```
>>> def add(x, y, f):
...        return f(x) + f(y)
```

以不同的参数调用 add()函数如下。

```
>>> add(8, -3, my_abs)
11
>>> add(-2, -4, my_abs)
6
```

5.4.3 函数作为返回值

高阶函数除了可以将函数作为参数，还可以将函数作为返回结果。函数作为返回值，可以延迟计算。例如，定义一个求和函数 calculate()，代码如下。

```
>>> def  calculate (type_list):
...       return sum(type_list)
```

此时调用 calculate()函数，可直接返回结果，代码如下。

```
>>> calculate ([8, -3])
5
>>> calculate ([2, 4])
6
```

我们可以通过返回一个函数，实现计算的延迟执行。下面重新定义求和函数 calculate()，代码如下。

```
>>> def  calculate (type_list):
...    def  lazy_cal():
...        return sum(type_list)
...    return lazy_cal
```

下面的代码在调用函数时并没有直接执行计算，而是先返回函数。

```
>>> func = calculate ([8,-3])
>>> func
<function lazy_sum at 0x1037bfaa0>
```

在调用返回的函数后，才会计算出结果，具体如下。

```
>>>func()
5
```

5.5 实战：饮品自动售货机

饮品自动售货机具有显示饮品信息和计算总额这两个功能，我们可将这两个功能抽取成两个函数：show_goods() 和 total()。另外，我们定义一个控制饮品自动售货机操作流程的函数 main()，该函数先调用 show_goods() 函数展示饮品信息，在用户根据展示的信息选择商品和数量选购完并输入“q”后，再会调用 total() 函数计算总额。

实现代码具体如下。

（1）定义饮品信息

定义函数 all_goods()，该函数不需要参数，会返回饮品信息字典，代码如下。

```
def all_goods():
```

```
    goods = {"可口可乐": 2.5, "百事可乐": 2.5, "冰红茶": 3, "脉动": 3.5,
             "果缤纷": 3, "绿茶": 3, "茉莉花茶": 3, "尖叫": 2.5}
    return goods
```

（2）展示饮品信息

定义函数 show_ goods()，逐行打印饮品信息，打印格式为“饮品名称：xx 元”。代码如下。

```
# 展示饮品信息
def show_goods():
    for x, y in all_goods().items():
        print(x, ":", str(y) + "元")
```

（3）计算总额

定义函数 total()，参数为 goods_dict，该参数的作用类似购物车；key 为饮品名称；value 值为数量。函数体代码如下。

```
# 计算总额
def total(goods_dict):
    # 定义变量 count，初始值为 0
    count = 0

    # 遍历字典 goods_dict 的每个元素（item），根据饮品名称找出 all_goods()中对应的价格，
    # 并和数量相乘，得出该饮品的售价
    for name, num in goods_dict.items():
        total_money = all_goods()[name] * num
        # 累积总金额
        count += total_money
    print("需要支付金额：", count, "元")
```

（4）主函数的实现

主函数的实现代码如下。

```
def main():
    goods_dict = {}     # 定义空的购物清单 goods_dict（字典类型）。
    print("饮 品 自 动 售 货 机")
    show_goods()        # 展示饮品信息
    print("输入 q 完成购买")
    while True:         # 循环选购的商品
        goods_name = input("请输入购物的商品：")
        if goods_name == 'q':     # 输入 q 完成购买
            break
        if goods_name in [g_name for g_name in  all_goods().keys()]:
        # 确定商品存在
            goods_num = input("请输入购物数量：")  # 输入饮品名称
            if goods_num.isdigit():                # 检验购买数量合法性
                goods_dict[goods_name] = float(goods_num)
                # 转换数字为浮点型，并保存
            else:
                print('商品数量不合法')
        else:
            print('请输入正确的商品名称')
    total(goods_dict)     # 调用 total()函数计算购物车内商品的总额
```

（5）运行测试

调用 main()函数进行测试，代码如下。

```
if __name__ == '__main__':
    main()
```

运行结果如下。

```
饮 品 自 动 售 货 机
可口可乐: 2.5 元
百事可乐: 2.5 元
冰红茶: 3 元
脉动: 3.5 元
果缤纷: 3 元
绿茶: 3 元
茉莉花茶: 3 元
尖叫: 2.5 元
输入 q 完成购买
请输入购物的商品：可口可乐
请输入购物数量：5
请输入购物的商品：q
需要支付金额:  12.5 元
```

通过本次实战，读者应掌握以下知识或技能。

① 能够熟练地定义和调用函数。

② 能够熟练地使用函数的参数。

第 6 章　面向对象程序设计

面向对象程序设计是目前比较流行的程序设计方法，与面向过程程序设计相比，它更符合人类的自然思维方式。在面向过程程序设计中，程序 = 数据 + 算法，数据和对数据的操作是分离的。如果要对数据进行操作，则需要把数据传递到特定的过程或函数中。在面向对象程序设计中，程序 = 对象 + 消息，数据和对数据的操作被封装在一个独立的数据结构中，该数据结构称为对象。对象之间通过消息的传递来进行相互作用。面向对象程序设计具有重用性好、灵活性高、可扩展性强等优点。

Python 是一种真正面向对象的高级动态编程语言，Python 程序中用到的一切内容都可称为对象，函数也是对象。

本章将介绍 Python 中类和对象的基本概念和应用，以及异常处理。

6.1 类和对象

6.1.1 类的定义与使用

类是用于描述具有相同属性和方法的对象的集合。对象是类的实例，根据类来创建对象称为实例化。Python 使用 class 关键字来定义类，类名的首字母一般要大写。示例如下。

```
class Person(Object):                # 定义一个类，类名是 Person，派生自 Object 类
    def infor(self):                 # 定义成员方法，方法名是 infor
        print("This is a person")
```

在该示例中，类名 Person 之后的一对圆括号中的 Object，指的是新定义的 Person 类派生自 Object 基类。类名之后的一对圆括号中也可以为空，表示没有派生自其他基类。示例中定义了类的 infor()方法，其功能是输出一个字符串。

有别于普通的函数，类的实例的方法中必须有一个参数，按照惯例，其名称是 self，用以特指对象本身。在通过对象名调用对象方法时，无须为该参数赋值。

定义完类之后，下面就可以实例化类的对象。我们通过“对象名.成员”的方式来调用类的数据成员或成员方法，示例如下。

```
>>> per = Person()                   # 实例化一个 Person 类的对象，对象名是 per
>>> per.infor()                      # 调用对象的 infor 方法，无须为 self 参数赋值
```

```
This is a person                                      # 输出了一个字符串
```

类的成员分为公有和私有两类。如果成员名以两个下划线（__）开头，则表示该成员是私有成员。私有成员在类的外部不能被直接访问，一般在类的内部进行访问和操作。Python 提供了一种特殊方式来访问私有成员，即“对象名._类名__xxx”。公有成员可以在类的内部使用，也可以在外部程序中使用。示例如下。

```
>>>class Person(Object):
    def __init__(self, name, height):                 # 定义初始化方法
        self.__name = name                            # 私有成员
        self.height = height                          # 公有成员

>>>p = Person('Bruce',175)
>>>p.height                                           # 在类外部可以访问公有成员
175
>>>p.__name                                           # 在类外部不可以直接访问私有成员
Traceback (most recent call last):
  File "<pyshell#7>", line 1, in <module>
    q.__name
AttributeError: 'Person' object has no attribute '__name'

>>>p._Person__name                                    # 在类外部访问私有成员
Bruce
```

Python 还提供了一个关键字 pass，可以用在类的定义或语句块中，表示空语句。如果某个功能暂时没有确定如何实现，或者为以后的程序优化预留空间，则可以使用关键字 pass 来“占位”。示例如下。

```
>>>class A:
    Pass
```

6.1.2 数据成员和属性

创建类时用变量形式表示对象特征的成员被称为数据成员，是指类或对象的一些特征，例如学生的学号、姓名、性别、年龄等，课程的课程编号、课程名、学分等。

类中的数据成员分为私有数据成员和公有数据成员。同样地，这里的私有数据成员在类的外部也不能直接被访问，一般是可在类的内部进行访问和操作，或者在类的外部通过调用对象的公有成员方法来访问。公有数据成员既可以在类的内部进行访问，也可以在外部程序中使用，但是不能保证用户修改的新数据的合法性。

属性（property）结合了公有数据成员和成员方法的优点，既可以像成员方法那样对值进行必要的检查，也可以进行灵活的访问和修改。

在 Python 3.x 中，属性的实现比之前的版本更加完善，支持更加全面的保护机制。属性的状态分为只读、可修改、可删除、不可删除，如果属性为只读，则只能访问，不可被修改，也不可以被删除。示例如下。

```
>>> class Person(Object):
    def __init__(self,job):                 # 定义初始化方法
        self.__job = job                      # 定义私有数据成员
```

```
    @property                                   # 修饰器，定义属性
    def job(self):                              # 该属性为只读，不可以被修改和删除
        return self.__job
>>> p = Person("Doctor")
>>> p.job                                       # 访问 job 属性
'Doctor'
>>> p.job = "Teacher"                           # 试图修改只读属性，操作失败
Traceback (most recent call last):
  File "<pyshell#5>", line 1, in <module>
    p.job = "teacher"
AttributeError: can't set attribute
>>> p.age = 30                                  # 动态增加新数据成员 age
>>> p.age
30
>>> del p.age                                   # 动态删除数据成员
>>> del p.job                                   # 试图删除对象属性，操作失败
Traceback (most recent call last):
  File "<pyshell#9>", line 1, in <module>
    del p.job
AttributeError: can't delete attribute
>>>p.job
'doctor'
```

在下面的示例中，我们把属性设置为可读、可修改、不可删除。

```
>>> class Person:
    def __init__(self,job):
      self.__job = job                      # 定义私有数据成员

    def __get(self):                        # 返回私有数据成员的值
        return self.__job

    def __set(self,a):                      # 修改私有数据成员的值
        self.__job=a

    job = property(__get,__set)             # 设置 job 为可读、可修改的属性，指定相应的读写方法

    def show(self):
        print(self.__job)

>>> p = Person("Doctor")
>>> p.job                                   # 读取属性值
'Doctor'
>>> p.job = "Teacher"                       # 修改属性值
>>> p.job
'Teacher'
>>> p.show()                                # 属性对应的私有变量的值也被修改
Teacher
>>> del p.job                               # 试图删除属性，失败
Traceback (most recent call last):
```

```
  File "<pyshell#24>", line 1, in <module>
    del p.job
AttributeError: can't delete attribute
```

我们还可以将属性设置为可读、可修改、可删除，具体如下。

```
>>> class Person:
    def __init__(self,job):
        self.__job=job          # 定义私有数据成员

    def __get(self):            # 返回私有数据成员的值
        return self.__job

    def __set(self,a):          # 修改私有数据成员的值
        self.__job = a
    def __del(self):            # 删除对象的私有数据成员
        del self.__job

job=property(__get,__set,__del)# 设置job属性为可读、可修改、可删除

    def show(self):
        print(self.__job)

>>> p = Person("Doctor")
>>> p.job                       # 读取属性值
'Doctor'
>>> p.job = "Teacher"           # 修改属性值
>>> p.job
'Teacher'
>>> p.show()                    # 属性对应的私有变量的值也被修改
Teacher
>>> del p.job
>>>p.job                        # 访问属性对应的私有变量，该变量已被删除，访问失败
Traceback (most recent call last):
  File "<pyshell#28>", line 1, in <module>
    p.job
  File "D:/科研/Python书籍编写/hello12.py", line 6, in __get
    return self.__job
AttributeError: 'Person' object has no attribute '_Person__job'
>>> p.job = "Police"            # 为对象动态增加属性和相应的私有数据成员
>>> p.show()
Police
>>> p.job
'Police'
```

6.1.3 成员方法

成员方法用于描述对象的行为。如果把学生作为对象，那么写作业、记笔记就是学生对象的方法。我们可以认为对象 = 属性 + 方法，其中，属性描述了对象有什么特征，方

法描述了对象可以做什么。

在类中定义的方法分为 4 种：公有方法、私有方法、静态方法和类方法。公有方法和私有方法一般指的是属于对象的实例方法，这两类方法都可以访问属于类和对象的成员。公有方法可以通过对象名直接调用，私有方法不能通过对象名直接调用，只能在实例方法中通过 self 参数来调用或在外部通过 Python 支持的特殊方式来调用。

类的所有实例方法中必须有一个名为 self 的参数，而且该参数必须是方法的第一个参数。在类的实例方法中表示实例属性时，以 self 为前缀表示对象自身。在外部通过对象名调用方法时，无须为 self 参数赋值。而在外部通过类名调用对象的公有方法时，需要为 self 参数赋值，以说明访问的是哪个对象。

静态方法和类方法都可以通过类名和对象名调用，但只能访问属于类的成员。通常，cls 会作为类方法的第一个参数，表示该类自身，在调用类方法时无须赋值。示例如下。

```
>>> class Rs:
    __total = 0                 # 类成员
    def __init__(self,i):       # 定义初始化方法
        self.__value = i
        Rs.__total + = 1

    def show(self):             # 定义普通实例方法
        print('self.__value:',self.__value)
        print('Rs.__total:',Rs.__total)

    @classmethod                # 修饰器，用于声明类方法
    def classshow(cls):         # 定义类方法
        print(cls.__total)

    @staticmethod               # 修饰器，用于声明静态方法
    def staticshow():           # 定义静态方法
        print(Rs.__total)

>>> r = Rs(3)
>>> r.classshow()               # 通过对象名调用类方法
1
>>> r.staticshow()              # 通过对象名调用静态方法
1
>>> r.show()
self.__value: 3
Rs.__total: 1
>>> q = Rs(5)
>>> Rs.classshow()              # 通过类名调用类方法
2
>>> Rs.staticshow()             # 通过类名调用静态方法
2
>>> Rs.show()                   # 试图通过类名直接调用实例方法，操作失败
Traceback (most recent call last):
  File "<pyshell#48>", line 1, in <module>
    Rs.show()
```

```
TypeError: show() missing 1 required positional argument: 'self'
>>> Rs.show(r)                  # 通过类名调用实例方法时，需通过 self 参数传递对象名
self.__value: 3
Rs.__total: 2
>>> r.show()                    # 通过对象名调用实例方法时，无须为 self 参数赋值
self.__value: 3
Rs.__total: 2
>>> Rs.show(q)
self.__value: 5
Rs.__total: 2
>>> q.show()
self.__value: 5
Rs.__total: 2
```

6.1.4 特殊方法

Python 的类中有很多特殊的方法，常见的特殊方法见表 6-1。

表 6-1 Python 中常见的特殊方法

方法名称	方法说明
__init__(self, …)	在创建对象时调用
__del__(self)	在对象被删除之前调用
__str__(self)	在执行对象中的 print 语句或 str()方法时调用
__getitem__(self, key)	使用 x[key]索引操作符时调用
len(self)	对序列对象使用内建的 len()函数时调用

__init__()方法在类的一个实例被创建时执行，主要用于初始化对象，故也称构造函数，其名称的开头和结尾都是双下划线。__init__()方法不需要被显式地调用，在创建一个类的新实例时会自动被调用。类名后圆括号内的参数会传递给__init__()方法。示例如下。

```
>>> class Person:
    def __init__(self, name) :          # 定义初始化方法
        self.name = name
    def hello(self):
        print(“Hello, my name is”, self.name)

>>> p = Person('Bruce')                # 创建一个类的实例，自动执行__init__()方法
>>> p.hello()
Hello, my name is Bruce                # 'Bruce'被传递给 name 参数
```

__del__()方法在对象被删除之前调用，对象被删除意味着对象不再被使用，它所占用的内存将被释放。__del__()方法也称析构函数。如果用户没有编写析构函数，Python 将执行一个默认的析构函数进行内存清理工作。

6.1.5　实训案例：好友管理

如今的社交软件层出不穷，虽然功能千变万化，但都具有好友管理系统的基本功能，包括添加好友、删除好友、备注好友、展示好友、好友分组功能。下面是一个简单的好友管理系统的功能菜单，如图 6-1 所示。

```
* * 欢迎使用好友管理系统 * *
1：添加好友
2：删除好友
3：备注好友
4：展示好友
5：好友分组
6：退出
请选择功能
```

图 6-1　好友管理

图 6-1 中的好友管理系统中有 5 个功能，每个功能都对应一个序号，用户可根据提示“请输入您的选项”选择序号执行相应的操作，具体如下。

- 添加好友：用户根据提示“请输入要添加的好友：”输入要添加好友的姓名，添加后会提示“好友添加成功”。
- 删除好友：用户根据提示“请输入删除好友姓名：”输入要删除好友的姓名，删除后提示“删除成功”。
- 备注好友：用户根据提示“请输入要修改的好友姓名：”和“请输入修改后的好友姓名：”分别输入修改前和修改后的好友姓名，修改后会提示“备注成功”。
- 展示好友：展示用户功能分为展示所有好友和展示分组中的好友，如果用户选择展示所有好友，那么展示将好友列表中的所有好友进行展示；如果用户选择展示分组好友，那么根据用户选择的分组名展示此分组中的所有好友。
- 好友分组：好友分组功能用于将好友划分为不同的组，执行好友分组功能会提示用户是否创建新的分组。
- 退出：关闭好友管理系统。

本案例要求编写程序，实现如上所述功能的好友管理系统。

6.2　继承和多态

继承是面向对象编程中的一个重要功能。继承指的是新设计的类可以使用现有类的所有功能，并可以对这些功能进行扩展。继承是代码复用和设计复用的重要途径，也是实现多态的必要条件之一。

6.2.1 继承

通过继承创建的新类称为子类或派生类，被继承的类称为基类或父类，继承的过程是从一般到特殊的过程。示例如下。

```
>>> class Person(Object):                          # 定义一个父类
    def basicinfo(self):                           # 父类的方法
        print("This is a person.")

>>> class Student(Person):                         # 定义一个子类，继承 Person 类
    def detailinfo(self):                          # 在子类中定义其自身的方法
        print("I am a Student.")

>>> s = Student()
    >>> s.basicinfo()                              # 调用继承的 Person 类的方法
This is a person.
>>> s.detailinfo()                                 # 调用本身的方法
I am a Student.
```

如果要为实例 s 传递参数，就要使用初始化方法。那么，初始化方法该如何继承？同时子类中又如何定义自己的属性？

继承的经典写法是：父类名称.__init__(self, 参数 1, 参数 2, …)。

新的写法是：super().__init__(参数 1, 参数 2, …)，其中，super()是一个特殊函数，帮助 Python 将父类和子类关联起来。

继承的示例如下。

```
>>>class Person(Object):
        def __init__(self, name, age):
            self.name = name
            self.age = age
            self.weight = 'weight'

        def basicinfo(self):
            print("I am a person.")

    class Student(Person):                             # 定义一个子类，继承 Person 类
        def __init__(self, name, gender, score):  # 先继承再重构
            super().__init__(name, gender)         # 继承父类的构造方法
            self.score = score                         # 定义 Student 类自己的属性
        def detailinfo(self):
            print("I am a student")
```

在上例中，super().__init__(name, gender)的作用是关联父类 Person，并初始化父类，否则，继承自 Person 的 Student 类将没有 name 和 gender 属性。super(Student, self)函数将返回当前类继承的父类，即 Person，然后调用__init__()方法。我们也可以用经典写法 Person.__init__(self, name, gender)来继承父类的构造方法。

如果需要修改父类中的方法，则可以在子类中重构该方法。示例如下。

```
>>>class Person(Object):
        def __init__(self,name,age):                    # 父类的初始化方法
            self.name = name
            self.age = age
            self.weight = 'weight'

        def basicinfo(self):
            print("I am a person.")

    class Student(Person):
        def __init__(self,name,gender,score):   # 子类的初始化方法
            super().__init__(name,gender)
            self.score = score

        def  basicinfo(self):                          # 重构父类的 basicinfo()方法
            print("My name is ", self.name)

        def detailinfo(self):
            print("I am a student")

>>> s = Student("Bruce","Female",80)
>>> s.basicinfo()                                       # 调用重构的父类的方法
My name is Bruce
```

6.2.2　多态

由于 Student 类继承了 Person 类，因此 Student 类的任何一个实例既是 Student 类，也是 Person 类。当 Person 类和 Student 类都有同一个方法时，Student 类的实例会执行哪个方法的代码呢？示例如下。

```
>>>class Person(Object):
        def __init__(self, name, gender):
            self.name = name
            self.gender = gender

        def whoAmI(self):                                  # 定义 whoAmI()方法
            return "I am a Person,my name is %s " % self.name

    class Student(Person):                                 # Student 类继承的是 Person 类
        def __init__(self,name,gender,score):
            super().__init__(name,gender)
            self.score = score
        def whoAmI(self):                                  # 定义 whoAmI()方法
            return "I am a Student,my name is %s " % self.name

    class Teacher(Person):
        def __init__(self,name,gender,course):
            super().__init__(name,gender)
            self.course = course
```

```
        def whoAmI(self):                          # 定义 whoAmI()方法
            return "I am a Teacher,my name is %s " % self.name
```

以上代码定义了 Person 类和它的两个子类 Student 类和 Teacher 类，这 3 个类都有 whoAmI()方法，但该方法的内容不同。下面定义一个 who_am_i()函数，该函数用于调用这些类的 whoAmI()方法，并打印出此方法的返回值，代码如下。

```
>>>def who_am_i(x)                            # 定义 who_am_i()函数
     print(x.whoAmI())                        # 打印实例的 whoAmI()方法返回值

>>> p = Person('John','Male')
>>> s = Student('Lily','Female',80)
>>> t = Teacher('Henry','Male',"Math")
>>> who_am_i(p)
I am a Person,my name is John
>>> who_am_i(s)
I am a Student,my name is Lily
>>> who_am_i(t)
I am a Teacher,my name is Henry
```

在上例中，由于参数对象的类型不同，who_am_i()函数调用的 whoAmI()方法也不同。也就是说，方法调用将作用在 x 的实际类型上，例如，s 是 Student 类型，它拥有自己的 whoAmI()方法以及从 Person 类继承的 whoAmI()方法，但调用 s.whoAmI()方法总是会先查找它自身的定义。如果函数中没有定义，则顺着继承链向上查找，直到在某个父类中找到为止，这种行为称为多态。

由于 Python 是动态语言，因此传递给函数 who_am_i(x)的参数 x 不一定是 Person 类或 Person 的子类，任何数据类型的实例都可以，只要它有一个 whoAmI()方法即可。示例如下。

```
>>> class Book(object):
        def  whoAmI(self):
            return  'I am a book'
```

动态语言和静态语言最大的差别是：动态语言调用实例方法时不检查类型，只要方法存在、参数正确，便可以调用。

下面的代码定义了一个学校成员类，并通过继承定义了子类——教师类和学生类。

```
>>> class SchoolMember(Object):
    member = 0
    def __init__(self,name,age,sex):
        self.name = name
        self.age = age
        self.sex = sex
        self.enroll()                    # 初始化时会执行 enroll()方法

    def enroll(self):                    # 定义 enroll()方法
        print('just enrolled a new school member ', self.name)
        SchoolMember.member + = 1   # 每新建一个 ScoolMember 实例，member 的值就加 1

    def tell(self):                      # 输出实例的基本信息
        print('----%s----' % self.name)
```

```
        for k,v in self.__dict__.items():
            print(k,v)
        print('----end----')

    def __del__(self):                    # 每删除一个实例，member 值减 1
        print('开除了[%s]' % self.name)
        SchoolMember.member  - = 1


class Teacher(SchoolMember):             # Teacher 类继承了 SchoolMember 类
    def __init__(self,name,age,sex,salary,course):
            SchoolMember.__init__(self,name,age,sex)
            self.salary = salary
            self.course = course

    def teaching(self):                  # 定义 Teacher 类自己的方法
            print('Teacher [%s] is teaching [%s]' % (self.name,self.course)
)

class Student(SchoolMember):             # Student 类继承了 SchoolMember 类
    def __init__(self,name,age,sex,course,tuition):
            SchoolMember.__init__(self,name,age,sex)
            self.tuition = tuition
            self.course = course
            self.amount = 0

    def pay_tuition(self,amount):        # 定义 Student 类自己的方法
            print('student [%s] has just paied [%s]' % (self.name, amount))
            self.amount + = amount

>>> t1 = Teacher('ZhangSir',30,'Male',5000,'Python') # 创建了一个 Teacher 类的实例
just enrolled a new school member  ZhangSir          # 执行了父类的 enroll()方法
>>> t1.tell()                                        # 执行了自身的 tell()方法
----ZhangSir----
name ZhangSir
age 30
sex Male
salary 5000
course Python
----end----
>>> s1 = Student('Lily',20,'Female','Python',10000) # 创建了一个 Student 类的实例
just enrolled a new school member  Lily             # 执行了父类的 enroll()方法
>>> s1.tell()                                       # 执行了自身的 tell()方法
----Lily----
name Lily
age 20
sex Female
tuition 10000
course python
amount 0
```

```
----end----
>>> s2 = Student('Bruce',22,'Male','Python',12000)
just enrolled a new school member  Bruce
>>> print(SchoolMember.member)                         # 输出父类的数据成员
3
>>> del s2
开除了[Bruce]
>>> print(SchoolMember.member)
2
```

6.2.3 实训案例：人机猜拳游戏

相信大家对猜拳游戏都不陌生。猜拳游戏又称猜丁壳，是一个古老、简单、常用于解决争议的游戏。猜拳游戏一般包含 3 种手势：石头、剪刀、布，判定规则为石头胜剪刀，剪刀胜布，布胜石头。本案例要求编写代码，实现基于面向对象思想的人机猜拳游戏。

6.3 异常处理

程序员的经验再丰富，也无法预见代码运行时可能出现的所有情况，而程序在运行过程中发生错误或异常是很常见的事。一般情况下，软件在发布前都会经过严格测试，模拟各种可能出现的异常，但测试再充分也不可能枚举所有可能出现的情况，因此，异常处理是避免特殊情况下软件崩溃的必要措施。

6.3.1 异常

作为 Python 初学者，读者在刚学习 Python 编程时，经常会看到一些报错信息。Python 中程序的错误可分为两类：语法错误和异常。

Python 的语法错误也称为解析错误，是初学者经常碰到的。示例如下。

```
>>>def main()
       print('hello world')
       main()
```

当运行这段程序时，系统会报错。

```
SyntaxError : invalid syntax
```

这个错误是因为 main()函数被检查到后面缺少了冒号。语法分析器指出了出错的一行，并且在最先找到的错误位置标记了箭头。存在语法错误的程序不会被 Python 执行。

即使 Python 程序的语法是正确的，在运行时也有可能发生错误。在运行期间检测到的错误被称为异常。大多数的异常都不会被程序处理，而是以错误信息的形式展现。示例如下。

```
>>> 3/0                                  # 除 0 错误
```

```
Traceback (most recent call last):
  File "<pyshell#0>", line 1, in <module>
    3/0
ZeroDivisionError: division by zero
>>> 4+s*3                                    # 变量名不存在
Traceback (most recent call last):
  File "<pyshell#1>", line 1, in <module>
    4+s*3
NameError: name 's' is not defined
>>> 'b'+2                                    # 操作数类型不匹配
Traceback (most recent call last):
  File "<pyshell#2>", line 1, in <module>
    'b'+2
TypeError: must be str, not int
```

异常以不同的类型出现，这些类型作为信息的一部分被打印出来，例如上例中的异常类型有 ZeroDivisionError、NameError、TypeError。错误信息的前面部分显示了异常发生的上下文，并以调用栈的形式显示具体信息。

6.3.2　捕捉和处理异常

异常处理指的是因程序执行过程中出错而在正常控制流之外所采取的行为。Python 提供了多种不同形式的异常处理结构，它们的基本思路都是一致的：先尝试运行代码，然后处理可能发生的错误。在实际使用时，读者可以根据需要来选择使用哪种异常处理结构。

1．try…except…语句

try…except…语句是 Python 异常处理结构中最基本的一种结构。try…except…语句中 try 子句的语句块描述可能会引发异常的代码，except 子句用于捕捉相应的异常，具体语法如下。

```
try:
  语句块                   # 可能会引发异常的代码，先尝试执行
except  exception [as reason]:
  语句块                   # 如果 try 中的代码抛出异常并被 except 捕捉，就执行这里的代码
```

try…except…语句将按照以下步骤工作。

步骤 1：执行 try 子句。

步骤 2：如果没有异常发生，则忽略 except 子句，执行 try 子句后结束。

步骤 3：如果在执行 try 子句的过程中发生了异常，则 try 子句语句块余下的部分将被忽略；如果异常的类型和 except 之后的名称相符，那么执行对应的 except 子句；之后执行 try 子句对应的语句。

步骤 4：如果一个异常没有与任何的 except 子句的语句块匹配，那么该异常将会被传递到上层的 try 子句中。

步骤 5：如果所有层都没有捕捉到上述异常，则程序崩溃。该异常的报错信息将呈现给用户。

try…except…语句处理异常的示例如下。

```
>>>import sys

  try:
     f = open('myfile.txt')
     s = f.readline()
     i = int(s.strip())
  except OSError as err:
     print("OS error: {0}".format(err))
  except ValueError:
     print("Could not convert data to an integer.")
  except:
     print("Unexpected error:", sys.exc_info()[0])
  raise
```

在上例中，try 子句包含了多个 except 子句，它们分别用于处理不同的异常，但最多只有一个 except 子句会被执行。最后一个 except 子句忽略了异常的名称，可作为通配符使用，使我们可以使用这种方法打印一个错误信息，然后再次把异常抛出。

另外，一个 except 子句可以同时处理多个异常，这些异常将被放在一个括号中成为一个元组，示例如下。

```
 except (RuntimerError, TypeError, NameError):
    pass
```

2．try…except…else…语句

在 try…except…else…语句中，else 子句为可选子句。如果使用 else 子句，则必须将其放在所有 except 子句之后。else 子句将在 try 子句没有发生任何异常时执行。示例如下。

```
for arg in sys.argv[1:]:
  try:
     f = open(arg, 'r')
  except IOError:
     print('cannot open', arg)
  else:
     print(arg, 'has', len(f.readlines()), 'lines')
f.close()
```

使用 else 子句比把所有语句都放在 try 子句中要好，因为这样可以避免一些难以预料的、而 except 子句没有捕获的异常。

3．抛出异常

Python 使用 raise 语句来主动抛出一个指定的异常，示例如下。

```
>>>raise NameError('HiThere')
    Traceback (most recent call last):
    File "<stdin>", line 1, in ?
    NameError: HiThere
```

raise 语句唯一的参数指定了要被抛出的异常，该参数必须是一个异常的实例或者是异常的类（也就是 exception 的子类）。我们如果只想知道这个语句是否抛出了一个异常，而无须处理异常，那么可以使用一条简单的 raise 语句，之后再次把它抛出。示例如下。

```
>>>try:
```

```
        raise NameError('HiThere')
    except NameError:
        print('An exception flew by!')
        raise

  An exception flew by!
  Traceback (most recent call last):
    File "<stdin>", line 2, in ?
  NameError: HiThere
```

4．finally 语句

finally 语句作为 try 语句的可选子句，可以定义在任何情况下都会执行的清理行为。示例如下。

```
>>>try:
        raise TypeError
    finally:
        print('Goodbye!')

Goodbye!
Traceback (most recent call last):
 File "<stdin>", line 2, in <module>
TypeError
```

在上例中，无论 try 子句中是否发生异常，finally 子句都会被执行。

如果一个异常在 try、except 或者 else 子句中被抛出，而没有被任何 except 子句捕捉，则这个异常会在 finally 子句执行后被重新抛出。

6.3.3 Python 内置的异常类

Python 内置的异常类的继承层次关系如下所示，其中，BaseException 是所有内置异常类的基类。

```
BaseException
 +-- SystemExit
 +-- KeyboardInterrupt
 +-- GeneratorExit
 +-- Exception
    +-- StopIteration
    +-- StopAsyncIteration
    +-- ArithmeticError
    |    +-- FloatingPointError
    |    +-- OverflowError
    |    +-- ZeroDivisionError
    +-- AssertionError
    +-- AttributeError
    +-- BufferError
    +-- EOFError
    +-- ImportError
    |    +-- ModuleNotFoundError
```

```
+-- LookupError
|    +-- IndexError
|    +-- KeyError
+-- MemoryError
+-- NameError
|    +-- UnboundLocalError
+-- OSError
|    +-- BlockingIOError
|    +-- ChildProcessError
|    +-- ConnectionError
|    |    +-- BrokenPipeError
|    |    +-- ConnectionAbortedError
|    |    +-- ConnectionRefusedError
|    |    +-- ConnectionResetError
|    +-- FileExistsError
|    +-- FileNotFoundError
|    +-- InterruptedError
|    +-- IsADirectoryError
|    +-- NotADirectoryError
|    +-- PermissionError
|    +-- ProcessLookupError
|    +-- TimeoutError
+-- ReferenceError
+-- RuntimeError
|    +-- NotImplementedError
|    +-- RecursionError
+-- SyntaxError
|    +-- IndentationError
|        +-- TabError
+-- SystemError
+-- TypeError
+-- ValueError
|    +-- UnicodeError
|        +-- UnicodeDecodeError
|        +-- UnicodeEncodeError
|        +-- UnicodeTranslateError
+-- Warning
   +-- DeprecationWarning
   +-- PendingDeprecationWarning
     +-- RuntimeWarning
     +-- SyntaxWarning
     +-- UserWarning
     +-- FutureWarning
     +-- ImportWarning
     +-- UnicodeWarning
     +-- BytesWarning
     +-- ResourceWarning
```

6.3.4　实训案例：商品与数量检测

网络购物极大地便利了我们的生活，它通过网络商城供用户选购商品，采用快递的形式送货上门。用户在进行网购时，需要同时选择商品及数量，只有输入的商品数量不小于 1 才符合规则，小于 1 则提示错误信息并设为默认值 1。

本案例要求编写代码，实现具有检测商品数量是否符合规则的功能。

程序运行效果如图 6-2 所示。

```
名称        价格
按Q键退出
五常大米     45.0¥
五丰河粉     29.9¥
农家大米     45.0¥
纯香香油     22.9¥
请输入选购的商品名称：
五常大米
请输入选购的数量：
2
请输入选购的商品名称：
q
总消费90.0元
```

图 6-2　程序运行效果

6.4　实战：扑克牌游戏

在扑克牌游戏中，4 位玩家参与游戏，有 52 张扑克牌，分别对应数字 1～13（1 对应 A，11 对应 J，12 对应 Q，13 对应 K）和♠、♥、♣、♦这 4 种花色。本实战要实现扑克牌的洗牌与发牌功能。

设计阶段最重要的工作是寻找类、确定类之间的关系。

首先需要寻找类，其中包括属性和方法。通过游戏介绍，我们发现有玩家和扑克两个类，为了便于创建不同数字及花色的纸牌，还需添加纸牌类。扑克游戏的主要功能是实现洗牌和发牌，因此我们设计 3 个类，分别为玩家类、扑克类、纸牌类。纸牌类的属性有数字和花色；扑克类包括 52 张纸牌，并实现洗牌和发牌功能；玩家类有名字及手中牌。类之间的关系也比较明确：扑克类作为游戏的主要类，玩家类和纸牌类则作为参与者，它们都属于关联关系。

下面进行代码实现。

（1）创建纸牌类

创建纸牌类 Card。该类包括花色、点数两个属性，以及显示纸牌信息方法。代码如下。

```
class Card(Object):                           # 定义类 Card，可继承 Object 对象
    """一张牌"""
    def __init__(self, suite, face):      # 初始化，构造纸牌，包含花色和点数
        '''
        :param suite: 花色
        :param face: 点数
        '''
        self._suite = suite
        self._face = face

    @property                                 # 设置点数为属性，使其受保护
    def face(self):
        return self._face

    @property                                 # 设置花色为属性，使其受保护
    def suite(self):
        return self._suite

    def getStrInfo(self):                    # 显示纸牌信息
        if self._face == 1:
            face_str = 'A'
        elif self._face == 11:
            face_str = 'J'
        elif self._face == 12:
            face_str = 'Q'
        elif self._face == 13:
            face_str = 'K'
        else:
            face_str = str(self._face)
        return '%s%s' % (self._suite, face_str)
```

（2）创建扑克类

创建扑克类 Poker。该类包括构造方法 init()——生成 52（13×4）张牌，shuffle()方法——随机洗牌，next()方法一发牌，has_next()方法——还有没有牌。代码如下。

```
import random

class Poker(Object):
    """一副牌"""
    def __init__(self):
    # 利用列表推导式，依次生成花色+数字的 52(13*4)张牌，保存在私有成员_cards 中
        self._cards = [Card(suite, face) for suite in ['红桃','黑桃','梅花',
'方块'] for face in range(1, 14)]
        self._current = 0                        # 记录当前发牌数量

    @property                                    # 设置 cards 为属性
    def cards(self):
        return self._cards

    def shuffle(self):
```

```
        """洗牌(随机乱序)"""
        self._current = 0
        random.shuffle(self._cards)          # 随机打乱扑克牌的顺序，即洗牌

    @property
    def next(self):
        """发牌"""
        card = self._cards[self._current]    # 获取当前_current 记录位置的纸牌
        self._current + = 1                  # _cards 记录位置后移一位
        return card

    @property
    def has_next(self):
        """判断还有没有牌，即发完了没有"""
        return self._current < len(self._cards)
```

（3）创建玩家类

代码如下。

```
class Player(object):
    """玩家"""
    def __init__(self, name):
        self._name = name          # 玩家名字
        self._cards_on_hand = [] # 玩家在手牌

    @property                      # 设置 name 为属性
    def name(self):
        return self._name

    @property # 设置 cards_on_hand 为属性
    def cards_on_hand(self):
        index = 0
    # 将在手牌拼接成字符串显示
        res = '['
        for card in self._cards_on_hand:
            index += 1
            if index < 13:
                res += card.getStrInfo() + ', '
            else:
                res += card.getStrInfo()
        res += ']'
        return res

    def get(self, card):
        """摸牌，即将获得的每张纸牌依次添加至 cards_on_hand 列表中"""
        self._cards_on_hand.append(card)

    def arrange(self, card_key):
        """玩家整理手上的牌，通过 card_key 排序"""
        self._cards_on_hand.sort(key=card_key)
```

（4）添加主函数

代码如下。

```
def main():

    p = Poker()    # 创建扑克对象
    p.shuffle()    # 洗牌
    players = [Player('东邪'), Player('西毒'), Player('南帝'), Player('北丐')]
     # 创建 4 位玩家对象
    def get_key(card):
        '''
        创建内部函数，用于实现排序
        排序规则——先根据花色再根据点数排序
        '''
        return (card.suite, card.face)

    for _ in range(13): # 摸牌，每人 13 张纸牌
        for player in players:
            player.get(p.next)

    for player in players:      # 打印每人手上的纸牌信息
        print(player.name + ':', end=' ')
        # print(player.cards_on_hand)
        player.arrange(get_key)         # 按 get_key 规则排序
        print(player.cards_on_hand)  # 打印结果
```

（5）运行测试

代码如下。

```
# 调用 main 主函数运行程序
main()
```

运行结果如下。

```
东邪：[方块 4, 方块 5, 方块 8, 方块 K, 梅花 A, 梅花 3, 梅花 8, 梅花 10, 红桃 4, 红桃 8, 黑桃 A, 黑桃 3, 黑桃 9]
西毒：[方块 2, 方块 6, 方块 Q, 梅花 5, 梅花 9, 梅花 Q, 红桃 A, 红桃 3, 红桃 7, 红桃 10, 黑桃 4, 黑桃 Q, 黑桃 K]
南帝：[方块 3, 方块 7, 方块 10, 梅花 6, 梅花 7, 梅花 J, 红桃 5, 红桃 J, 红桃 Q, 黑桃 2, 黑桃 5, 黑桃 8, 黑桃 10]
北丐：[方块 A, 方块 9, 方块 J, 梅花 2, 梅花 4, 梅花 K, 红桃 2, 红桃 6, 红桃 9, 红桃 K, 黑桃 6, 黑桃 7, 黑桃 J]
```

通过实战，读者应掌握以下知识或技能。

① 能够熟练地定义实体类、实体属性、实体方法；

② 能够熟练地编写面向对象程序，包括初始化实体对象、调用实体对象方法、设置实体对象属性。

第 7 章　Python 多任务编程

多任务编程通常指用户可以在同一时间内运行多个应用程序，也指一个应用程序可以在同一时间内运行多个任务。例如，现在计算机安装的操作系统都是多任务操作系统，可以同时运行多个软件。多任务编程是影响应用程序性能的重要因素。

本章主要介绍多任务编程的几个概念：并发、并行、多进程编程、多线程编程、进程和线程的对比，并介绍 threading 模块。在 Python 中，threading 模块可用于管理多线程。

7.1 并发和并行

软件、网站在开发过程中经常有并发、并行这样的多线程处理与应用需求，因此，读者有必要了解与掌握并发和并行的相关内容。

7.1.1 并发

在操作系统中，并发是指在一个时间段内有几个程序处于已启动运行到运行完毕之间的状态，且这几个程序都是在同一个处理器上运行的，但任意一个时刻只有一个程序在处理器上运行。

当有多个线程同时运行时，如果系统只有一个 CPU，那么它根本不可能真正同时运行两个及以上的线程，只能把 CPU 运行时间划分成若干个时间段，再将时间段分配给各个线程。当某时间段的线程运行时，其他线程处于挂起状态，这种方式称为并发。

在多核 CPU 的支持下，人们越来越关注并发编程。并发编程可以帮助应用程序提高响应速度，减少等待时间并增加吞吐量。我们可以充分利用多核处理器的性能优势及多任务并发的方法来提高程序运行效率和响应速度。

【例 7-1】 设计并发线程。

具体示例如下。

```
# -*- coding:utf-8 -*-
import threading
import urllib.request
import  time
```

```
def surf_net(url):
    start_time = time.time()
    print('surf start', start_time)
    try:
        urllib.request.urlopen(url)
    except urllib.URLError as e:
        print(e.reason)
    time.sleep(2)
    end_time = time.time()
    print(url, urllib.request.urlopen(url).code, end_time - start_time)
url_list = ['https://www.test1.com', 'https://www.test2.com', 'https://www.
test3.com']
for j in url_list:
    print(j)
    surf_net(j)

print('\n')

begin_time = time.time()
threads = []
for index in url_list:
    print(index)
one_thread = threading.Thread(target = surf_net(index), args = (index,))
    threads.append(one_thread)
for j in threads:
    j.start()
for j in threads:
    j.join()   # 阻塞当前线程（即主线程），等待全部子线程结束后，主线程才结束。
stop_time = time.time()
```

执行结果如下。

```
https://www.test1.com
surf start 1528374901.5727413
https://www.test1.com 200 2.638150930404663
https://www.test2.com
surf start 1528374904.6169155
https://www.test2.com 200 2.1181211471557617
https://www.test3.com
surf start 1528374906.9490488
https://www.test3.com 200 3.105177640914917

https://www.test1.com
surf start 1528374910.1742334
https://www.test1.com 200 2.281130313873291
https://www.test2.com
surf start 1528374912.8163846
https://www.test2.com 200 2.1181209087371826
https://www.test3.com
surf start 1528374915.067513
https://www.test3.com 200 2.0751190185546875
```

上面的代码要访问 3 个网址。很明显，顺序执行比并发执行的耗时更长。

7.1.2　并行

并行是指多个处理器或者多核的处理器同时处理多个不同的任务。

【例 7-2】　设计并行进程。

具体示例如下。

```
#-*- coding: UTF-8 -*-
import math, sys, time
import pp
def IsPrime(n):  # 返回 n 是不是质数
    if not isinstance(n, int):
        raise TypeError("argument passed to is_prime is not of 'int' type")
    if n < 2:
        return False
    if n == 2:
        return True
    max = int(math.ceil(math.sqrt(n)))
    i = 2
    while i <= max:
        if n % i == 0:
            return False
        i += 1
    return True
def SumPrimes(n):
    for i in xrange(15):
        sum([x for x in xrange(2,n) if IsPrime(x)]) # 计算 2～n 之内所有质数的和
        return sum([x for x in xrange(2,n) if IsPrime(x)])
inputs = (100000, 100100, 100200, 100300, 100400, 100500, 100600, 100700)
start_time = time.time()
for input in inputs:
  print(SumPrimes(input))
print('单线程执行，总耗时', time.time() - start_time, 's')
ppservers = ()
if len(sys.argv) > 1:
    ncpus = int(sys.argv[1])
    job_server = pp.Server(ncpus, ppservers = ppservers)
else:
    job_server = pp.Server(ppservers = ppservers)
print("pp 可以用的工作核心线程数", job_server.get_ncpus(), "workers")
start_time = time.time()
jobs = [(input, job_server.submit(SumPrimes,(input,), (IsPrime,), ("math",))) f
or input in inputs]
# 提交任务
for input, job in jobs:
    print("Sum of primes below", input, "is", job())  # 获取方法执行结果
print("多线程下执行耗时: ", time.time() - start_time, "s")
```

```
job_server.print_stats()# 输出结果
```

执行结果如下。

```
454396537
454996777
455898156
456700218
457603451
458407033
459412387
460217613
单线程执行，总耗时 46.2690000534 s
pp 可以用的工作核心线程数 4 workers
Sum of primes below 100000 is 454396537
Sum of primes below 100100 is 454996777
Sum of primes below 100200 is 455898156
Sum of primes below 100300 is 456700218
Sum of primes below 100400 is 457603451
Sum of primes below 100500 is 458407033
Sum of primes below 100600 is 459412387
Sum of primes below 100700 is 460217613
多线程下执行耗时: 23.2749998569 s
Job execution statistics:
 job count | % of all jobs | job time sum | time per job | job server
         8 |        100.00 |    92.4610   |    11.557625 | local
Time elapsed since server creation 23.2749998569
0 active tasks, 4 cores
```

并行和并发是容易被混淆的两个概念，它们的区别如下。

① 并发是指多个任务可以在重叠的时间段内启动、运行和完成，并行则是指多个任务在同一时间运行。

② 并发是独立执行过程的组合，而并行是同时执行。

③ 并发是一次处理很多事情，并行是同时做很多事情。

④ 应用程序可以是并发的，但不是并行的，这意味着多个任务可以被同时处理，但是没有两个任务在同一时刻执行。

⑤ 应用程序可以是并行的，但不是并发的，这意味着多核 CPU 中任务的多个子任务可以被同时处理。

⑥ 一个应用程序可以既不是并行的，也不是并发的，这意味着所有任务可以一次一个地进行处理。

⑦ 应用程序可以既是并行的也是并发的，这意味着多个任务可以在多核 CPU 中同时进行处理。

7.1.3 实战：货物运送

货物运送：地鼠要把一堆废弃物运到火炉里烧掉。

问题：如果一只地鼠推一辆车到一个火炉，则工作效率会比较低，如图 7-1 所示。

图 7-1　一只地鼠推一辆车到一个火炉

我们可以通过两种方式解决这个问题。

第一种方式：多只地鼠推多辆车到多个火炉，可以通过启动多个进程来实现，这就是并行。多只地鼠推多辆车到多个火炉如图 7-2 所示。

图 7-2　多只地鼠推多辆车到多个火炉

第二种方式：多只地鼠推多辆车到一个火炉，可以启动多个线程来实现，这就是并发。多只地鼠推多辆车到一个火炉如图 7-3 所示。

运送过程可以分成两个阶段：一部分地鼠（这部分地鼠里的每只地鼠代表一个线程）负责运送前半程，然后将货物卸载于中转站；另一部分地鼠（这部分地鼠里的每只地鼠也代表一个线程）从货物中转站装载货物并运送后半程，最后倒入火炉。与前面并行方式不同的是，地鼠在货物中转站需要一个沟通机制，例如，当货物中转站没有货物时，负责后半程的地鼠（线程）必须等待负责前半程的地鼠（线程）将货物送达中转站。

图 7-3　多只地鼠推多辆车到一个火炉

【例 7-3】　并发实现货物运送。

具体示例代码如下。

```
# -*- coding:utf - 8 -*-
import threading

# 地鼠线程类定义
```

```
class Gopher(threading.Thread):
        def __init__(self, cond, name):
            super(Gopher, self).__init__()
            self.cond = cond
            self.name = name

        def run(self):     # 表示线程活动的方法
            print('\n 我是代号为%d 的地鼠%s;\n'%(self.cond,self.name))

# 创建两个线程对象
cond = 1
gopher1 = Gopher(cond, 'gopher1')

cond = 2
gopher2 = Gopher(cond,'gopher2')

# 启动这两个线程
gopher1.start()
gopher2.start()

# 当前线程等待新建线程结束
gopher1.join()
gopher2.join()
print('我是主线程.')
```

输出结果如下。

```
我是代号为 1 的地鼠 gopher1;

我是代号为 2 的地鼠 gopher2;

我是主线程.
```

7.2 多进程编程

7.2.1 什么是进程

进程是程序的运行实例，包含至少一个线程。主线程从主程序开始执行，直至程序退出时结束。进程在结束后，会从内存中卸载。

进程是操作系统进行资源分配的基本单位。每启动一个进程，操作系统会分配一定的运行资源（如内存资源），以保证进程的运行。需要注意的是，一个程序运行后，每个进程默认有一个线程。进程可以创建多个线程，线程是依附在进程内部的，没有进程就没有线程。

单进程如图 7-4 所示。

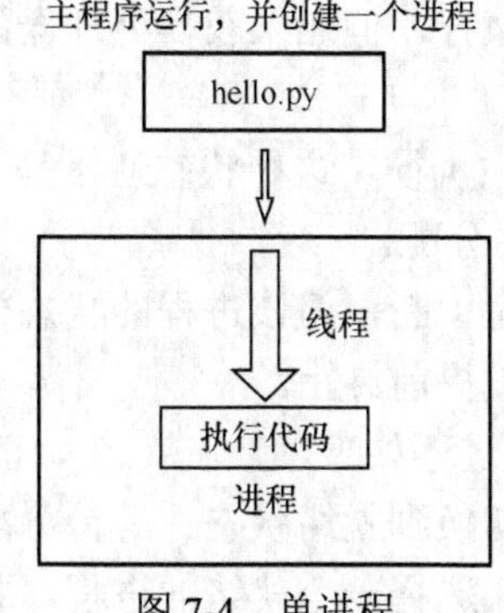

图 7-4　单进程

多进程如图 7-5 所示。

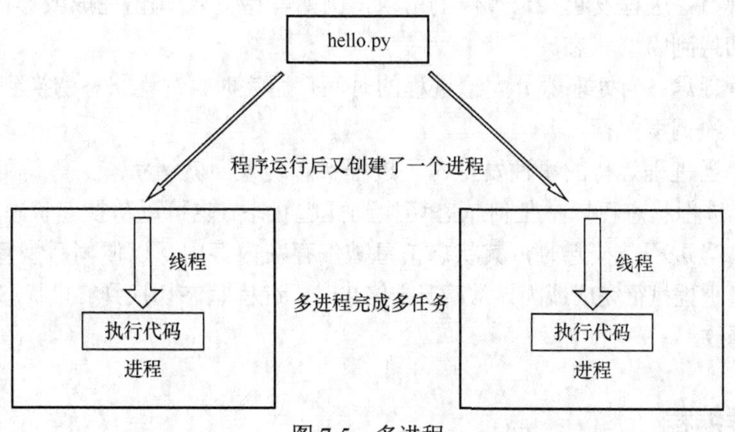

图 7-5　多进程

计算机程序由指令（代码）组成，而进程则是这些指令的实际运行体。当一个程序被多次运行时，每次运行都会对应一个独立的进程，这意味着同一个程序可以同时运行多个独立的进程。

进程由以下几个部分组成。

① 可执行代码的映像，它与程序相关联。

② 内存空间，通常是虚拟内存中的区域，用于保存可执行代码、进程的特定数据、调用栈记录活动例程和事件，以及保存实时产生的中间计算结果的堆。

③ 操作系统描述符（如文件句柄）及其他分配给进程的资源。

④ 安全属性，包括进程的所有者和权限。

⑤ 处理器的状态，例如寄存器的内容和物理内存地址。

7.2.2　进程的状态

在操作系统内核中，进程可以处于以下不同的状态。

① 创建：进程刚刚被创建，但还未开始执行。

② 就绪：进程已经准备好执行，但还未获得处理器的执行时间。

③ 运行：进程正在被执行。

④ 阻塞：进程被阻塞，无法执行。这种状态通常是因为等待某个事件的发生，例如等待输入/输出完成或等待资源的分配。

⑤ 挂起：进程的执行被暂时中断，但该进程的状态信息仍然保存在内存中。

⑥ 终止：进程执行完成或被提前终止。

进程在不同状态之间的切换过程如下。

① 创建：进程由创建状态切换到就绪状态，等待分配处理器执行。

② 就绪：当处理器空闲时，选择一个就绪的进程，并切换其状态为运行状态。

③ 运行：进程在运行状态下可能会发生以下情况。

- 执行完毕：进程执行完成后切换到终止状态。
- 请求等待：进程发起某个事件的请求，例如等待输入/输出完成或等待资源的分配，此时切换到阻塞状态。
- 时间片耗尽：当处理器分配给进程的时间片用完时，进程状态切换到就绪状态，等待下一次调度执行。
- 阻塞：当进程等待的事件发生时，进程状态切换回就绪状态，等待处理器的执行。
- 挂起：进程状态可以从任何状态切换到挂起状态，也可以从挂起状态切换回之前的状态。当进程被挂起时，其状态信息被保存在内存中，以便稍后恢复执行。
- 终止：进程执行完成或因异常情况被终止时，进程状态切换到终止状态，进程所占资源被释放。

7.2.3 进程编程

（1）创建进程

导入进程包，代码如下。

```
# 导入进程包
import multiprocessing
```

（2）Process 类的说明

Process 类的语法如下，各参数的说明如下。

```
Process([group [, target [, name [, args [, kwargs]]]]])
```

group：指定进程组，目前只能使用 None。

target：执行的目标任务名。

name：进程名。

args：以元组方式给执行任务传入参数。

kwargs：以字典方式给执行任务传入参数。

Process 进程类创建的实例对象常用的方法如下。

start()：启动子进程实例（创建子进程）。

join()：等待子进程执行结束。

terminate()：不管任务是否完成，立即终止子进程。

Process 类创建的实例对象常用的属性如下。

name：当前进程的别名，默认为 Process-N，N 表示从 1 开始递增的整数。

（3）多进程完成多任务的示例

该示例实现了多进程运行程序的功能，代码如下。

```
# 导入进程包
import multiprocessing
import time


# 跳舞任务
def dance():
    for i in range(3):
        print("跳舞中...")
        time.sleep(0.2)


# 唱歌任务
def sing():
    for i in range(3):
        print("唱歌中...")
        time.sleep(0.2)


if __name__ == "__main__":
# 创建子进程（自己手动创建的进程称为子进程，在__init__.py 文件中已经导入的 Process 类）
# group：进程组，目前只能使用 None，一般不需要设置
# target：进程执行的目标任务名
# name：进程名，如果不设置，默认是 Process - 1，……
    dance_process = multiprocessing.Process(target = dance)
    sing_process = multiprocessing.Process(target = sing)

# 启动进程执行对应的任务
    dance_process.start()
    sing_process.start()

# 进程执行是无序的，具体先执行哪个进程是由操作系统调度决定的
```

7.2.4　获取进程编号

获取进程编号的目的是验证主进程和子进程的关系，可以得知子进程是由哪个主进程创建出来的。获取进程编号有两种操作：获取当前进程编号、获取当前父进程编号。

我们可以使用 os.getpid()方法表示获取当前进程编号，使用 os.getppid()方法表示获取当前父进程编号，示例如下。

```
# 导入进程包
import multiprocessing
import time
```

```
import os


# 跳舞任务
def dance():
# 获取当前进程（子进程）的编号
    dance_process_id = os.getpid()
# 获取当前进程对象，查看当前代码是由哪个进程执行的 ：
# multiprocessing.current_process()
    print("dance_process_id:", dance_process_id,
           multiprocessing.current_ process())
# 获取当前进程的父进程编号
    dance_process_parent_id = os.getppid()
    print("dance_process 的父进程编号是:", dance_process_parent_id)

    for i in range(3):
        print("跳舞中...")
        time.sleep(0.2)
# 扩展： 根据进程编号强制杀死指定进程
        os.kill(dance_process_id, 9)


# 唱歌任务
def sing():
# 获取当前进程（子进程）的编号
    sing_process_id = os.getpid()
# 获取当前进程对象，查看当前代码是由哪个进程执行的 ：
# multiprocessing.current_process()
    print("sing_process_id:", sing_process_id,
           multiprocessing.current_ process())

# 获取当前进程的父进程编号
    sing_process_parent_id = os.getppid()
    print("sing_process 的父进程编号是:", sing_process_parent_id)

    for i in range(3):
        print("唱歌中...")
        time.sleep(0.2)

if __name__ == "__main__":
# 获取当前进程(主进程)的编号
    main_process_id = os.getpid()
# 获取当前进程对象，查看当前代码是由哪个进程执行的 ：
# multiprocessing.current_process()
    print("main_process_id:", main_process_id,
           multiprocessing.current_ process())

# 创建子进程（自己手动创建的进程称为子进程，在__init__.py 文件中已经导入的 Process 类）
# group：进程组，目前只能使用 None，一般不需要设置
# target：进程执行的目标任务
```

```
# name: 进程名，如果不设置，默认是 Process-1, ......
    dance_process = multiprocessing.Process(target = dance,
                                            name = "dance_ process")
    print("dance_process:", dance_process)
    sing_process = multiprocessing.Process(target = sing, name = "sing_process"
)
    print("sing_process:", sing_process)

# 启动进程执行对应的任务
    dance_process.start()
    sing_process.start()

# 进程执行是无序的，具体哪个进程先执行是由操作系统调度决定
```

7.2.5　执行带有参数任务的进程

前面我们使用进程执行的任务是没有参数的，假如我们使用进程执行的任务带有参数，那么该如何给函数传参呢?这时可以使用 Process 类执行带有参数的任务。

Process 类执行任务并给任务传参有两种方式：使用 args 参数以元组的方式给执行任务传参，使用 kwargs 参数以字典的方式给执行任务传参。

执行带有 args 参数任务的进程的示例如下。

```
# 导入进程包
import multiprocessing
import time


# 带有参数的任务
def task(count):
    for i in range(count):
        print("任务执行中...")
        time.sleep(0.2)
    else:
        print("任务执行完成")


if __name__ == '__main__':
    # 创建子进程
    # args: 以元组的方式给任务传入参数
    sub_process = multiprocessing.Process(target = task, args = (5,))
    sub_process.start()
```

执行带有 kwargs 参数任务的进程的示例如下。

```
# 导入进程包
import multiprocessing
import time


# 带有参数的任务
```

```
def task(count):
    for i in range(count):
        print("任务执行中...")
        time.sleep(0.2)
    else:
        print("任务执行完成")


if __name__ == '__main__':
    # 创建子进程

    # kwargs: 表示以字典方式传入参数
    sub_process = multiprocessing.Process(target = task, kwargs =
                  {"count": 3})
    sub_process.start()
```

利用元组方式传参时，传参顺序一定要和参数的顺序保持一致；利用字典方式传参时，字典中的 key 一定要和参数名保持一致。另外，还需要注意：进程之间不共享全局变量，主进程会等所有的子进程执行结束再结束。

7.3 多线程编程

在应用程序中，多线程编程可以提高应用程序的并发性和处理速度，使后台计算不会影响前台界面以及用户的交互。本节我们将介绍线程的概念和多线程编程的方法。

7.3.1 线程的概念

学习编程通常会从编写顺序程序开始，顺序这些程序按照从上到下的顺序依次执行，例如，输出字符串，对一组元素进行排序，完成一些数学计算。在运行时，程序从第一行开始执行，并按照顺序执行一系列指令，直至结束，这意味着在任意时刻，程序中只有一个指令被执行。

线程是操作系统可以调度的最小执行单位，它代表了程序中的一个独立执行路径。线程的引入使程序可以并发执行多个任务，从而提高应用程序的性能和响应速度。每个线程都是一个顺序程序，但线程可以并行执行，从而实现任务的同时执行或者异步执行。然而，线程并不能独立运行，它需要依托程序中的主线程或其他线程来运行和协调。通过合理的线程设计和管理，我们可以充分利用多核处理器的并行计算能力，提高程序的效率和吞吐量。

不同的操作系统在实现进程和线程的方法上有所不同，但大多数操作系统在进程中包含线程，例如 Windows 操作系统。一个进程中可以存在多个线程，线程可以共享进程的资源，例如内存。不同的进程之间则无法共享资源。一种典型的情况是，进程中的多个线程执行相同的代码，并共享进程中的变量，我们可以用几个厨师（进程）按照相同的菜谱（代码）做菜来形象地解释这种情况：厨师们共同使用一些食材（资源），每个厨师对食材的使用情况会影响其他厨师的做菜流程。在单处理器的计算机中，系统会将 CPU 时间分配给多个线程，让处理器在不同的线程之间进行切换。而在多处理器或多核系统中，线程则可以真正地同时运行，每个处理器或内核负责运行一个线程。

线程是进程中执行代码的一个分支。每个线程要想执行代码，就需要 CPU 进行调度。也就是说，线程是 CPU 调度的基本单位，每个进程至少有一个线程，而这个线程就是我们通常说的主线程。

多线程也可以完成多任务编程。多线程效果如图 7-6 所示。

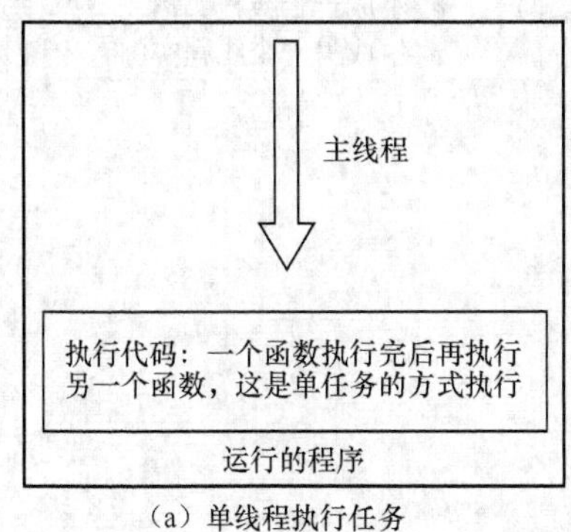

（a）单线程执行任务

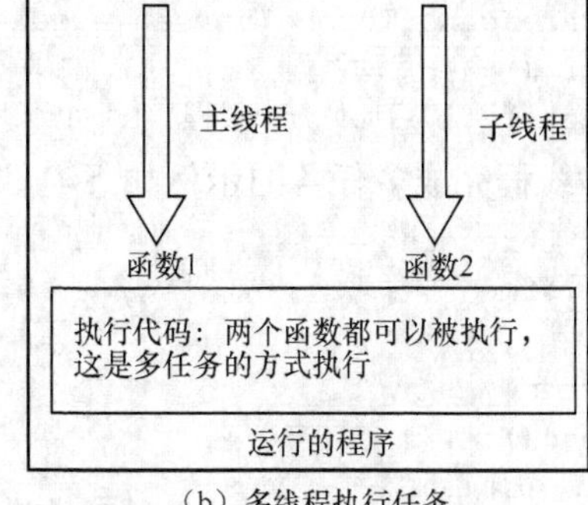

（b）多线程执行任务

图 7-6　多线程效果

注：程序启动默认会有一个主线程，程序员自己创建的线程可以称为子线程，多线程可以完成多任务。

7.3.2　threading 模块

Python 提供了几个用于多线程编程的模块，其中包括 thread 模块和 threading 模块，这些模块允许程序员创建和管理线程。thread 模块提供基本的线程和锁的支持；threading 模块则是 Python 对多线程编程的重要支持，是在底层模块 thread 的基础上开发的更高级别的线程编程接口。threading 模块提供许多丰富的方法和类来支持多线程编程，极大地增强了线程管理的功能，方便用户使用。

在多线程编程中，我们应该尽量避免使用 thread 模块，而应优先选择使用 threading 模块，其原因如下。

① threading 模块的功能更为强大、完善，使用 thread 模块的属性可能会与 threading 模块的属性出现冲突。

② thread 模块的同步原语较少，threading 模块则提供了更多的同步机制。

③ 当主线程结束时，thread 模块中的所有线程都会被强制结束，并且 thread 模块不会发出警告，也不会进行正常的清理工作，而 threading 模块能确保重要的子线程退出之后进程才退出，并且支持守护线程。

Python 通过引用 threading 模块来管理线程。导入 threading 模块的方法如下。

```
>>> import threading
```

（1）创建线程

导入 threading 模块，通过 threading.Thread()方法创建线程。该方法中的 target 参数接收要执行的函数名；args 参数接收传入函数的参数，并以元组的形式表示。代码如下。

```
import threading
def  qdxc(n)
print("qdxc(%s)"%n)
q = threading.Thread(target = qdxc,args = (1,))    # 创建线程对象
```

（2）启动线程

通过线程对象 q1.start()或 q2.start()启动线程，代码如下。

```
q1 = threading.Thread(target = qdxc, args = (1,))  # 生成一个线程实例
q2 = threading.Thread(target = qdxc, args = (2,))  # 生成另一个线程实例
q1.start()  # 启动线程
q2.start()  # 启动另一个线程
```

多线程完成多任务的示例如下。

```
import threading
import time

# 唱歌任务
def sing():
# 扩展： 获取当前线程
# print("sing 当前执行的线程为：", threading.current_thread())
    for i in range(3):
        print("正在唱歌...%d" % i)
        time.sleep(1)

# 跳舞任务
def dance():
# 扩展： 获取当前线程
# print("dance 当前执行的线程为：", threading.current_thread())
    for i in range(3):
        print("正在跳舞...%d" % i)
        time.sleep(1)


if __name__ == '__main__':
# 扩展： 获取当前线程
# print("当前执行的线程为：", threading.current_thread())
# 创建唱歌的线程
# target： 线程执行的函数名
    sing_thread = threading.Thread(target = sing)

# 创建跳舞的线程
    dance_thread = threading.Thread(target = dance)

# 开启线程
    sing_thread.start()
    dance_thread.start()
```

执行结果如下。

```
正在唱歌...0
正在跳舞...0
正在跳舞...1
正在唱歌...1
正在唱歌...2
正在跳舞...2
```

（3）阻塞线程

在子线程执行完成之前，这个子线程的父线程将一直被阻塞。也就是说，当调用 join()方法的子进程没有结束之前，主线程不会向下执行，其语法及参数说明如下。

```
>>>join(timeout)
```

timeout 参数表示指定的超时时间（单位：s）。如果超过指定时间，则 join()方法将不再阻塞进程。

阻塞线程示例如下。

```
import threading
from time import ctime,sleep
import time

def music(par):
    for i in range(2):
    print ("Begin listening to %s. %s" %(par,ctime()))
    sleep(2)
    print("end listening %s"%ctime())

def movie(par):
     for i in range(2):
         print ("Begin watching at the %s! %s" %(par,ctime()))
         sleep(3)
         print('end watching %s'%ctime())

threads = []
x1 = threading.Thread(target = music,args = ('最炫民族风',))
threads.append(x1)
x2 = threading.Thread(target = movie,args = ('泰坦尼克号',))
threads.append(x2)

if __name__ == '__main__':

     for x in threads:
         x.start()
         x.join()

     print ("All is over %s" %ctime())
```

执行结果如下。

```
Begin listening to 最炫民族风. Sat Jun 16 11:06:21 2023
end listening Sat Jun 16 11:06:23 2023
Begin listening to 最炫民族风. Sat Jun 16 11:06:23 2023
```

```
end listening Sat Jun 16 11:06:25 2023
Begin watching at the 泰坦尼克号! Sat Jun 16 11:06:25 2023
end watching Sat Jun 16 11:06:28 2023
Begin watching at the 泰坦尼克号! Sat Jun 16 11:06:28 2023
end watching Sat Jun 16 11:06:31 2023
All is over Sat Jun 16 11:06:31 2023
```

结果解析如下。

x1 线程启动→Begin listening→2s 后 end listening + Begin listening →2s 后 x2 线程启动 end listening 且 x1 结束 + Begin watching→3s 后 end watching + Begin watching→3s 后 end listening 且 x2 结束 + All is over 最后主进程结束。

（4）setDaemon()方法

创建线程后，通常还需要调用线程对象的 setDaemon()方法，将线程设置为守护线程。在主线程执行完成后，如果还有其他非守护线程未执行结束，则主线程不会退出，而是被无限挂起。将线程声明为守护线程之后，如果队列中的线程运行完成，则整个程序无需等待就可以退出。setDaemon()函数的使用方法如下。

```
>>> 线程对象.setDaemon(是否设置为守护线程)
```

setDaemon()方法必须在运行线程之前被调用。调用线程对象的 start()方法可以运行线程。具体示例如下。

```
import threading
import time
class mythread(threading.Thread):
    def __init__(self,id):
            threading.Thread.__init__(self)
    def run(self):
            time.sleep(7)
            print("It is " + self.getName())

if __name__ == "__main__":
    x1 = mythread(100)
    x1.setDaemon(True)
    x1.start()
    print("I am the main thread.")
```

结果如下。

```
I am the main thread.
```

显然，子线程 x1 中的内容并未被打印，这是因为 x1.setDaemon(True)将线程 x1 设置成守护线程。由 setDaemon()的用法可知，无论子线程是否执行完，主线程打印内容后都会结束。

在程序运行过程中，系统执行一个主线程。如果主线程又创建了一个子线程，则主线程和子线程会分别进行执行。当主线程执行完成需要退出时，系统会检验子线程是否完成。如果子线程未完成，则主线程会等待子线程完成后再退出。但是，有时用户只需主线程完成，无论子线程是否完成，都要和主线程一起退出，这时使用 setDaemon()方法即可。

7.3.3　执行带有参数任务的线程

前面我们使用线程执行的任务是没有参数的，假如我们使用线程执行的任务带有参数，该如何给函数传参呢?这时可以使用 Thread 类执行任务并给任务传参。

Thread 类执行任务并给任务传参有两种方式，使用 args 参数以元组的方式给执行任务传参，使用 kwargs 参数以字典方式给执行任务传参。

使用 args 参数的示例如下。

```
import threading
import time


# 带有参数的任务
def task(count):
    for i in range(count):
        print("任务执行中...")
        time.sleep(0.2)
    else:
        print("任务执行完成")


if __name__ == '__main__':
    # 创建子线程
    # args: 以元组的方式给任务传入参数
    sub_thread = threading.Thread(target = task, args = (5,))
    sub_thread.start()
```

执行结果如下。

```
任务执行中...
任务执行中...
任务执行中...
任务执行中...
任务执行中...
任务执行完成
```

使用 kwargs 参数的示例如下。

```
import threading
import time


# 带有参数的任务
def task(count):
    for i in range(count):
        print("任务执行中...")
        time.sleep(0.2)
    else:
        print("任务执行完成")
```

```
if __name__ == '__main__':
    # 创建子线程
    # kwargs: 表示以字典方式传入参数
    sub_thread = threading.Thread(target = task, kwargs = {"count": 3})
    sub_thread.start()
```

执行结果如下。

```
任务执行中...
任务执行中...
任务执行中...
任务执行完成
```

通过上述两个示例，我们发现使用线程时需要注意以下地方。

① 线程之间的执行是无序的。

② 主线程会等待所有的子线程执行结束后再结束。

③ 线程之间共享全局变量。

我们创建一个子线程，这个子线程执行完大概需要 2.5 s。现在让主线程执行 1 s 就退出，我们查看执行结果，代码如下。

```
import threading
import time


def task():
    while True:
        print("任务执行中...")
        time.sleep(0.3)

if __name__ == '__main__':
    # 创建子线程
    # daemon=True 表示创建的子线程守护主线程，主线程退出后子线程直接销毁
    # sub_thread = threading.Thread(target = task, daemon = True)
    sub_thread = threading.Thread(target = task)
    # 把子线程设置成守护主线程
    sub_thread.setDaemon(True)
    sub_thread.start()

    # 主线程执行 1 s 退出程序
    time.sleep(1)

    print("over")
    # exit()

# 结论: 主线程会等子线程执行结束后再结束
```

执行结果如下。

```
任务执行中...
任务执行中...
任务执行中...
任务执行中...
```

```
over
```

通过上面代码的执行结果可以发现，主线程会等待所有的子线程执行结束后再结束。假如我们让主线程只执行 1 s，子线程便销毁不再执行，这应该如何实现呢？我们可以设置守护主线程。

守护主线程就是主线程退出，子线程销毁不再执行。设置守护主线程有两种方式，具体如下。

```
threading.Thread(target = show_info, daemon = True) # 方式1
线程对象.setDaemon(True) # 方式2
```

多个线程或进程并发访问和操作同一数据，其执行结果与访问的顺序有关，这称为竞争（竞态）条件。竞争条件发生在多个进程或者线程读/写数据时，其最终的结果依赖于多个进程或线程的指令执行顺序。

例如，假设两个线程或进程 T_1 和 T_2 共享了变量 a，在某一执行时刻，T_1 更新变量 a 为 1；在另一时刻，T_2 更新变量 a 为 2，两个任务竞争地更新变量 a。在这个例子中，竞争的“失败者”（最后更新的进程）决定了变量 a 的最终值。

在 Python 多线程中，当两个或两个以上的线程对同一个数据进行操作时，可能会产生“竞争条件”的情况。这种情况产生的根本原因是多个线程在对同一个数据进行操作时，对该数据的操作是非“原子化”的（原子操作是指不会被线程调度机制打断的操作。这种操作一旦开始，就会一直运行，直到结束为止，中间不会切换到另一个线程），可能前一个线程对数据的操作还没有结束，后一个线程又开始对同样的数据进行操作，因而造成未知数据结果的出现。

事实上，在同一个应用程序中运行多个线程本身并不会引起问题，只有当多个线程访问相同的资源时才会出现问题，例如，多个线程访问同一块内存区域（变量、数组或对象）、系统（数据库、Web 服务等）或文件。

资源竞争问题的示例如下。

```
import threading
from random import randint
from time import sleep, ctime

i = 1
def mythread1():
    global i
    if i == 1:
        sleep(3)
        if i == 2:
            print("Hack it!")
        else:
            print("You can try again!")

def mythread2():
    global i
    sleep(1)
    i = 2
```

```
def main():
    print("Start at: ", ctime())

    x1 = threading.Thread(target = mythread1)
    x1.start()
    x1.join(5)

    x2 = threading.Thread(target=mythread2)
    x2.start()

    print("Done at: ", ctime())

if __name__ == '__main__':
    main()
```

以上程序运行的结果如下。

```
Start at:  Sat Jun 16 16:56:38 2023
You can try again!
Done at:  Sat Jun 16 16:56:41 2023
```

注释掉 x1.join(5)的运行结果如下。

```
Start at:  Sat Jun 16 16:58:26 2023
Done at:  Sat Jun 16 16:58:26 2023
```

7.3.4 临界区、互斥锁与死锁

临界区是指一段代码，这段代码是用来访问临界资源的。临界资源可以是硬件资源，也可以是软件资源，这些资源有一个特点，即一次仅允许一个进程或线程访问。当有多个线程试图同时访问，但已经有一个线程在访问该临界区时，这些线程将被挂起。临界区被释放后，其他线程可继续抢占该临界区。

临界区是一种轻量级的同步机制。与互斥和事件这些内核同步对象相比，临界区是用户态下的对象，即只能在同一进程中实现线程互斥。因为无须在用户态和核心态之间切换，所以临界区工作效率比互斥要高得多。

临界区的使用方法非常简单，示例如下。

```
>>> from collections import Iterable      # 引入可迭代类型
>>> from collections import Iterator      # 引入迭代器类型
>>> x = [1, 2, 3]
>>> isinstance(x, Iterable)               # 列表是可迭代类型的实例
True
>>> isinstance(x, Iterator)               # 列表不是迭代器类型的实例
False
```

Python 代码的执行由 Python 解释器进行控制。Python 在设计之初已明确主循环中只能同时执行一个控制线程。对 Python 虚拟机的访问由全局解释器锁控制，这个锁的功能为：当有多个线程时，保证同一时刻只有一个线程在运行。

由于 Python 的全局解释器锁的限制，多线程更适合输入/输出密集型应用（输入/输出释放了全局解释器锁，可以允许更多的并发）。对于计算密集型应用，为了实现更好的并

行性，用户可使用多进程，以便利用 CPU 的多核优势。

当多线程争夺锁时，锁允许第一个获得锁的线程进入临界区，并执行代码。所有后到达的线程将被阻塞，直至第一个线程执行结束，退出临界区并释放锁。需要注意的是，那些被阻塞的线程是无序的。

有了锁的概念以后，我们学习一下互斥锁。互斥锁是对共享数据进行锁定，保证同一时刻只有一个线程操作。需要注意的是，互斥锁是多个线程一起去抢，抢到锁的线程先执行，没有抢到锁的线程则需要等待。等互斥锁使用完被释放后，其他等待的线程再去抢这个锁。

threading 模块中定义了 lock 变量，这个变量本质上是一个函数，通过调用这个函数可以获取一把互斥锁。

使用互斥锁完成 2 个线程对同一个全局变量各加 100 万次的操作，代码如下。

```
import threading

# 全局变量
g_num = 0

# 创建互斥锁，lock 本质上是一个函数，通过调用该函数可以创建一个互斥锁
lock = threading.Lock()

# 循环 100 万次执行的任务
def task1():
    # 上锁
    lock.acquire()
    for i in range(1000000):
        # 每循环一次给全局变量加 1
        global g_num  # 表示要声明修改全局变量的内存地址
        g_num = g_num + 1  # g_num += 1

    # 代码执行到此，说明数据计算完成
    print("task1:", g_num)
    # 释放锁
    lock.release()

# 循环 100 万次执行的任务
def task2():
    # 上锁
    lock.acquire()
    for i in range(1000000):
        # 每循环一次给全局变量加 1
        global g_num  # 表示要声明修改全局变量的内存地址
        g_num = g_num + 1  # g_num += 1

    # 代码执行到此，说明数据计算完成
    print("task2:", g_num)
    # 释放锁
    lock.release()
```

```
if __name__ == '__main__':
    # 创建两个子线程
    first_thread = threading.Thread(target = task1)
    second_thread = threading.Thread(target = task2)

    # 启动线程执行任务
    first_thread.start()

    second_thread.start()

    # 互斥锁可以保证同一时刻只有一个线程执行代码，能够保证全局变量的数据没有问题
    # 线程等待和互斥锁都是把多任务改成单任务去执行，保证了数据的准确性，但是执行性能会下降
```

运行上面的代码，得到的结果如下。

```
task1: 1000000
task2: 2000000
```

通过示例可知，互斥锁能够保证同一时刻只有一个线程来操作共享数据，以保证共享数据不会出现错误。使用互斥锁的好处是确保某段关键代码只能由一个线程从头到尾完整地执行。使用互斥锁会影响代码的执行效率，多任务执行被改成了单任务执行。互斥锁如果没有使用好，会容易出现死锁的情况。一直等待对方释放锁的情景就是死锁。死锁会造成应用程序停止响应，不能处理其他任务。如何避免死锁呢？只需要在合适的地方释放锁即可，示例如下。

多线程根据下标在列表中取值，保证同一时刻只有一个线程取值，代码如下。

```
import threading


# 创建互斥锁
lock = threading.Lock()


# 需求：多线程同时根据下标在列表中取值，要保证同一时刻只能有一个线程取值
def get_value(index):
    # 上锁
    lock.acquire()
    my_list = [1, 4, 6]
    # 判断下标是否越界
    if index >= len(my_list):
        print("下标越界:", index)
    # 取值不成功，也需要释放互斥锁，不然会影响后面的线程取值
    # 锁需要在合适的地方进行释放，防止死锁
        lock.release()
        return

    # 根据下标取值
    value = my_list[index]
    print(value)
    # 释放锁
    lock.release()
```

```
if __name__ == '__main__':
    # 创建大量线程，同时执行根据下标取值的任务
    for i in range(10):
    # 每循环一次创建一个子线程
        sub_thread = threading.Thread(target = get_value, args = (i,))
    # 启动线程执行任务
        sub_thread.start()
```

运行上面的代码，得到的结果如下。

```
1
4
6
下标越界：3
下标越界：4
下标越界：5
下标越界：6
下标越界：7
下标越界：8
下标越界：9
```

7.3.5　实训案例：Python 多线程下载网页图片

通过使用多线程，我们可以同时下载多张图片，提高下载效率。每个线程负责下载一张图片，互不干扰。这种方式特别适用于需要大量下载文件或进行网络请求的场景。

本案例要求编写代码，实现多线程下载图片的功能。

7.4　进程和线程的对比

（1）关系对比

线程与进程的关系如图 7-7 所示。

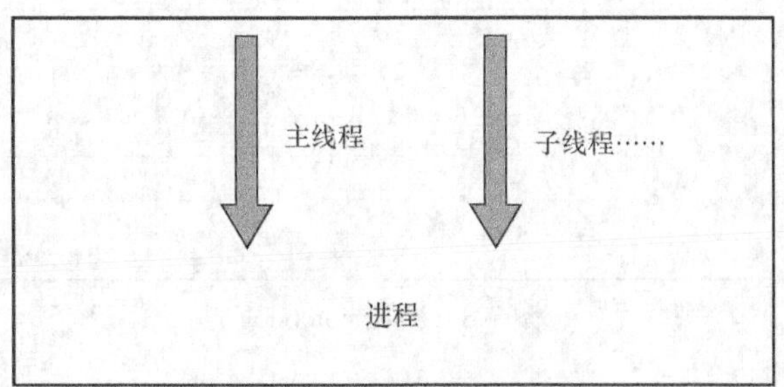

图 7-7　线程与进程的关系

从图 7-7 中可以看出：① 线程是依附在进程中的，没有进程就没有线程；② 一个进

程默认提供一条线程，进程可以创建多个线程。

（2）区别对比

线程和线程不同之处的对比如下。

① 进程之间不共享全局变量。

② 线程之间共享全局变量，但是要注意资源竞争的问题。资源竞争问题的解决办法为互斥锁。

③ 创建进程的资源开销比创建线程的资源开销大。

④ 进程是操作系统资源分配的基本单位，线程是 CPU 调度的基本单位。

⑤ 线程不能够独立执行，必须依存在进程中。

⑥ 多进程开发比单进程多线程开发的程序稳定性要强。

（3）优缺点对比

进程优缺点如下。

① 优点：可以用多核 CPU。

② 缺点：资源开销大。

线程优缺点如下。

① 优点：资源开销小。

② 缺点：不能使用多核 CPU。

7.5 实战：计算斐波那契数列的第 *n* 个数

当涉及计算时，多线程可以提高程序的计算速度。我们基于 Python 的多线程和单线程的相关内容，实现计算斐波那契数列的第 *n* 个数功能。

（1）启动 Jupyter Notebook

启动 Jupyter Notebook，新建 notebook，如图 7-8 所示。

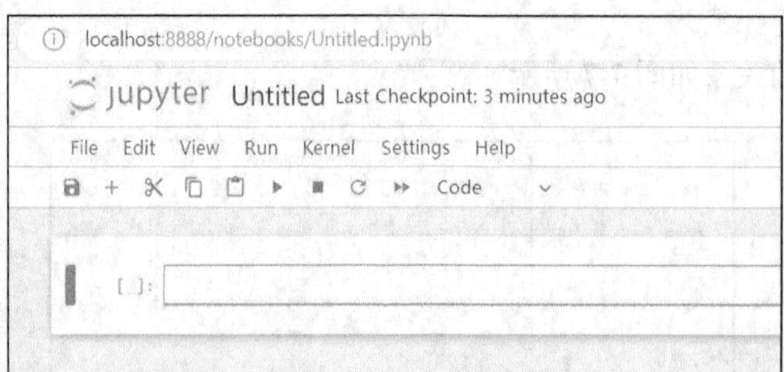

图 7-8　新建 notebook

（2）具体实现

基于 Python 的多线程相关内容的实现代码如下。

```
# 读取 users 数据
```

```
import threading

def fibonacci(n):
    if n <= 2:
        return 1
    else:
        return fibonacci(n-1) + fibonacci(n-2)

result = []

def calculate_fibonacci(n):
    global result
    fib = fibonacci(n)
    result.append(fib)

# 定义要计算的斐波那契数列的位置列表
positions = [35, 36, 37, 38, 39]

# 创建线程列表
threads = []

# 创建并启动线程
for position in positions:
    thread = threading.Thread(target = calculate_fibonacci, args = (position,))
    thread.start()
    threads.append(thread)

# 等待所有线程执行完毕
for thread in threads:
    thread.join()

# 输出结果
for i, position in enumerate(positions):
    print(f"斐波那契数列第{position}个数为：{result[i]}")
```

输出结果如下。

```
斐波那契数列第 35 个数为：9227465
斐波那契数列第 36 个数为：14930352
斐波那契数列第 37 个数为：39088169
斐波那契数列第 38 个数为：24157817
斐波那契数列第 39 个数为：63245986
```

基于 Python 的单线程相关内容的实现代码如下。

```
def fibonacci(n):
    if n <= 2:
        return 1
    else:
        return fibonacci(n-1) + fibonacci(n-2)

# 定义要计算的斐波那契数列的位置列表
```

```
positions = [35, 36, 37, 38, 39]

# 计算斐波那契数列
result = []
for position in positions:
    fib = fibonacci(position)
    result.append(fib)

# 输出结果
for i, position in enumerate(positions):
    print(f"斐波那契数列第{position}个数为：{result[i]}")
```

输出结果如下。

```
斐波那契数列第 35 个数为：9227465
斐波那契数列第 36 个数为：14930352
斐波那契数列第 37 个数为：24157817
斐波那契数列第 38 个数为：39088169
斐波那契数列第 39 个数为：63245986
```

在这两个实现代码中，我们定义了一个计算斐波那契数列的函数 fibonacci()，该函数接收参数 n，并返回斐波那契数列对应的数。

在多线程实现代码中，我们创建了一个线程列表 threads，通过遍历要计算的斐波那契数列的位置列表 positions，为每个位置创建一个线程，并调用 calculate_fibonacci() 函数来计算对应位置的斐波那契数。启动线程后，线程对象被添加到线程列表中。

在单线程实现代码中，我们直接在主线程中遍历要计算的斐波那契数列的位置列表，并调用 fibonacci() 函数来计算对应位置的斐波那契数，将结果保存在结果列表 result 中。

第 8 章 模块

Python 中的模块是一个独立的 Python 文件，以“.py”为后缀名，包含 Python 对象定义和 Python 语句。模块可以让我们有逻辑地组织 Python 代码段，把相关代码分配到一个模块中能让代码更好用、更易懂。模块不仅可以定义函数、类和变量，还可以包含可执行的代码。模块可以被项目中的其他模块、脚本甚至交互式解析库所使用，也可以被其他程序引用，提供该模块的函数等功能。

本章要介绍的相关内容如下。

① 模块的创建与使用。

② 模块路径的搜索。

③ Python 包的定义。

④ 标准模块的介绍。

⑤ 第三方模块的安装。

8.1 创建和使用模块

8.1.1 创建模块

Python 中的模块分为以下几种。

系统内置模块。例如，sys、time、json 等模块。

自定义模块。自定义模块是用户自己编写的模块，用于封装某段逻辑代码或一组函数，以供其他程序调用。需要注意的是，自定义模块一定不能和系统内置模块重名，否则代码中将不能再使用系统的内置模块。例如，自定义了一个 sys 模块后，就不能再使用系统的 sys 模块了。

第三方开源模块。第三方开源模块由其他开发者编写并共享到开源社区中，供他人使用。这些模块可以通过使用命令行工具 pip 进行安装，从而对项目功能进行扩展和增强。

下面介绍如何创建自定义模块。新建一个 rectangle.py 文件，用于计算长方形的面积和周长。这个文件可以看作一个模块，其具体代码如下。

```
# rectangle.py
```

```
def area(length, width):
    return length * width
def perimeter(length, width):
    return (length + width) * 2
```

8.1.2 使用 import 语句导入模块

程序中可以使用 import 语句导入已经创建的模块，其语法如下。

```
import modulename [as alias]
```

其中，modulename 表示模块名称；[as alias] 表示可选项，可以用于给模块起别名。例如，下面代码中导入了 8.1.1 小节定义的 rectangle 模块，并调用了模块中的 area()函数。

```
# get_area.py
import rectangle
print("矩形的面积是：", rectangle.area(4,5))
```

上面程序的执行结果如下。

```
矩形的面积是：20
```

可以看出，导入模块以后，如果要调用模块中的变量、函数或者类，则需要在变量名、函数名或者类名前带上模块名作为前缀，例如 rectangle.area（4, 5）表示调用 rectangle 模块中的 area(4, 5)函数。

若一个模块名较长且不方便记忆，那么在导入模块时可以使用 as 关键字给模块取一个新的名字，示例如下。

```
# get_area.py
import rectangle as m
print("矩形的面积是：", m.area(4,5))
```

还可以在使用 import 语句的同时导入多个模块，语法如下。

```
import module1[,module2[,…,moduleN]]
```

假设已经创建 3 个模块，它们分别是 rectangle.py、circle.py 和 diamond.py，当需要同时导入这 3 个模块时，可以使用以下代码。

```
import rectangle, circle, diamond
```

8.1.3 使用 from…import 语句导入模块

当使用 import 语句导入模块时，每执行一条 import 语句，系统会创建一个新的命名空间，并在该命名空间中执行与.py 文件相关的所有语句，这意味着我们需要通过模块名前缀来访问模块中定义的变量、函数或类。如果想要将具体的定义导入当前的命名空间而不是创建新的命名空间，那么可以使用 from…import 语句。这种导入方式可以减少开发人员输入的代码量，因为在调用模块中的变量、函数或类时不再需要使用模块名作为前缀。

from…import 语句的语法格式如下。

```
from modulename import member
```

其中，modulename 表示要导入的模块名，member 表示要导入的变量、函数或者类。如果要导入全部定义，则可以使用通配符“*”。

使用 from…import 语句导入 8.1.1 小节定义的 rectangle 模块，代码如下。

```
# get_area2.py
from rectangle import area, perimeter
print("矩形的面积是：",area(4,5))
print("矩形的周长是：",perimeter(4,5))
```

上面代码的执行结果如下。

```
矩形的面积是：20
矩形的周长是：18
```

可以看到，在使用 from…import 语句导入模块后，不再需要使用前缀形式（例如 rectangle.area(4, 5)）来调用模块里面的函数，而是可以不加前缀直接调用函数，即直接使用 area(4, 5)和 perimeter（4, 5）。

上面的程序导入了 rectangle 模块的所有定义，因此，我们也可以使用通配符“*”进行导入，具体代码如下。

```
# get_area3.py
from rectangle import *
print("矩形的面积是：",a,rea(4,5))
print("矩形的周长是：",perimeter(4,5))
```

8.2 模块搜索路径

模块其实是一个文件，当我们要执行一个模块时，首先需要找到该模块（文件）的路径。如果模块（文件）与执行文件不在同一个目录下，则需要指定模块的路径。

模块搜索路径指的是导入模块时系统需要搜索的目录列表。当我们使用 import 语句导入模块时，Python 解释器会按照一定的规则来搜索模块所在的路径。

一般而言，在导入模块时，查找模块的顺序如下。

① 在当前目录（即执行的 Python 脚本文件所在目录）下查找。

② 到环境变量 PYTHONPATH 下的每个目录中查找。

③ 到 Python 的默认安装目录下查找。

可以使用以下方式查找这些目录。

```
>>> import sys
>>> print(sys.path)
```

如果要导入的模块不在上述目录中，则需要通过函数添加、修改环境变量和增加.pth 文件这 3 种方式把指定的目录添加到 sys.path 中。

8.2.1 函数添加

函数添加的语法格式如下。

```
import sys
```

```
sys.path.append ("yourpath")
```

其中，yourpath 表示要添加到 sys.path 中的目录。这种方式是一次性的，只在执行当前文件的窗口中有效。也就是说，以后每次在新窗口调用该模块时，都需要用这两个语句先把该模块的路径添加进去。

8.2.2 修改环境变量

不同的操作系统修改 PYTHONPATH 环境变量的方法（步骤）有所不同。下面以 Windows 7 操作系统为例，介绍如何修改 PYTHONPATH 环境变量。

① 在桌面上，右键单击“计算机”图标。

② 在弹出的快捷菜单中选择“属性”，这时会出现系统属性界面。

③ 在系统属性界面的左侧，选择“高级系统设置”。这时会弹出系统属性对话框。

④ 在系统属性对话框中，点击“环境变量”按钮，打开环境变量设置界面。

⑤ 在用户变量或系统变量中，如果已经存在名为 PYTHONPATH 的变量，则选择该变量并点击“编辑”。如果不存在，则点击“新建”创建一个新的变量。

⑥ 在变量值文本框中，添加模块搜索路径，多个路径之间使用分号（;）进行分隔。

⑦ 点击“确定”保存设置。

通过设置正确的 PYTHONPATH，我们可以将自定义模块或第三方模块所在的路径包含在搜索路径中，从而使 Python 解释器能够找到并导入这些模块。需要注意的是，在不同的操作系统和配置环境中，设置 PYTHONPATH 的具体步骤可能会有所不同。下面以 Windows 7 操作系统为例，介绍 PYTHONPATH 的设置，具体步骤如下。

步骤 1：在桌面上，用鼠标右键单击“计算机”图标。

步骤 2：在弹出的快捷菜单中选择“属性”，这时会出现系统属性界面，如图 8-1 所示。

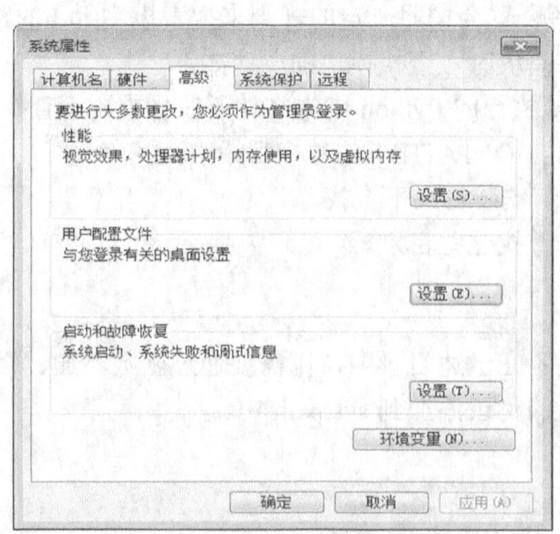

图 8-1 系统属性界面

步骤 3：在系统属性界面的“高级”选项中，点击“环境变量”按钮，打开环境变量界面，如图 8-2 所示。

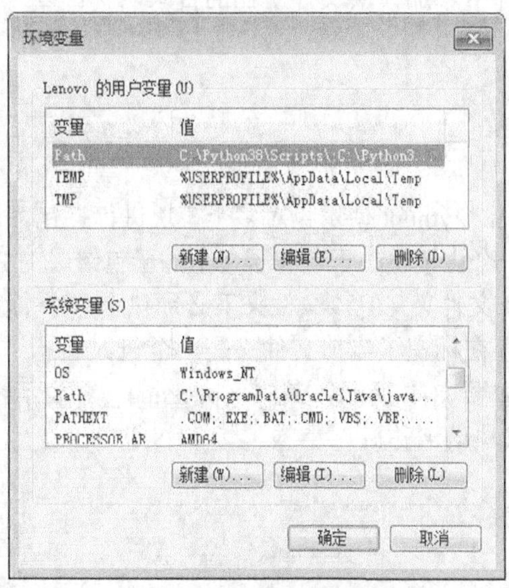

图 8-2　环境变量界面

步骤 4：在环境变量界面中，如果用户变量或系统变量已经存在名为 PYTHONPATH 的变量，则选择该变量并点击对应的“编辑”按钮；如果不存在，则点击“新建”按钮，在图 8-3 所示的界面中创建一个新的变量。

图 8-3　新建系统变量界面

步骤 5：在新建系统变量界面的“变量名”文本框中输入“PYTHONPATH”，在“变量值”文本框中添加模块搜索路径（例如 C:\Python38\mycode;），多个路径之间使用分号(;）分隔。

步骤 6：点击“确定”按钮保存设置。

8.2.3　增加.pth 文件

我们推荐采用本方式来添加目录。首先，执行以下命令，找到 site-packages 文件路径。

```
>>> import site
>>> site.getsitepackages()
['C:\\Python38', 'C:\\Python38\\lib\\site-packages']
```

然后，在 site-packages 目录下添加一个路径文件，例如 mypkpath.pth（文件名任意，后缀名是.pth 即可）。

最后，在该路径文件中添加模块文件所在的目录名称。

8.3 包

为了更好地组织模块，Python 使用包对多个模块进行打包。包结构是一个分层次的文件目录结构，它定义了一个由模块、子包和子包下的子包组成的 Python 应用程序的环境。

简单来说，包是一个文件夹，但该文件夹下必须包含一个名为__init__.py 的文件。这个文件可以为空，它的存在标识了当前文件夹是一个包。

常见的包结构示例如图 8-4 所示，其中，package__a 表示包的名称，module__al.py 和 module__a2.py 表示模块的名称。

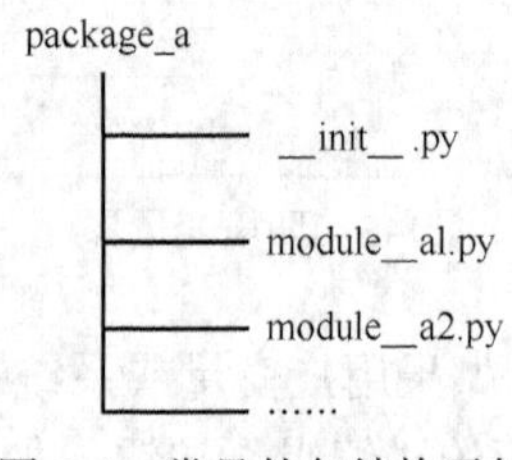

图 8-4　常见的包结构示例

8.3.1 创建和使用包

下面创建一个名为 package__hello 的包，这个包里面有两个模块，分别是 hellol.py 和 hello2.py。

hellol.py 的代码如下。

```
def sayhello1():
    print("Hello World")
```

hello2.py 的代码如下。

```
def sayhello2():
    print("Hello China")
```

我们先在 package__hello 目录下创建__init__.py 文件，文件内容可以为空；然后在 package__hello 同级目录下创建 hello.py 来调用 package__hello 包。hello.py 的代码如下。

```
from package_hello.hello1 import sayhello1
from package_hello.hello2 import sayhello2
sayhello1()
sayhello2()
```

hello.py 的运行结果如下。

```
Hello World
```

```
Hello China
```

在上面的代码中，我们采用了“from 包名.模块名 import 定义名”这种形式来加载模块。实际上，我们也可以采用“from 包名 import 模块名”这种形式来加载模块，示例如下。

```
from package_hello import hello1
from package hello import hello2
hello1.sayhello1()
hello2.sayhello2()
```

8.3.2 作为主程序运行

在许多编译型语言中，程序必须有一个入口。例如，C 和 C++需要 main()函数作为程序的入口，也就是程序的执行会从 main()函数开始。同样，Java 和 C#也必须包含一个包含 main()方法的主类，作为程序的入口。然而，Python 的执行方式与它们不同。Python 是一种动态解释型语言，运行时会逐行解释和执行代码，而不是先将程序编译成二进制再执行，因此，Python 没有统一的入口。

在 Python 中，一个源代码文件（.py 文件）既可以直接运行，也可以作为模块被其他.py 文件导入使用。无论是直接运行还是导入使用，文件中的顶层代码都会被执行（Python 使用缩进来明确代码的层次结构）。

当一个 .py 文件作为模块被导入时，我们有时希望其中的某些代码不被执行。为了达到这个目的，我们可以在代码中使用以下语句。

```
if __name__ == '__main__':
```

其中，“__name__”是内置变量，表示当前模块的名字。如果一个 .py 文件（模块）被直接运行，则其没有包结构，其“__name__”值为“__main__”，即模块名为“__main__”。当 .py 文件以模块形式被导入时，“__name__”值就不是“__main__”，因此，if __name__ == '__main__'之下的语句块就不会被运行。

下面我们对 8.3.1 节中的示例做适当修改，先分别修改 hellol.py 和 hello2.py 的内容。

hellol.py 的代码如下。

```
welcome1 = "Hello World"
def sayhello1():
    print(welcome1)

if __name__ == '__main__':
    print("你好，世界")
```

hello2.py 的代码如下。

```
welcome2 = "Hello China"
def sayhello2():
    print(welcome2)
if __name__ == '__main__':
    print("你好，中国")
```

然后，我们在 package__hellol 目录下创建__init__ .py 文件，文件内容可以为空。最后，我们在 package__hello1 的同级目录下创建 hello__1.py 文件来调用 package__hello1 包，

hello__1.py 文件的代码如下。

```
from package_hello1 import hello1
from package_hello1 import hello2
hello1.sayhello1()
hello2.sayhello2()
```

单独执行 hellol.py 的结果如下。

```
你好，世界
```

单独执行 hello2.py 的结果如下。

```
你好，中国
```

执行 hello__1.py 的结果如下。

```
Hello World
Hello China
```

可以看出，当单独执行 hellol.py 时，“__name__”的值是“__main__”，if __name__=='__main__'后面的语句块会被执行，因此，会输出“你好，世界”。当单独执行 hello__1.py 时，hello1.py 会被导入 hello__1 .py 中进行运行，这时“__name__”的值不等于“__main__”，因此，if__name__=='__main__'后面的语句块不会被执行，也就不会输出“你好，世界”了。

8.4 Python 自带的标准模块

Python 自带了很多实用的模块，这些模块称为标准模块或者标准库。我们可以直接使用 import 语句把这些模块导入 Python 文件。Python 常用的标准模块见表 8-1。

表 8-1　Python 常用的标准模块

模块名	功能
calendar	提供与日期相关的各种函数的标准库
datetime	提供与日期、时间相关的各种函数的标准库
decimal	用于定点和浮点运算
json	用于使用 JSON 序列化和反序列化对象
logging	提供配置日志信息的功能
math	提供许多对浮点数的数学运算函数
os	提供对文件和目录进行操作的标准库
random	提供随机数功能的标准库
re	提供基于正则表达式的字符串匹配功能
sys	提供对解释器使用或维护的一些变量的访问及与解释器交互的函数
shutil	高级的文件、文件夹、压缩包处理模块
time	提供与时间相关的各种函数的标准库

urllib	请求 URL 连接的标准库

8.5 使用 pip 管理 Python 扩展模块

Python 是一种功能强大的编程语言，其独特之处在于拥有丰富的第三方模块（也称为第三方库），这些模块可以帮助我们轻松快捷地实现各种功能，例如网络爬虫、数据清洗、数据可视化、科学计算等。为了便于安装和管理这些第三方库，Python 提供了一个名为 pip 的扩展模块管理工具。以下是 pip 成为最流行的扩展模块管理工具的主要原因。

① 简单易用：pip 提供了简单而直观的命令行界面，使安装、升级和删除第三方库变得非常容易。只需要一条简单的命令，就可以完成所需的操作。

② 庞大的库生态系统：pip 提供了一个庞大的库生态系统，其中包含各种用于不同目的的第三方库。无论是处理数据、构建网络应用还是进行机器学习，开发人员都能找到相应的库来满足需求。

③ 依赖管理：pip 能够自动解决库之间的依赖关系。当我们安装一个库时，pip 会自动下载并安装该库所依赖的其他库，确保所有依赖都满足。

④ 版本控制：pip 允许我们指定要安装的库的特定版本，以便与代码的其他部分兼容。这对于团队合作或维护项目稳定性非常重要。

⑤ 社区支持：pip 是一个开源工具，拥有活跃的开发者社区，这意味着我们可以轻松地在社区中找到支持、解决问题和获取新功能。常用 pip 命令及其说明见表 8-2。

表 8-2　常用 pip 命令及其说明

pip 命令	说明
pip install SomePackage	安装 SomePackage 模块
pip list	列出当前已经安装的所有模块
pip install --upgrade SomePackage	升级 SomePackage 模块
pip uninstall SomePackage	卸载 SomePackage 模块

例如，Matplotlib 是著名的 Python 绘图库，它提供了一整套和 MATLAB 相似的应用程序编程接口，十分适合交互式地进行制图。Matplotlib 的命令安装如下。

```
pip install matplotlib
```

安装成功后，使用以下命令就可以看到安装的 Matplotlib。

```
pip list
```

本章介绍了如何创建和使用模块，以及如何创建和使用包，同时还对 Python 自带的标准模块进行了简要概述，以展示它们提供的功能和用法。此外，本章详细介绍了如何使用 pip 来管理 Python 扩展模块。通过合理地使用模块和包，我们可以更好地组织和管理代码，提高代码的可重用性和可维护性。同时，pip 管理扩展模块可以轻松地帮助我们安装和升级第三方库，扩展 Python 的功能和应用领域。

8.6 实训案例

8.6.1 实训案例：出场人物统计

《西游记》是我国古代第一部浪漫主义章回体长篇神魔小说，是我国古典四大名著之一。全书主要描写了孙悟空横空出世及大闹天宫后，与唐僧、猪八戒、沙悟净和白龙马四人一同西行取经，历经九九八十一难到达西天取得真经的故事。

本案例要求编写程序，统计《西游记》小说中师徒五人各自的出场次数。

8.6.2 实训案例：小猴子接香蕉

小猴子接香蕉是一款根据游戏得分判断玩家反应力的游戏。该游戏的规则非常简单，游戏主体为香蕉和猴子：香蕉从屏幕顶端随机位置出现，垂直落下，玩家用鼠标左/右键控制猴子左/右移动，接住下落的香蕉。猴子每接到一个香蕉获得 10 分。

本实例要求编写程序，实现一个小猴子接香蕉的游戏功能。

第 9 章 Python 文件操作

在变量、序列和对象中存储的数据是暂时的，程序结束后就会丢失。为了能够长时间地保存程序中的数据，我们可以将程序中的数据保存到磁盘文件中。Python 提供了内置的文件对象，以及对文件和目录进行操作的内置模块。可以很方便地将数据保存到文件（例如文本文件等）中，达到长时间保存数据的目的。

本章要介绍的相关内容如下。

① Python 文件及目录的操作方法。

② csv 模块、json 模块及 pickle 模块的使用方法。

③ 数据的序列及反序列化操作方法。

9.1 文件的基本操作

Python 中内置了文件对象。在使用文件对象时，首先通过内置的 open()函数创建一个文件对象，然后通过该对象提供的方法进行一些基本文件操作。例如，使用文件对象的 write() 方法向文件中写入内容，使用 close() 方法关闭文件等。下面将介绍如何应用 Python 的文件对象进行基本文件操作。

9.1.1 创建和打开文件

在 Python 中，要想操作文件，就要先创建或者打开指定的文件，并创建文件对象。我们可以通过内置的 open() 函数实现这个要求，其基本语法如下。

```
open(file, mode = 'r')
```

完整的语法格式如下。

```
open(file, mode = 'r', buffering = -1, encoding = None, errors = None, newline =
        None, closed = True)
```

参数说明如下。

file：必需参数，表示创建或打开文件的文件名称，需要使用单引号或双引号括起来。如果要打开的文件和当前文件在同一个目录下，那么直接写文件名即可，否则需要指定完整路径。例如，要打开当前路径下的名称为 test.txt 的文件，可以使用 "test.txt" 这种方式。

mode：可选参数，用于指定文件的打开模式。默认打开模式为只读（r）。mode 参数的参数值说明见表 9-1。

表 9-1　mode 参数的参数值说明

模式	描述
r	以只读方式打开文件。文件的指针将会放在文件的开头。这是默认模式
b	二进制模式
rb	以二进制格式打开一个文件，方式为只读。文件指针将会放在文件的开头。一般用于非文本文件（例如图片）等
r+	打开一个文件，方式为读写。文件指针将会放在文件的开头
rb+	以二进制格式打开一个文件，方式为读写。文件指针将会放在文件的开头。一般用于非文本文件（例如图片）等
w	打开一个文件，方式只为写入。如果该文件已存在，则打开文件，并从开头开始编辑，原有内容会被删除。如果该文件不存在，则创建新文件
wb	以二进制格式打开一个文件，方式只为写入。如果该文件已存在，则打开文件，并从开头开始编辑，原有内容会被删除。如果该文件不存在，则创建新文件。一般用于非文本文件（例如图片）等
w+	打开一个文件，方式为读写。如果该文件已存在，则打开文件，并从开头开始编辑，原有内容会被删除。如果该文件不存在，则创建新文件
wb+	以二进制格式打开一个文件，方式为读写。如果该文件已存在，则打开文件，并从开头开始编辑，原有内容会被删除。如果该文件不存在，则创建新文件。一般用于非文本文件（例如图片）等
a	打开一个文件用于追加。如果该文件已存在，则文件指针将会放在文件的结尾。也就是说，新的内容会被写入已有内容之后。如果该文件不存在，则创建新文件进行写入
ab	以二进制格式打开一个文件，方式为追加。如果该文件已存在，则文件指针将会放在文件的结尾。也就是说，新的内容会被写入已有内容之后。如果该文件不存在，则创建新文件进行写入
a+	打开一个文件用于读写。如果该文件已存在，则文件指针将会放在文件的结尾。文件打开时会是追加模式。如果该文件不存在，则创建新文件，方式为读写
ab+	以二进制格式打开一个文件用于追加。如果该文件已存在，则文件指针将会放在文件的结尾。如果该文件不存在，则创建新文件，方式为读写

buffering：可选参数，用于指定读/写文件的缓冲模式，其值为 0 表示不缓存；其值为 1 表示缓存；其值如果大于 1，则表示缓冲区的大小。默认为缓存模式。

encoding：可选参数，一般使用 UTF-8 标准。

errors：可选参数，用于指明编码和解码错误时的处理方式，不能在二进制的模式下使用。

newline：可选参数，区分换行符。

closefd：可选参数，其值为 False 时，file 参数传递的是文件描述器而不是文件名。当文件关闭时，文件描述器将保持打开状态。如果 file 参数传递文件名，则该参数的值必须为 True（默认值），否则将产生错误。

9.1.2　文件关闭

close() 方法用于关闭一个已打开的文件。关闭后的文件不能再进行读/写操作，否则会触发 ValueError 错误。close() 方法允许多次调用。当 file 对象使用另一个文件时，Python 会自动关闭之前的 file 对象。使用 close() 方法关闭文件是一个好的习惯。

close() 方法的语法如下。

```
fileObject.close()
```

9.1.3　读文件

在 Python 中打开文件后，除了可以向文件写入或追加内容，还可以读取文件中的内容。读取文件内容主要分为以下几种情况。

（1）读取指定字符

文件对象提供了 read() 方法来读取指定个数的字符，该方法的语法格式如下。

```
fileObject.read([size])
```

其中，fileObject 表示打开的文件对象；size 表示可选参数，用于指定要读取的字符个数，如果被省略，则一次性读取所有内容。

具体示例如下。

```
# 打开文件
fo = open("test.txt", "r+")
print ("文件名为: ", fo.name)
line = fo.read(10)
print ("读取的字符串: %s" % (line))
# 关闭文件
fo.close()
```

（2）读取一行

readline() 方法用于从文件读取整行内容，其中包括“\n”字符。如果指定了一个非负数的参数，则返回指定大小的字符数，其中包括“\n”字符。该方法的语法格式如下。

```
fileObject.readline([size])
```

其中，fileObject 表示打开的文件对象。size 表示可选参数，用于指定要读取的字符个数。

具体示例如下。

```
# 打开文件
fo = open("test.txt", "r+")
print ("文件名为: ", fo.name)
line = fo.readline()
print ("读取第一行 %s" % (line))
line = fo.readline(5)
print ("读取的字符串为: %s" % (line))
# 关闭文件
fo.close()
```

（3）读取全部行

读取全部行的作用与调用 read() 方法时不指定 size 类似，只不过读取全部行时，返回的是一个字符串列表，每个元素为文件的一行内容。读取全部行使用的是文件对象的 readlines()方法，其语法格式如下。

```
fileObject.readlines()
```

其中，fileObject 为打开的文件对象。同 read() 方法一样，打开文件时，也需要指定打开模式为 r（只读）或者 r +（读写）。

具体示例如下。

```
# 打开文件
fo = open("test.txt", "r")
print ("文件名为: ", fo.name)
# 依次读取每行
for line in fo.readlines():
    # 去掉每行头尾空白
    line = line.strip()
    print ("读取的数据为: %s" % (line))
# 关闭文件
fo.close()
```

9.1.4 写文件

（1）写入指定字符串

write()方法用于向文件中写入指定字符串。在文件关闭前或缓冲区刷新前，字符串内容存储在缓冲区中，这时我们在文件中是看不到写入的内容的。如果文件打开模式带“b”，则写入文件内容时，str（参数）要用 encode 方法转换为 bytes 形式，否则会报错“TypeError: a bytes-like object is required, not 'str'”。该方法的语法格式如下。

```
fileObject.write([str])
```

其中，fileObject 表示打开的文件对象；size 为可选参数，表示要写入文件的字符串。write()方法的返回值是写入字符的长度。

具体示例如下。

```
# 打开文件
fo = open("test.txt", "r+")
print ("文件名: ", fo.name)
str = "www.ceshi.com"
# 在文件末尾写入一行
fo.seek(0, 2)
line = fo.write(str)
# 关闭文件
fo.close()
```

seek() 方法用于移动文件读取指针到指定位置，其语法格式如下。

```
fileObject.seek(offset[, whence]);
```

其中，fileObject 表示打开的文件对象；offset 的第一个参数为偏移量，表示需要移动偏移的字节数，如果值为负数，则表示从倒数第几位开始；offset 的第二个参数 whence 为可选参数，默认值为 0，0 表示从文件开头开始算起，1 表示从当前位置开始算起，2 表示从文件末尾开始算起。

（2）写入字符串序列

writelines() 方法用于向文件中写入字符串序列，该字符串序列可以是由迭代对象产生的，例如一个字符串列表。换行需要指定换行符“\n”。该方法的语法格式如下。

```
fileObject.writelines([ strs ])
```

其中，fileObject 表示打开的文件对象；strs 为可选参数，表示要写入文件的字符串序列。

具体示例如下。

```
# 打开文件
fo = open("test.txt", "w")
print ("文件名为: ", fo.name)
# 换行需要指定换行符\n
strs = ["hello world \n", "hello python"]
fo.writelines( strs )
# 关闭文件
fo.close()
```

9.2 文件系统操作

文件系统是操作系统用于明确存储设备或分区上的文件的方法和数据结构，即在存储设备上组织文件的方法。操作系统中负责管理和存储文件信息的软件部分称为文件管理系统，简称文件系统。os 模块是 Python 内置的与操作系统功能和文件系统相关的模块，该模块中语句的执行结果通常与操作系统有关，在不同的操作系统上运行，可能会得到不一样的结果。

9.2.1 文件系统路径

用于定位一个文件或者目录的字符串称为一个路径。在程序开发时，通常会涉及两种路径，一种是相对路径，另一种是绝对路径。

（1）相对路径

在学习相对路径之前，我们需要先了解什么是当前工作目录。当前工作目录是指当前文件所在的目录，Python 中可以通过 os 模块提供的 getcwd() 函数获取当前工作目录。例如，我们在 D:\Code\demo.py 文件中，编写以下代码。

```
# 导入 os 模块
import os
# 输出当前目录
print(os.getcwd())
```

执行完上面的代码后，得到以下路径，该路径就是当前工作目录。

```
D:\Python\Code
```

相对路径依赖当前工作目录。如果当前工作目录下有一个名为 message.txt 的文件，那么我们可以通过文件名来直接打开这个文件，这时采用的路径就是相对路径。

message.txt 文件的实际路径就是前工作目录“D:\Python\Code”＋相对路径“test.txt”，即 D:\Python\Code\test.txt。

如果当前工作目录下有一个子目录 demo，并且在该子目录下保存着文件 test.txt，那么在打开这个文件时就可以写上“demo/test.txt”，代码如下。

```
file = open("demo/test.txt")
```

在 Python 中，指定文件路径时需要对路径分隔符“\”进行转义，即将路径中的“\”替换为“\\”。例如，相对路径“demo\test.txt”在指定文件路径时需要使用“demo\\test.txt”来代替。另外，路径分隔符“\”也可以用“/”来代替。

（2）绝对路径

绝对路径是指在使用文件时指定文件的实际路径，它不依赖于当前工作目录。Python 中可以通过 os.path 模块提供的 abspath() 函数来获取一个文件的绝对路径。abspath() 函数的基本语法格式如下。

```
os.path.abspath(path)
```

其中，path 表示要获取绝对路径的相对路径，其值可以是文件，也可以是目录。

例如，要获取相对路径“demo\test.txt”的绝对路径，则可以使用以下代码。

```
import os
print(os.path.abspath('demo\test.txt'))
```

如果当前工作目录为“D:\Code”，那么会得到以下结果。

```
D:\Code\demo\test.txt
```

（3）拼接路径

如果想要将两个或者多个路径拼接到一起，组成一个新的路径，那么可以使用 os.path 模块提供的 join() 函数。join() 函数的基本语法格式如下。

```
os.path.join(path1[,path2[,···]])
```

其中，path1、path2 表示要拼接的文件路径，这些路径间使用逗号进行分隔。如果在要拼接的路径中没有一个绝对路径，那么最终拼接出来的将是一个相对路径。使用 os.path.join() 函数拼接路径时，系统并不会检测该路径是否真实存在。

例如，将“D:\Code”和“demo\test.txt”路径拼接到一起，可以使用以下代码。

```
import os
print(os.path.join('D:/code', 'demo/test.txt'))
```

运行结果如下。

```
D:\Code\demo\message.txt
```

使用 join()函数时，如果要拼接的路径中存在多个绝对路径，那么以最后一次（顺序为从左到右）出现的绝对路径为准，并且该路径之前的绝对路径都将被忽略。示例如下。

```
import os
print(os.path.join('D:/code', 'demo', 'C:/', 'demo/test.txt'))
```

得到拼接后的路径为“C:\demo\test.txt”。

9.2.2 判断路径是否存在

在 Python 中，有时需要判断给定的目录是否存在，这时可以使用 os.path 模块提供的

exists() 函数实现。exists() 函数的基本语法格式如下。

```
os.path.exists(path)
```

其中，path 表示要判断的目录，其值可以是绝对路径，也可以是相对路径。如果给定的路径存在，exists() 函数则返回 True，否则返回 False。

例如，要判断绝对路径“D:\code”是否存在，可以使用以下代码。

```
import os
print(os.path.exists('D:/code'))
```

exists() 函数除了可以判断目录是否存在，还可以判断文件是否存在。例如，将以上代码中的“D:/code”替换为“D:/code/test.txt”，则可判断 D:/code/test.txt 文件是否存在。

9.2.3　创建目录

在 Python 中，os 模块提供了两个创建目录的函数，一个用于创建一级目录，另一个用于创建多级目录。

（1）创建一级目录

os.mkdir() 方法用于以数字权限模式创建目录，默认的模式为 0o777（八进制，表示文件权限）。如果目录有多级，则创建最后一级，如果最后一级目录的上级目录有不存在的，则会抛出一个 OSError。mkdir()函数的基本语法格式如下。

```
os.mkdir(path, mode=0o777)
```

其中，path 为必需参数，表示要创建的目录，可以是相对路径或者绝对路径。mode 为可选参数，表示要为目录设置的权限数字模式，默认值为 0o777（八进制，表示权限全开），该参数在非 UNIX 系统上无效或被忽略。

具体示例如下。

```
import os
# 创建的目录
path = "/tmp/home/monthly/daily/hourly"
os.mkdir( path, 0o755 )
print("目录已创建")
```

如果创建的路径已经存在，则抛出 FileExistsError 异常。如果指定的目录有多级，而且最后一级的上级目录中有不存在的，则抛出 FileNotFoundError 异常，并且目录创建不成功。

（2）创建多级目录

os.makedirs() 方法用于递归创建目录。如果子目录创建失败或者已经存在，则会抛出 OSError 异常。如果第一个参数 path 只有一级，则该方法与 mkdir() 函数的作用相同。makedirs()函数的基本语法格式如下。

```
os.makedirs(path, mode=0o777)
```

其中，path 为必需参数，表示需要递归创建的目录，其值可以是相对路径，也可以是绝对路径；mode 为可选参数，表示要为目录设置的权限数字模式，默认值为 0o777，该参数在非 UNIX 操作系统上无效或被忽略。

具体示例如下。

```
import os
```

```
# 创建的目录
path = "/tmp/home/monthly/daily"
os.makedirs( path, 0o777 )
print ("路径被创建")
```

9.2.4 获取文件基本信息

在计算机上创建文件后，该文件本身会包含一些信息，例如，文件的最后一次访问时间、最后一次修改时间、文件大小等基本信息。os 模块的 stat() 函数可以获取文件的基本信息，stat() 函数的基本语法如下。

```
os.stat(path)
```

其中，path 表示要获取文件基本信息的文件路径，其值可以是相对路径，也可以是绝对路径。

stat() 函数的返回值是一个对象，该对象包含以下属性。通过访问这些属性可以获取文件的基本信息。

st_mode：inode 保护模式。

st_ino：inode 节点号。

st_dev：inode 驻留的设备。

st_nlink：inode 的链接数。

st_uid：所有者的用户 ID。

st_gid：所有者的组 ID。

st_size：普通文件以字节（B）为单位的大小，其中包含等待某些特殊文件的数据。

st_atime：上次访问的时间。

st_mtime：最后一次修改的时间。

st_ctime：由操作系统报告的“ctime”。在某些系统上（例如 UNIX 操作系统）是最新的元数据更改的时间，在其他系统上（例如 Windows 操作系统）是创建时间。

具体示例如下。

```
import os
# 显示文件 "a2.py" 信息
statinfo = os.stat('a2.py')
print (statinfo)
```

执行以上程序后，输出的结果如下。

```
posix.stat_result(st_mode = 33188, st_ino = 3940649674337682L, st_dev =
277923425L, st_nlink = 1, st_uid = 400, st_gid = 401, st_size = 335L,
st_atime =1330498089, st_mtime = 1330498089, st_ctime = 1330498089)
```

9.2.5 目录和文件重命名

os 模块提供了目录和文件重命名的函数 rename()。该函数中如果指定的路径是文件；则重命名文件，如果指定的路径是目录，则重命名目录。rename() 函数的基本语法格式如下。

```
os.renames(old, new)
```

其中，old 用于指定要进行重命名的目录或文件，new 用于指定重命名后的目录或文件。

具体示例如下。

```
import os
print ("当前目录为: %s" %os.getcwd())
# 列出目录
print ("目录为: %s" % os.listdir(os.getcwd()))
# 重命名 "aa1.txt"
os.renames("aa1.txt","newdir/aanew.txt")
print ("重命名成功。")
# 列出重命名的文件 "aa1.txt"
print ("目录为: %s" % os.listdir(os.getcwd()))
```

运行结果如下。

```
当前目录为: D:\PycharmProjects\visual_demo
目录为: ['.idea', '1.py', '211.csv', '211.ipynb', '211.py', '213.ipynb',
'a.csv', 'aa1.txt']
重命名成功。
目录为: ['.idea', '1.py', '211.csv', '211.ipynb', '211.py', '213.ipynb',
 'a.csv']
```

在进行文件或目录重命名时，如果指定的目录或文件不存在，则会抛出“FileNotFoundError”异常。在进行文件或目录重命名时，我们建议先判断文件或目录是否存在，只有存在时才能进行重命名操作。

9.2.6 删除目录和文件

1. 删除目录

删除目录可以使用 os 模块提供的 rmdir() 函数来实现。通过 rmdir() 函数删除目录时，文件夹必须是空的，否则系统会抛出 OSError 异常。rmdir() 函数的基本语法格式如下。

```
os.rmdir(path)
```

其中，path 表示要删除的目录，其值可以为相对路径，也可以为绝对路径。

具体示例如下。

```
import os
# 删除路径
os.rmdir("mydir")
```

如果要删除的目录不存在，那么将抛出“FileNotFoundError”异常。在执行 os.rmdir() 函数前，我们建议先判断该路径是否存在，可以使用 os.path.exists() 函数来实现。

2. 删除文件

Python 中没有内置删除文件的函数，但是在内置的 os 模块中提供了删除文件的函数 remove()。该函数的基本语法格式如下。

```
os.remove(path)
```

其中，path 表示要删除的文件路径，其值可以为相对路径，也可以为绝对路径。

具体示例如下。

```
import os
# 移除文件
os.remove("aa.txt")
```

在进行文件删除时，如果指定的文件不存在，系统也会抛出“FileNotFoundError”异常。

9.2.7 路径遍历

在 Python 中，路径遍历是指对指定目录及其所有子目录和文件进行一次完整的扫描。在 Python 中，os 模块的 walk() 函数用于实现遍历目录的功能。walk()函数的基本语法格式如下。

```
os.walk(top[, topdown = True[, onerror = None[, followlinks = False]]])
```

参数说明如下。

top：用于指定要遍历内容的根目录。

topdown：可选参数，用于指定遍历的顺序，如果值为 True，则表示自上而下遍历（即先遍历根目录）；如果值为 False，则表示自下而上遍历（即先遍历最后一级子目录）。该参数的默认值为 True。

onerror：可选参数，用于指定错误处理方式，默认忽略。如果不想忽略该参数，则可以指定一个错误处理函数。通常情况下采用默认方式。

followlinks：可选参数，默认值为 False，会在遍历目录结构时忽略符号链接，不会跟随符号链接进入被链接的目录。当该参数值设置为 True 时，walk() 函数会跟随符号链接，进入被链接指向的目录。

walk() 函数返回一个包括 3 个元素（dirpath、dirnames、filenames）的元组生成器对象，其中，dirpath 表示当前遍历的路径，是一个字符串；dirnames 表示当前路径下包含的子目录，是一个列表；filenames 表示当前路径下包含的文件，也是一个列表。

具体示例如下。

```
import os
for root, dirs, files in os.walk("D:/code", topdown = False):
    for name in files:
        print(os.path.join(root, name))
    for name in dirs:
        print(os.path.join(root, name))
```

9.2.8 实训案例：用户账户管理

某些网站要求访问者在访问网站内容之前必须先登录，若用户没有该网站的账号，则需要先注册。用户注册完账号后，网站的服务器会保存账号信息，以便用户下次访问网站时，网站可根据保存的信息验证用户的身份。为保障账户安全，用户可时常修改密码。用户若后续不再使用网站，则可以选择注销账户。

本案例要求编写代码，实现包含注册、登录、修改密码和注销等功能的用户账户管理程序（要求程序使用文件存储用户的账号信息）。

9.2.9　实训案例：安全策略——文件备份

当下是信息时代，信息在当今社会占据的地位不言而喻，信息安全更是当前人们重视的问题之一。人们考虑从传输和存储两方面保障信息的安全，而备份是在存储工作中保障信息安全的有效方式。

本案例要求编写代码，实现一个可对文件与文件夹进行备份的备份工具。

9.3　结构化数据文件

对于简单的文件，唯一的结构层次是间隔的行。然而，我们有时需要更加结构化的文本，用于后续使用的程序保存数据或者向另一个程序传送数据。

结构化的文本有很多格式，区别这些格式的方法如下。

① 分隔符，包括 Tab 键（\t）、逗号（,）或者竖线（|），例如用逗号分隔的 CSV 文件。

② <和>标签，例如 XML 和 HTML。

③ 标点符号，例如 JSON。

④ 缩进，例如 YAML。

⑤ 混合格式，例如各种配置文件。

每种结构化文件格式都能够至少被一种 Python 模块读写。下面主要介绍使用 Python 操作 CSV 和 JSON 格式文件的方法。

9.3.1　csv 模块

CSV 是一种常用的文本格式，用来存储表格数据，这些数据中包括数字或者字符。很多程序在处理数据时会遇到 CSV 格式文件，由于 CSV 格式文件没有通用的标准，因此这些程序在处理 CSV 格式文件时常常会遇到麻烦。Python 内置了 csv 模块，下面简单介绍 csv 模块的使用方法。

1．读操作

csv 模块的 reader()函数用于实现读取 csv 格式文件的功能，该函数的基本语法格式如下。

```
reader(csvfile, dialect = 'excel', **fmtparams)
```

参数说明如下。

iterable：必须是支持迭代的对象，其值可以是文件对象或者列表对象。

dialect：编码风格，默认为 Excel 的风格，分隔符为逗号（,）。dialect 参数也支持自定义，通过调用 register_dialect()方法来注册。

fmtparam：格式化参数，用于覆盖之前 dialect 对象指定的编码风格。

具体示例如下。

```
import csv
with open('data.csv', encoding = 'utf-8') as f:
```

```
    reader = csv.reader(f)
    header = next(reader)
    print(header)
    for row in reader:
        print(row)
```

csv 模块的 DictReader 类用于创建一个以字典形式表示每一行数据的 CSV 文件读取器对象，读取的信息被映射到一个字典 dict 中。DictReader 类定义如下。

```
class csv.DictReader(file, fieldnames = None, restkey = None, restval = None,
                    dialect = 'excel', *args, **kwds)
```

参数说明如下。

file：必需参数，表示要读取的文件对象。

fieldnames：可选参数，用于定义字段名，是一个字符串序列，其元素与输入数据的字段相关联。这些元素成为结果字典的键。如果省略 fieldnames 参数，则文件第一行中的值将用作字段名。

restkey：可选参数，如果读取的行所包含的字段序列多于字段名序列，则将剩余数据添加为由 restkey 值键入的序列。

restval：可选参数，如果读取的行的字段序列少于字段名序列，则其余的键将采用可选的 restval 参数的值。

args 和 kwds：任何其他可选的参数或关键字参数都将传递给基础 reader 实例。

具体示例如下。

```
import csv
with open('data.csv', encoding = 'utf-8') as f:
    reader = csv.DictReader(f)
    for row in reader:
        print(row['name'], row['password'])
```

2. 写操作

csv 模块的 writer() 函数用于实现写入 CSV 格式文件的功能，该函数的基本语法格式如下。

```
writer(csvfile, dialect = 'excel', **fmtparams)
```

参数说明如下。

csvfile：必须是支持迭代的对象，可以是文件对象或者列表对象。

dialect：编码风格，默认为 Excel 的风格，用逗号分隔。dialect 参数也支持自定义，通过调用 register_dialect() 方法来注册。

fmtparams：格式化参数，用于覆盖之前 dialect 对象指定的编码风格。

具体示例如下。

```
import csv
header = ['name', 'password', 'status']
data = [
    ['abc', '123456', 'PASS'],
    ['张五', '123#456', 'PASS'],
    ['张#abc123', '123456', 'PASS'],
    ['666', '123456', 'PASS'],
```

```
    ['a b', '123456', 'PASS']]
with open('result.csv', 'w', encoding = 'utf - 8', newline = '') as f:
    writer = csv.writer(f)
    writer.writerow(header)
    writer.writerows(data)
```

csv 模块中的 DictWriter 类用于创建一个以字典形式表示的数据写入器对象，用于将数据以字典的形式写入 CSV 文件。DictWriter 类定义如下。

```
class csv.DictWriter(file, fieldnames, restval = '', extrasaction = 'raise',
                    dialect = 'excel', *args, **kwds)
```

参数说明如下。

file：必需参数，表示要读取的文件对象。

fieldnames：必需参数，字段名参数是一个字符串序列，用于把字典的值按照序列指定的顺序写入文件。

restval：可选参数，如果字典缺少字段名中的键，则 restval 参数指定要写入的值。

extrasaction：可选参数。如果传递给方法的字典包含字段名中找不到的键，则 extrasaction 参数指示要采取的操作。该参数的值如果设置为 raise 则会引发“ValueError”异常；如果设置为 ignore，则字典中的额外值将被忽略。

args 和 kwds：任何其他可选的或关键字参数都将传递给基础 writer 实例。

具体示例如下。

```
import csv
header = ['name', 'password', 'status']
data = [
    {'name':'abc', 'password':'123456', 'status':'PASS'},
    {'name':'张五', 'password':'123#456', 'status':'PASS'},
    {'name':'张#abc123', 'password':'123456', 'status':'PASS'},
    {'name':'666', 'password':'123456', 'status':'PASS'},
    {'name':'a b', 'password':'123456', 'status':'PASS'}
]
with open('result2.csv', 'w', encoding = 'utf-8', newline = '') as f:
    writer = csv.DictWriter(f, header)
    writer.writeheader()
    writer.writerows(data)
```

9.3.2　json 模块

JSON 是一种轻量级的数据交换格式。JSON 的数据格式是 Python 的字典格式，其中可以包含方括号括起来的数组，也就是 Python 中的列表。Python 中有专门处理 JSON 格式的模块，即 json 模块。json 模块主要提供 4 个函数——dumps()、dump()、loads()、load()，下面分别介绍这 4 个函数的使用方法。

1．编码操作

json 模块的 dumps() 函数用于将 Python 对象编码成 JSON 字符串，其基本语法格式如下。

```
dumps(obj, skipkeys = False, ensure_ascii = True, check_circular = True,
     allow_nan = True, cls = None, indent = None, separators = None,
```

```
    default = None, sort_keys = False, **kw)
```

主要参数说明如下。

object：必需参数，表示要编码的 Python 对象。

skipkeys：可选参数，表示是否忽略非基本类型的键，默认值为 False，这时如果字典的键不是基本类型（如字符串型、整型、浮点型、布尔型等），则编码时抛出“TypeError”异常；如果值为 True，则编码时忽略而不是抛出“TypeError”异常。

ensure_ascii：可选参数，表示 ASCII 是否转义，默认值为 True，保证所有传入的非 ASCII 字符都进行转义；如果值为 False，则按字符原样输出。

check_circular：可选参数，默认值为 True，如果值为 False，则将跳过容器类型的循环引用检查。循环引用将导致“Overf lowError”错误。

allow_nan：可选参数，默认值为 True，使用与它等效的 JS 代码；如果值为 False，则“ValueError”异常将序列化超出范围的浮点值，并严格遵守 JSON 规范。

indent：可选参数，如果提供一个非负整数，则表示缩进级别，用于格式化输出。默认值为 None。

sort_keys：可选参数，默认值为 False，如果值为 True，则字典的输出将按键进行排序。

具体示例如下。

```
import json
data = [ { 'a' : 1, 'b' : 2, 'c' : 3, 'd' : 4, 'e' : 5 } ]
data2 = json.dumps(data)
print(data2)
```

json 模块的 dump() 函数用于将 Python 对象编码成 JSON 字符串并保存到文件中，必须传文件描述符。该函数的基本语法格式如下。

```
dump(obj, fp, skipkeys = False, ensure_ascii = True, check_circular = True,
    allow_nan = True, cls = None, indent = None, separators = None,
    default = None, sort_keys = False, **kw)
```

dump() 函数的主要参数说明参照 dumps 函数的参数说明。和 dumps() 函数不同的是，dump() 函数中的 fp 参数是必需参数并传文件描述符，用于指定保存编码后的 JSON 字符串的文件。

具体示例如下。

```
import json
a = {"name":"Tom", "age":23}
with open("test.json", "w", encoding = 'utf - 8') as f:
    # indent 超级好用，格式化保存字典，默认值为 None，小于 0 表示 0 个空格
    json.dump(a, f, indent = 4)
```

2．解码操作

json 模块的 loads()函数用于解码 JSON 格式的数据，返回 Python 字典的数据类型。该函数的基本语法格式如下。

```
loads(s, encoding = None, cls = None, object_hook = None, parse_float = None,
parse_int = None, parse_constant = None, object_pairs_hook = None, **kw)
```

主要参数说明如下。

s：必需参数，表示要解码的 JSON 字符串。

object_hook：可选函数，解码时调用该函数进行解码，该特征可以用于实现定制解码器。

parse_float：可选函数，解码时如果 JSON 数据的类型是 float 类型，则调用该函数进行解码。

parse_int：可选函数，解码时如果 JSON 数据是整型，则调用该函数进行解码。

parse_constant：可选函数，解码时如果 JSON 数据是“-Infinity”“Infinity”“NaN”字符串，则调用该函数进行解码，当遇到无效的 JSON 数字时用于抛出异常。

object_pairs_hook：可选函数，可以用于有序键值对列表的自定义解码器。如果还定义了 object_hook，则 object_pairs_hook 会优先解码。

具体示例如下。

```
import json
jsonData = '{"a":1,"b":2,"c":3,"d":4,"e":5}';
text = json.loads(jsonData)
print(text)
```

json 模块的 load() 函数用于读取 JSON 文件并解码数据，函数返回 Python 字典的数据类型，基本语法格式如下。

```
load(fp, cls = None, object_hook = None, parse_float = None,
     parse_int = None, parse_constant = None, object_pairs_hook = None, **kw)
```

load() 函数的主要参数说明参照 loads 函数的参数说明。和 loads() 函数不同的是，load() 函数的 fp 参数是必需参数并传文件描述符，用于指定要解码的 JSON 文件。

具体示例如下。

```
import json
with open("test.json", "r", encoding = 'utf - 8') as f:
    bb = json.load(f)
    print(bb)
```

9.3.3 pickle 模块

pickle 模块实现了用于序列化和反序列化 Python 对象结构的二进制协议。“pickling”是将 Python 对象层次结构转换为字节流的过程，“unpickling”是反向操作，从而将字节流（来自二进制文件或类似字节的对象）转换回对象层次结构。pickle 模块在处理错误或恶意构造的数据时存在安全性问题，因此读者在从不受信任的源加载数据时应谨慎使用该模块。

在二进制与文本方面：

- pickle 模块使用二进制协议，将 Python 对象序列化为字节流，可以包含 Python 特有的对象类型和结构；
- JSON 是一种文本格式，用于表示数据结构。它只能表示有限的数据类型，例如基本数据类型、列表、字典、字符串等。

在 Python 特定性方面：

- pickle 模块是 Python 特有的，它可以序列化和反序列化 Python 对象，例如自定义类的实例等；
- JSON 是一种通用的数据交换格式，不依赖于任何特定的编程语言，因此在多种编程语言之间具有良好的互操作性。

在安全性方面：

- 由于 pickle 模块具有对 Python 特定对象的支持，因此对于不受信任的数据源，使用 pickle 模块可能存在安全风险。

pickle 模块主要提供了 dumps()、dump()、loads()、load()这 4 个函数，下面主要介绍这 4 个函数的使用方法。

1．序列化操作

pickle 模块的 dumps() 函数用于将 Python 对象序列化后作为 bytes 类型直接返回，其基本语法格式如下。

```
dumps(obj, protocol = None, *, fix_imports = True)
```

主要参数说明如下。

obj：表示要序列化的 Python 对象。

protocol：可选参数，用于指定序列化协议的版本，其值可以为 0、1、2、3、4 中的一个。该参数值默认为 None，表示使用最新的协议版本。最新的协议版本通常提供更好的性能和支持更多数据类型。

fix_imports：可选参数，如果其值设置为 True，则表示尝试修复在 Python 2 中对象引入的模块导入问题。在 Python 3 中，该参数值通常默认为 True。

在 dumps() 函数中，protocol 参数可以通过位置参数来传递，而 fix_imports 参数使用了星号（*）语法，表示后面的参数必须使用关键字来传递，不能通过位置参数来传递。

具体示例如下。

```
import pickle
l1 = [1, 2, 3, 4, 5]
t1 = (1, 2, 3, 4, 5)
dic1 = {"k1":"v1", "k2":"v2", "k3":"v3"}
res_l1 = pickle.dumps(l1)
res_t1 = pickle.dumps(t1)
res_dic = pickle.dumps(dic1)
print(res_l1)
print(res_t1)
print(res_dic)
```

pickle 模块的 dump() 函数用于将 Python 对象序列化后并保存到文件中，必须传文件描述符。该函数的基本语法格式如下。

```
dump(obj, file, protocol = None, *, fix_imports = True)
```

dump() 函数的主要参数说明参照 dumps() 函数的参数说明。dumps() 函数不同的是，dump()函数中的 file 参数是必需参数并传文件描述符，用于指定保存序列化后数据流的文件。

具体示例如下。

```
import pickle
l1 = [1, 2, 3, 4, 5]
t1 = (1, 2, 3, 4, 5)
dict1 = {"k1":"v1", "k2":"v2", "k3":"v3"}
# 把列表 l1、元组 t1 和字典 dict1 序列化到文件 f1 中
with open("f1", "wb") as f:
    pickle.dump(l1,f)
```

```
    pickle.dump(t1,f)
    pickle.dump(dict1,f)
```

2．反序列化操作

pickle 模块的 loads() 函数用于反序列化 bytes 类型的 Python 对象，并返回其反序列化后的对象。loads() 函数的基本语法格式如下。

```
loads(bytes_object, *, fix_imports = True, encoding = "ASCII", errors = "strict")
```

主要参数说明如下。

bytes_object：必需参数，表示要反序列化的 bytes 类型的 Python 对象。

fix_imports：可选参数，默认值为 True。如果值为 True，则 pickle 模块会尝试将旧的 Python 2 名称映射到 Python 3 中对应的新名称。

encoding 和 errors：可选参数，这两个参数告诉 pickle 模块如何解码 Python 2 中存储的 8 bit 字符串实例，这两个参数默认分别为“ASCII”和“strict”。encoding 参数可设置为“bytes”，将这 8 bit 字符串实例读取为字节对象。当读取 NumPy array 和 Python 2 存储的 datetime、date 和 time 实例时，请使用 encoding = 'latin1'。

具体示例如下。

```
import pickle
l1 = [1,2,3,4,5]
t1 = (1,2,3,4,5)
dic1 = {"k1":"v1","k2":"v2","k3":"v3"}
res_l1 = pickle.dumps(l1)
res_t1 = pickle.dumps(t1)
res_dic = pickle.dumps(dic1)
print(pickle.loads(res_l1),type(pickle.loads(res_l1)))
print(pickle.loads(res_t1),type(pickle.loads(res_t1)))
print(pickle.loads(res_dic),type(pickle.loads(res_dic)))
```

pickle 模块的 load() 函数用于将文件中的数据反序列化为一个 Python 对象，其基本语法格式如下。

```
load(file, *, fix_imports = True, encoding = "ASCII", errors = "strict")
```

load() 函数的主要参数说明参照 loads() 函数的参数说明。和 loads() 函数不同的是，load() 函数的 file 参数是必需参数并传文件描述符，用于指定要反序列化的数据文件。

具体示例如下。

```
import pickle
l2 = [1,2,3,4,5,6]
with open("f2","wb") as f:
    pickle.dump(l1,f)
with open("f2","rb") as f:
    res = pickle.load(f)
    print(res,type(res))
```

9.4 实战：学生信息管理系统

创建一个学生信息管理系统，该系统可以添加、查找和删除学生信息，并将学生信息保存到 CSV 文件中。实现步骤如下。

步骤 1：创建一个用于保存学生信息的 CSV 文件，文件名为 students.csv，包含学号、姓名、年龄、性别等列。代码如下。

```
import csv
import os
# CSV 文件路径
csv_file = 'students.csv'
# 创建 CSV 文件（如果文件不存在）
if not os.path.isfile(csv_file):
    with open(csv_file, 'w', newline = '') as file:
        writer = csv.writer(file)
        writer.writerow(['学号', '姓名', '年龄', '性别'])
```

with open() 是 Python 中一种常见的文件操作语法，用于打开文件并进行操作。它与 open() 方法打开文件的区别是，使用 open() 方法打开文件必须使用 close() 方法来关闭文件，而使用 with open() 打开文件可以不用 close() 方法关闭文件，确保无论在文件使用中遇到什么问题，都能安全退出程序。

步骤 2：编写函数 add_student，用于向 CSV 文件中添加学生信息。该函数接收学生信息（学号、姓名、年龄、性别）作为参数，并将学生信息添加到 CSV 文件中。代码如下。

```
def add_student(student):
    with open(csv_file, 'a', newline = '') as file:
        writer = csv.writer(file)
        writer.writerow(student)
```

步骤 3：编写函数 search_student，用于查找学生信息。该函数接收学号作为参数，根据学号在 CSV 文件中查找对应的学生信息，并返回学生信息。代码如下。

```
def search_student(student_id):
    with open(csv_file, 'r') as file:
        reader = csv.reader(file)
        for row in reader:
            if row[0] == student_id:
                return row
        return None
```

步骤 4：编写函数 delete_student，用于删除学生信息。该函数接收学号作为参数，根据学号在 CSV 文件中删除对应的学生信息。代码如下。

```
def delete_student(student_id):
    rows = []
    with open(csv_file, 'r') as file:
        reader = csv.reader(file)
        for row in reader:
            if row[0] != student_id:
                rows.append(row)
    with open(csv_file, 'w', newline = '') as file:
        writer = csv.writer(file)
        writer.writerows(rows)
```

步骤 5：在主程序中，使用循环提示用户选择操作——添加学生信息、查找学生信息、删除学生信息、退出程序，根据用户的选择调用相应的函数进行操作。

下面是实现以上步骤的代码。

```
while True:
    print('学生信息管理系统')
    print('1. 添加学生信息')
    print('2. 查找学生信息')
    print('3. 删除学生信息')
    print('4. 退出程序')
    choice = input('请选择操作：')
    if choice == '1':
        student_id = input('请输入学号：')
        name = input('请输入姓名：')
        age = input('请输入年龄：')
        gender = input('请输入性别：')
        student = [student_id, name, age, gender]
        add_student(student)
        print('学生信息添加成功！')

    elif choice == '2':
        student_id = input('请输入要查找的学号：')
        student = search_student(student_id)
        if student:
            print('学号：', student[0])
            print('姓名：', student[1])
            print('年龄：', student[2])
            print('性别：', student[3])
        else:
            print('未找到该学号对应的学生信息！')

    elif choice == '3':
        student_id = input('请输入要删除的学号：')
        delete_student(student_id)
        print('学生信息删除成功！')
    elif choice == '4':
        break
    else:
        print('无效的选择，请重新输入！')
```

本实战学生信息管理系统实现了简单的添加、查找和删除学生信息功能，并可以将学生信息保存到 CSV 格式文件中。本实战的细节或者功能可能有不完善之处，读者可根据自己的想法进行完善。

第 10 章 Python 与数据库

在项目开发中，数据库必不可少。数据库是按照数据结构来组织、存储和管理数据的仓库。数据库的发展经历了网状数据库、层次数据库，到现在广泛使用的 20 世纪 70 年代诞生的关系数据库，虽然数据库的种类有很多，但是它们的功能基本上是一样的。目前，广泛使用的关系数据库有 MySQL、PostgreSQL、SQLite 等。为了对数据库进行统一的操作，大多数语言提供了简单的、标准化的数据库接口。Python Database API 2.0 规范中定义了 Python 数据库 API 的各个部分，例如模块接口、连接对象、游标对象、类型对象和构造器、DB API 的可选扩展及可选的错误处理机制等。下面重点介绍 MySQL 在 Python 中的运用。

本章要学习的函数的相关内容包括以下 5 个方面。

① MySQL 简介。

② PyMySQL 模块功能介绍及安装。

③ 数据库连接对象。

④ 数据游标对象。

⑤ 数据库基本操作。

10.1 MySQL 数据库简介

MySQL 是一种开源的关系数据库管理系统，使用结构化查询语言（SQL）来进行数据库管理。作为一款强大的数据库引擎，MySQL 广泛应用于各种应用场景，无论是小型网站还是大型企业级应用，都可为用户提供高效、可扩展、易维护的数据库服务。

MySQL 以其丰富的功能集而著称，其中包括以下功能。

关系数据存储：MySQL 使用表格的结构，通过 SQL 进行数据管理，提供强大的关系数据库功能。

高性能：能够有效处理大规模数据和高并发请求。

事务支持：提供事务支持，确保数据的一致性和完整性。

复制和分布式数据库：MySQL 支持数据库的复制，同时提供分布式数据库的解决方案，可满足不同规模的应用需求。

多平台支持：兼容多种操作系统，其中包括 Windows、Linux 和 macOS，为用户提供更大的灵活性。

MySQL 有以下优势。

开源性：作为开源软件，MySQL 具有免费、可定制、可修改的特性，得到了广大开发者社区的积极贡献和支持。

高性能：适用于对数据库性能要求较高的应用场景。

强大的社区支持：具有规模庞大的开源社区，该社区提供丰富的文档、教程和技术支持。

然而，MySQL 也有一些局限性，具体如下。

存储引擎限制：不同的存储引擎具有不同的优点和限制，用户在选择时需要根据具体场景进行权衡。

不适用于大数据：随着数据规模的不断增长，MySQL 在处理大数据时可能面临性能瓶颈。

MySQL 广泛应用于以下场景。

Web 开发：MySQL 可作为 Web 应用程序的后端数据库，存储和管理用户数据、网页内容等信息。

企业应用：在企业级应用中，MySQL 可用于存储、检索和管理各种业务数据。

小型到中型项目：由于其易用性和可扩展性，MySQL 常用于小型到中型项目的数据管理。

总体而言，MySQL 以其稳定性、高性能和广泛的应用领域，成为程序开发人员和企业构建可靠数据库系统的首选。

10.1.1 MySQL 的安装

（1）下载 MySQL 安装包

读者可以在 MySQL 8.0 的下载页面上，选择下载离线安装包。MySQL 8.0 的下载页面如图 10-1 所示。本书配套资源也为读者提供了安装包，安装包名为 mysql-8.0.25-winx64.zip，便于读者学习。

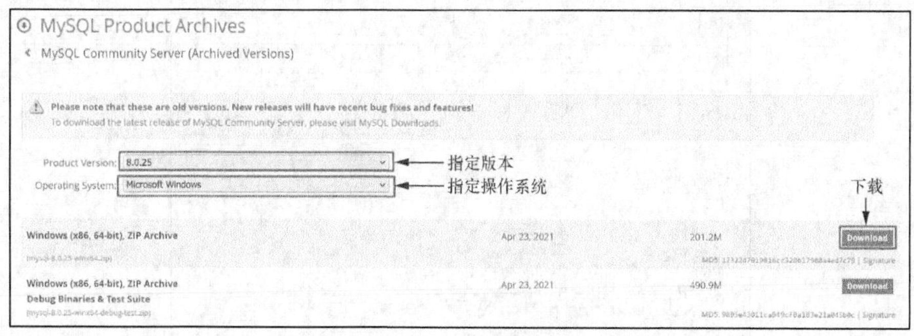

图 10-1 MySQL 8.0 的下载页面

（2）解压软件包

将 MySQL 软件包解压在名称不包含中文和空格的目录下。MySQL 软件包解压如图 10-2 所示。

图 10-2　MySQL 软件包解压

（3）设置配置文件

在解压目录下创建 my.ini 文件并添加相关内容，如图 10-3 所示。

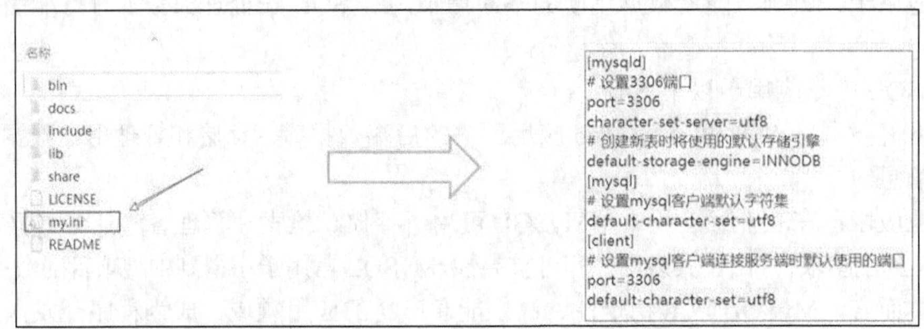

图 10-3　创建 my.ini 文件并添加相关内容

（4）配置系统环境

用鼠标右键单击【我的电脑】，选择【高级系统设置】，选择【高级】→【环境变量】，在弹出的窗口中新建变量，如图 10-4 所示。

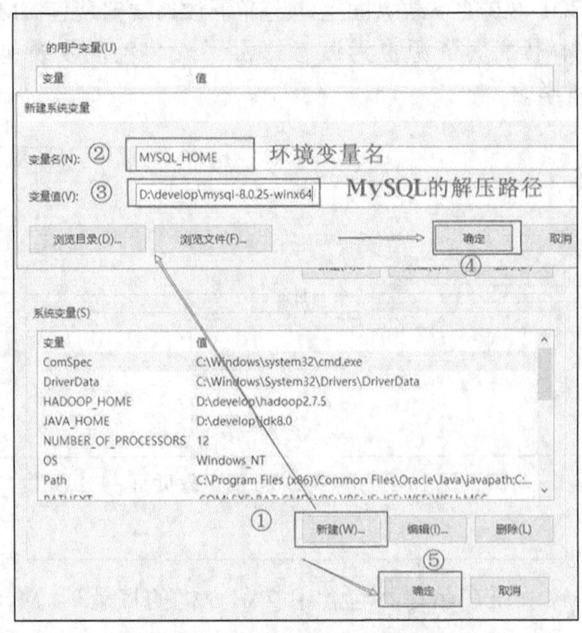

图 10-4　设置环境变量之新建变量

将 MYSQL_HOME 变量添加到 PATH 环境变量，如图 10-5 所示。

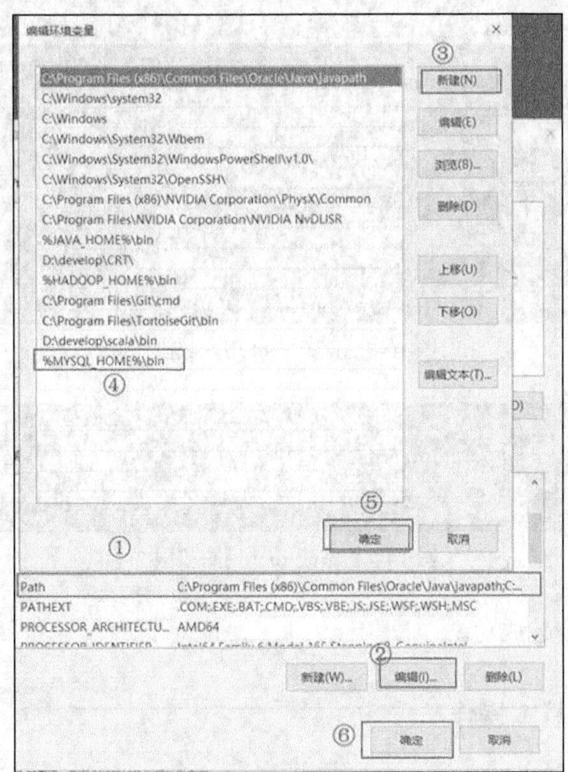

图 10-5　设置环境变量之添加变量

（5）服务操作

使用管理员权限进入 DOS，在 CMD 中进入解压目录下的 bin 目录，并依次执行以下命令。

对 MySQL 进行初始化，代码如下。请注意：这里会产生一个临时密码，后边要使用这个临时密码。

```
mysqld -- initialize - user = mysql - console
```

安装 MySQL 服务，代码如下。

```
mysqld -- install
```

启动 MySQL 服务，代码如下。

```
net start mysql
```

登录 MySQL，代码如下。这里需要使用初始化 MySQL 时产生的临时密码。

```
mysql - uroot - p
```

修改 root 用户密码，代码如下。

```
ALTER USER 'root'@'localhost' IDENTIFIED WITH mysql_native_password BY
'123456';
```

修改 root 用户权限，代码如下。修改 root 用户权限如图 10-6 和图 10-7 所示。

```
create user 'root'@'%' IDENTIFIED WITH mysql_native_password BY '123456';
```

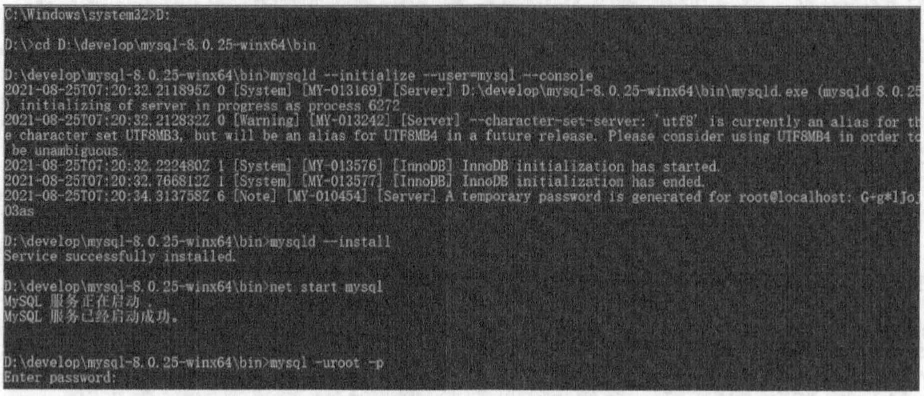

```
C:\Windows\system32>D:

D:\>cd D:\develop\mysql-8.0.25-winx64\bin

D:\develop\mysql-8.0.25-winx64\bin>mysqld --initialize --user=mysql --console
2021-08-25T07:20:32.211895Z 0 [System] [MY-013169] [Server] D:\develop\mysql-8.0.25-winx64\bin\mysqld.exe (mysqld 8.0.25
) initializing of server in progress as process 6272
2021-08-25T07:20:32.212832Z 0 [Warning] [MY-013242] [Server] --character-set-server: 'utf8' is currently an alias for th
e character set UTF8MB3, but will be an alias for UTF8MB4 in a future release. Please consider using UTF8MB4 in order to
 be unambiguous.
2021-08-25T07:20:32.222480Z 1 [System] [MY-013576] [InnoDB] InnoDB initialization has started.
2021-08-25T07:20:32.766812Z 1 [System] [MY-013577] [InnoDB] InnoDB initialization has ended.
2021-08-25T07:20:34.313758Z 6 [Note] [MY-010454] [Server] A temporary password is generated for root@localhost: G+g*lJo;
03as

D:\develop\mysql-8.0.25-winx64\bin>mysqld --install
Service successfully installed.

D:\develop\mysql-8.0.25-winx64\bin>net start mysql
MySQL 服务正在启动 .
MySQL 服务已经启动成功。


D:\develop\mysql-8.0.25-winx64\bin>mysql -uroot -p
Enter password:
```

图 10-6　修改 root 用户权限 1

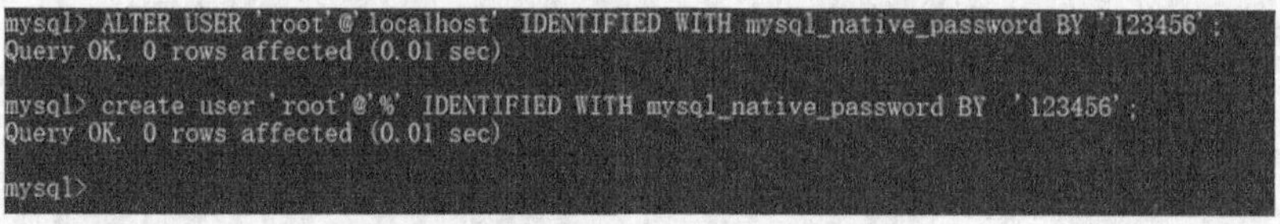

```
mysql> ALTER USER 'root'@'localhost' IDENTIFIED WITH mysql_native_password BY '123456';
Query OK, 0 rows affected (0.01 sec)

mysql> create user 'root'@'%' IDENTIFIED WITH mysql_native_password BY  '123456';
Query OK, 0 rows affected (0.01 sec)

mysql>
```

图 10-7　修改 root 用户权限 2

到此，MySQL 安装成功。

10.1.2　数据库的基本操作

创建数据库有以下两种方式。

```
create database 数据库名;  # 方式 1：直接创建数据库，如果数据库已存在则报错
create database if not exists bigdata_db;  # 方式 2：如果数据库不存在则创建
```

查看 MySQL 服务器中的所有数据库的方式如下。

```
show databases;
```

删除数据库的方式如下。

```
drop database 数据库名称;
```

使用数据库的方式有以下两种。

```
use 数据库名字;       # 方式 1：选择数据库
select database();# 方式 2：查看正在使用的数据库;
```

10.1.3　数据的操作

创建表的方式如下。

```
create table if not exists 表名(
字段名 类型（长度）[约束],
字段名 类型（长度）[约束],
...
);
```

修改表结构格式有以下 4 种方式。

```
alter table 表名 add 列名 类型（长度） [约束];               # 方式 1：修改表添加列。
alter table 表名 change 旧列名 新列名 类型（长度）约束];     # 方式 2：修改表修改列名。
alter table 表名 drop 列名];                                # 方式 3：修改表删除列。
rename table 表名 to 新表名];                               # 方式 4：修改表名
```

查看表的方式有以下两种。

```
show tables]; # 方式 1：查看数据库中所有表
desc 表名];    # 方式 2：查看表的结构
```

删除表的方式如下。

```
drop table 表名;
```

插入表记录有以下两种方式。

```
insert into 表(字段 1, 字段 2, 字段 3, ...) values(值 1, 值 2, 值 3, ...)];
# 方式 1：向表中插入数据
insert into 表 values(值 1, 值 2, 值 3, ...)];
# 方式 2：表中插入所有字段，字段的顺序为创建表时的顺序
```

需要注意的是：在插入数据时，值与字段必须对应，个数相同，类型相同，值的大小必须在字段的长度范围内。除了数值类型，其他类型的字段值必须使用引号（建议单引号）引起来。如果要插入空值，那么可以不写字段，或者插入 Null。

更新表记录有以下两种方式。

```
update 表名 set 字段名 = 值, 字段名 = 值,...;                 # 方式 1
update 表明 set 字段名 = 值, 字段名 = 值,... where 条件; # 方式 2
```

删除记录有以下两种方式。

```
delet from 表名 [where 条件];  # 方式 1
truncate table 表名;           # 方式 2：清空表
```

10.1.4 表单查询

1. 基本的 sql 查询

```
select 字段名 1, 字段名 2, ..., from 表名;    # 查询表里面指定字段的内容
select * from 表名;                           # 查询表里面的所有字段的内容
select 字段名 as 别名 from 表名;              # 给表里面指定的字段起别名
select 字段名 from 表名 as 别名;              # 给表取别名
select distinct 字段名 from 表名;
# 根据字段名进行去重操作，distinct 放在所有字段的前面
```

2. 条件查询语句

条件查询语法格式如下。

```
select 查询列表  from  表名 where 筛选条件;
```

筛选条件可大致分为以下 3 类。

（1）按条件表达式筛选

条件运算符包括>、<、=、!=、<>、>=、<=。示例如下。

```
select * from product where price >= 2000;
```

（2）按逻辑表达式筛选

逻辑运算符包括 and、or、not。示例如下。

```
select * from product where price > 200 and category_id = "c002";
```

（3）模糊查询

模糊查询可以使用 like、between and、in、not in、is null、is not null 等运算符。示例如下。

```
select * from product where pname like '_想%';
```

在 like 模糊查询中，“_”表示一个长度任意字符，“%”表示任意长度任意字符。

3．排序

order by 可以按照某个字段进行排序，默认为升序 asc，可以指定为降序 desc。示例如下。

```
select * from product order by price desc;  # 指定为降序排列
```

如果需要对多个字段进行排序。先根据第一个字段的值进行排序，再根据第二个字段的值进行排序。示例如下。

```
select * from product order by price asc ,category_id desc;
```

4．聚合函数

聚合函数通常用于处理数值，但并不限于数值，同样适用于其他数据类型。聚合函数在进行指标计算时，只针对非空值进行计算。聚合函数有以下几种。

count(1)：统计有多少条数据。

count(字段)：统计指定字段的非空值有多少个。

count(null)：0。

max(字段)：求指定列的最大值。

min(字段)：求指定字段的最小值。

avg(字段)：求指定字段的平均值。

sum(字段)：求指定字段的和。

示例如下。

```
select max(price), min(price), sum(price), avg(price), count(1) from product;
```

5．分组

group by 按照某一个或几个字段的要求进行分组。示例如下。

```
select price, count(1) as cn from product group by price;
```

需要注意的是，除了聚合函数外，select 中的列应该是 group by 子句中列出的列或这些列的组合。

6．having 过滤

having 是对 group by 分组统计结果的二次过滤。where 是第一次过滤数据，不能写聚合函数，而 having 可以写聚合函数。示例如下。

```
elect category_id, count(1) cn from product where price > 200 group by
category_id having  count(1) > 2 ;
```

7．分页查询

limit 可查看有限条数据。示例如下。

```
select * from product limit 2;  # 查看两条数据
```

分页操作的语法为 limit M, N，表示从第 M + 1 条数据开始，查看 N 条数据。示例如下。

```
select * from product limit 5, 5;  # 从第 6 条数据看 5 条
```

8. 多表查询

多表查询即从多张表中查询数据，一般分为两种：连接查询、子查询，其中的连接查询又分为内连接和外连接。

示例：现有两张表 A、B。

① 内连接（同时查询两张表的列，相当于查询 A、B 交集数据）。内连接又分为隐式内连接和显示内连接。

隐式内连接语法格式：select 字段列表 from 表 1，表 2 where 条件。示例如下。

```
select * from emp, dept where emp.dep_id = dept.id;
```

显式内连接语法格式：select 字段列表 from 表 1 inner join 表 2 on 条件。示例如下。

```
select * from emp ienner join dept on emp.dep_id = dept.id;
```

该连接方法中的innner 可省略不写。

② 外连接。外连接分为左外连接和右外连接，相当于查询 A 表所有数据和交集部分数据。

左外连接语法格式：select 字段列表 from 表 1 left join 表 2 on 条件。该写法相当于查询表 1 所有数据和交集部分数据。示例如下。

```
# 查询 emp 表所有数据和对应的部门信息
Select * from emp left join dept on emp.dep_id = dept.id;
```

右外连接语法格式：select 字段列表 from 表 1 right join 表 2 on 条件。该写法相当于查询表 2 所有数据和交集部分数据。示例如下。

```
# 查询 dept 表所有数据和对应员工信息
select * from emp right join dept on emp.dep_id = dept.id;
# 或:
select * from  dept left join emp on emp.dep_id = dept.id;
# 工作中常用 left join
```

③ 子查询。子查询即查询中嵌套查询。子查询分为单行单列、多行单列、多行多列。

单行单列：select 字段列表 from 表 where 字段名 = 子查询。

多行单列：select 字段列表 from 表 where 字段名 in 子查询。

多行多列：select 字段列表 from (子查询) where 条件。

示例如下。

```
# 查询班级表 stus 中成绩高于小明的学生的信息:
select * from stus where score>(select score from stus where name = "小明");
```

10.1.5 MySQL 内置函数

MySQL 常用的内置函数包括字符串函数、数值函数、日期函数、聚合函数等。

1. 字符串函数

（1）CONCAT 函数

CONCAT 函数用于将两个及以上的字符串连接起来。示例如下。

```
SELECT CONCAT('Hello', 'World');
```

运行结果如下。

```
HelloWorld
```

（2）LENGTH 函数

LENGTH 函数返回字符串的长度。示例如下。

```
SELECT LENGTH('HelloWorld');
```

运行结果如下。

```
10
```

（3）SUBSTRING 函数

SUBSTRING 函数用于返回字符串的一部分。示例如下。

```
SELECT SUBSTRING('HelloWorld', 1, 5);
```

运行结果如下。

```
Hello
```

2．数值函数

（1）ABS 函数

ABS 函数返回一个数的绝对值。示例如下。

```
SELECT ABS(-10);
```

运行结果如下。

```
10
```

（2）ROUND 函数

ROUND 函数用于将一个数四舍五入为指定精度的小数。示例如下。

```
SELECT ROUND(3.1415926, 2);
```

运行结果如下。

```
3.14
```

3．日期函数

（1）NOW 函数

NOW 函数返回当前日期和时间。示例如下。

```
SELECT NOW();
```

运行结果如下。

```
2023-08-06 11:09:22
```

（2）DATE_FORMAT 函数

DATE_FORMAT 函数用于将日期格式化为指定的格式。示例如下。

```
select date_format('2007-8-6 22:23:00', '%y:%m:%d %h:%i:%s');
```

运行结果如下。

```
2007:08:06 22:23:00
```

4．聚合函数

（1）COUNT 函数

COUNT 函数用于计算符合条件的行数。示例如下。

```
SELECT COUNT(*) FROM 表;
```

（2）SUM 函数

SUM 函数用于计算指定列的总和。示例如下。

```
SELECT SUM(*) FROM 表;
```

10.1.6　实训案例：基于 MySQL 实现学生信息管理系统

实现一个基于 MySQL 的学生信息管理系统可以涉及多个方面，包括学生信息的录入、查询、更新和删除等操作。以下是一个简单的示例，使用 Python 与 MySQL 进行交互实现学生信息的增、删、改、查等功能。

10.2　PyMySQL 模块

MySQL 服务器以独立的进程运行，并通过网络对外提供服务。用户在连接 MySQL 时，其客户端需要支持 Python 的 MySQL 驱动来连接到 MySQL 服务器。Python 中支持 MySQL 的数据库模块有很多，本节详细介绍 PyMySQL 模块的使用。

PyMySQL 模块是 Python 与 MySQL 进行交互的一个模块，PyMySQL 包含一个 Python 访问 MySQL 的客户端库，通过调用 PyMySQL 模块中的相关函数对 MySQL 中的数据进行对应的操作，达到 Python 程序访问 MySQL 的目的。

10.2.1　PyMySQL 安装

PyMySQL 的安装比较简单，在 cmd 中运行以下命令。

```
pip install PyMySQL
```

PyMySQL 模块安装如图 10-8 所示。

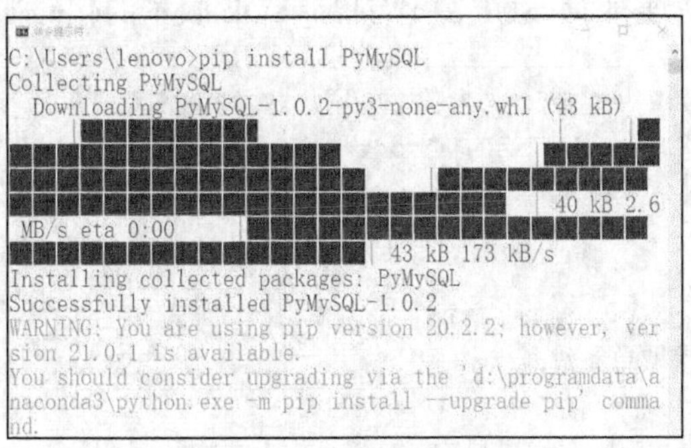

图 10-8　PyMySQL 模块安装

10.2.2　数据库连接对象

想要使用数据库系统，必须先连接它。不同的数据库需要下载不同的数据库 API 模块，例如，访问 Oracle 数据库需要下载 Oracle 数据库 API 模块，访问 MySQL 则需要下载对应的 MySQL 数据库 API 模块。

DB-API 是一种 Python 中用于与关系数据库进行交互的规范。它定义了一系列必需的对象和数据库存/取方式，以便为各种底层数据库系统和数据库接口程序提供一致的访问接口。Python 的 DB-API 为大多数的数据库实现了访问接口，使用它连接各个数据库后，用户就可以用相同的方式操作各个数据库。

使用 connect() 方法可创建连接对象。connect()方法有很多参数，具体使用哪个参数取决于数据库，其常用参数如下。

dsn：数据源名称，是一个表示数据库连接信息的字符串，通常包括连接数据库所需的各种参数。

user：用户名。

password：用户密码。

host：主机名。

database：数据库名。

连接对象包含很多方法，常用的方法如下。

close()：关闭连接之后，连接对象和它的游标均不可用。

commit()：如果支持则提交挂起的事务，否则不做任何事。

rollback()：回滚挂起的事务（可能不可用）。

cursor()：返回连接的游标对象。

使用 Python DB-API 对数据库进行操作的主要步骤如下。

步骤 1：引入数据库 API 模块。

步骤 2：获取与数据库的连接。

步骤 3：执行 SQL 语句和存储过程。

步骤 4：关闭数据库连接。

使用 connect() 方法连接 MySQL 并查询 MySQL 版本的代码如下。

```
import pymysql
# 打开数据库连接,参数 1 为主机名或 IP，参数 2 为用户名，参数 3 为密码，参数 4 为数据库名称
db = pymysql.connect("localhost", "root", "root", "test")
# 使用 cursor()方法创建一个游标对象 cursor
cursor = db.cursor()
# 使用 execute()方法执行 SQL 查询
cursor.execute("SELECT VERSION()")
# 使用 fetchone()方法获取单条数据
data = cursor.fetchone()
print("Database version : %s " % data)
# 关闭游标
cursor.close()
# 关闭数据库连接
db.close()
```

上述代码首先使用 connect() 方法连接数据库并使用 cursor() 方法创建游标；其次使用 excute() 方法执行 SQL 语句查看 MySQL 版本；再次使用 fetchone() 方法获取数据；最后使用 close() 方法关闭数据库连接。运行结果如下。

```
Database version: 8.0.25
```

10.2.3 数据库游标对象

对数据的操作需要通过游标 cursor() 方法来实现，通过数据库连接对象的 cursor() 方法获取连接的游标对象，游标对象主要用于执行查询和获取结果，该对象支持的方法很多，常用的方法如下。

close()：关闭游标。

execute(op[, args])：执行 sql 操作。

fetchone()：获取结果集中下一行。

fetchmany(size)：获取结果集中多行，size 指定。

fetchall()：获取结果集中的所有行。

游标对象常用属性如下。

arraysize：fetchmany()方法返回的行数。

description：结果列描述的序列。

rowcount：结果中的行数。

10.2.4 数据库基本操作

当数据库连接成功后，我们可以通过返回的连接对象对数据库进行相关操作。

1．创建数据表

以下为数据库创建一张图书表 BOOKS，表中包含 5 个字段，分别为 id（主键）、name（图书名称）、category（图书分类）、price（图书价格）和 publish_time（出版时间）。创建 BOOKS 表的 SQL 语句如下。

```
CREATE TABLE BOOKS(
id int(8) NOT NULL AUTO_INCREMENT,
name varchar(50) NOT NULL,
category varchar(50) NOT NULL,
price decimal(10,2) DEFAULT NULL,
publish_time date DEFAULT NULL,
PRIMARY KEY (id)
);
```

在执行建表操作之前，通常需要先判断数据库中是否存在同名表。如果已存在但仍需重新创建表，则需先删除已存在的表，命令如下。

```
DROP TABLE IF EXISTS BOOKS;
```

在 MySQL 中创建 BOOKS 表的完整代码如下。

```
import pymysql
# 打开数据库连接,参数 1 为主机名或 IP，参数 2 为用户名，参数 3 为密码，参数 4 为数据库名称
db = pymysql.connect("localhost", "root", "root", "test")
# 使用 cursor()方法创建一个游标对象 cursor
cursor = db.cursor()
# 如果已存在 BOOKS 表则删除该表
```

```
cursor.execute("DROP TABLE IF EXISTS BOOKS;")
# 表创建语句
sql = """
CREATE TABLE BOOKS(
    id int(8) NOT NULL AUTO_INCREMENT,
    name varchar(50) NOT NULL,
    category varchar(50) NOT NULL,
    price decimal(10,2) DEFAULT NULL,
    publish_time date DEFAULT NULL,
    PRIMARY KEY (id)
    ) ENGINE = TEST AUTO_INCREMENT = 1 DEFAULT CHARSET = utf8;"""
# 执行 sql 操作，创建表 BOOKS
cursor.execute(sql)
# 关闭游标
cursor.close()
# 关闭数据库连接
db.close()
```

运行上述代码后，TEST 数据库中便创建了 BOOKS 表。

2. 数据操作

（1）数据插入

MySQL 数据表的操作主要包括数据的增删改查，下面演示如何向 BOOKS 表中插入数据，插入数据时可以使用 excute() 方法添加一条记录，也可以使用 executemany() 方法批量添加多条记录。使用 excute() 方法添加一条记录的代码如下。

```
import pymysql
# 打开数据库连接,参数 1 为主机名或 IP，参数 2 为用户名，参数 3 为密码，参数 4 为数据库名称
db = pymysql.connect("localhost", "root", "root", "test", charset = "utf-8")
# 使用 cursor()方法创建一个游标对象 cursor
cursor = db.cursor()
try:
    # 使用 execute()方法执行数据插入
    cursor.execute("insert into BOOKS(name, category, price,publish_time)
    values('C 语言程序设计教程', 'c', '50.8', '2010-01-01')")
    # 关闭游标
    cursor.close()
    # 提交数据
    db.commit()
except:
# 发生错误时回滚
db.rollback()
# 关闭数据库连接
db.close()
```

executemany() 方法批量添加多条记录的代码如下。

```
import pymysql
# 打开数据库连接，参数 1 为主机名或 IP，参数 2 为用户名，参数 3 为密码，参数 4 为数据库名称
db = pymysql.connect("localhost", "root", "root", "test",charset = "utf-8")
# 使用 cursor()方法创建一个游标对象 cursor
cursor = db.cursor()
```

```
# 数据列表
books = [('Java 网络程序设计', 'java', '66', '2011-01-01'),
         ('Oracle 数据库教程', 'Oracle', '60.8', '2012-01-01'),
         ('Linux 应用基础教程', ''Linux', '30.8', '2013-01-01')]
try:
  # 使用 execute()方法执行数据插入
    cursor.executemany("insert into BOOKS(name,category,price,publish_time)
    values(%s, %s, %s, %s)", books)
  # 关闭游标
  cursor.close()
  # 提交数据
  db.commit()
except:
# 发生错误时回滚
db.rollback()
# 关闭数据库连接
db.close()
```

注意：在处理含有中文的数据时，代码中需要设置字符集编码标准为 UTF-8，即 charset = utf-8。在使用 insert 语句插入数据时，使用%s 作为占位符，可以防止 SQL 注入。

（2）数据修改

修改数据表中的数据时可以使用以下 SQL 语句。

```
update '表名' set '字段名' = '字段值' where '查询条件'
```

将书名为“Java 网络程序设计”的价格修改为 68，代码如下。

```
import pymysql
# 打开数据库连接，参数 1 为主机名或 IP，参数 2 为用户名，参数 3 为密码，参数 4 为数据库名称
db = pymysql.connect("localhost", "root", "root", "test",charset="utf-8")
# 使用 cursor()方法创建一个游标对象 cursor
cursor = db.cursor()
try:
    # 使用 execute()方法执行数据修改
    cursor.execute("update BOOKS set price ='68' where name ='Java 网络程序
                    设计' ")
    # 关闭游标
    cursor.close()
    # 提交数据
    db.commit()
except:
    # 发生错误时回滚
    db.rollback()
# 关闭数据库连接
db.close()
```

（3）数据删除

删除数据表中的数据时可以使用以下 SQL 语句。

```
delete from '表名' where '查询条件'
```

将书名为“Java 网络程序设计”的记录删除，代码如下。

```
import pymysql
# 打开数据库连接，参数 1 为主机名或 IP，参数 2 为用户名，参数 3 为密码，参数 4 为数据库名称
db = pymysql.connect("localhost", "root", "root", "test",charset = "utf-8")
# 使用 cursor()方法创建一个游标对象 cursor
cursor = db.cursor()
try:
# 使用 execute()方法执行数据删除
   cursor.execute("delete from BOOKS where name = 'Java 网络程序设计' ")
  # 关闭游标
   cursor.close()
# 提交数据
    db.commit()
except:
    # 发生错误时回滚
    db.rollback()
# 关闭数据库连接
db.close()
```

3．数据查询

查看数据表中的数据可以使用以下 SQL 语句。

```
select '字段名 1', '字段名 2', '字段名 3',..., from '表名' where '查询条件'
```

查看数据的代码与操作数据的步骤大致相同，但需指定数据的获取方式，查询数据时有 3 种常用方法。

fetchone()：获取查询结果集中的下一条记录。

fetchmany(size)：获取指定数量的记录。

fetchall()：获取结构集的所有记录。

下面介绍 3 种获取数据的方式。如果只需要一条满足条件的记录，则选择使用 fetchone() 方法来获取数据，实现代码如下。

```
import pymysql
# 打开数据库连接，参数 1 为主机名或 IP，参数 2 为用户名，参数 3 为密码，参数 4 为数据库名称
db = pymysql.connect("localhost", "root", "root", "test",charset = "utf-8")
# 使用 cursor()方法创建一个游标对象 cursor
cursor = db.cursor()
# 使用 execute()方法执行查询所有数据
cursor.execute("select * from BOOKS")
# 获取查询结果
result = cursor.fetchone()
# 打印查询结果
print(result)
# 关闭游标
cursor.close()
# 关闭数据库连接
db.close()
```

fetchone() 方法的返回结果为一个元组，上述代码的运行结果如下。

```
('C 语言程序设计教程', 'c', '50.8', '2010-01-01')
```

如果需要获取指定条数满足条件的记录，需要使用 fetchmany() 方法获取数据，这时

需给函数传递一个参数，指定需获取的记录条数，该参数的默认值为 1。例如，查询两条图书记录的代码如下。

```
import pymysql
    # 打开数据库连接，参数 1 为主机名或 IP，参数 2 为用户名，参数 3 为密码，参数 4 为数据库名称
    db = pymysql.connect("localhost", "root", "root", "test",charset = "utf-8")
    # 使用 cursor()方法创建一个游标对象 cursor
    cursor = db.cursor()
    # 使用 execute()方法执行查询所有数据
    cursor.execute("select * from BOOKS")
    # 获取查询结果
    result = cursor.fetchmany(2) # 使用 fetchmany()方法查询多条数据
    # 打印查询结果
    print(result)
    # 关闭游标
    cursor.close()
    # 关闭数据库连接
    db.close()
```

fetch_many() 方法的返回结果为一个列表，列表中包含两个元组。上述代码的运行结果如下。

```
[('C 语言程序设计教程', 'C', '50.8', '2010-01-01'),
('Oracle 数据库教程', 'Oracle', '60.8', '2012-01-01')]
```

如果需要获取所有满足条件的记录，则需要使用 fetchall() 方法。例如，查询所有图书记录的代码如下。

```
import pymysql
    # 打开数据库连接，参数 1 为主机名或 IP，参数 2 为用户名，参数 3 为密码，参数 4 为数据库名称
    db = pymysql.connect("localhost", "root", "root", "test", charset = "utf-8")
    # 使用 cursor()方法创建一个游标对象 cursor
    cursor = db.cursor()
    # 使用 execute()方法执行查询所有数据
    cursor.execute("select * from BOOKS")
    # 获取查询结果
    result = cursor.fetchall() # 使用 fetchall()方法查询所有数据
    # 打印查询结果
    print(result)
    # 关闭游标
    cursor.close()
    # 关闭数据库连接
    db.close()
```

fetchall() 方法的返回结果为一个列表，列表中包含表中所有数据组成的元组。上述代码的运行结果如下。

```
[('C 语言程序设计教程', 'C', '50.8', '2010-01-01'),
('Oracle 数据库教程', 'Oracle', '60.8', '2012-01-01'),
('Linux 应用基础教程', ''Linux', '30.8', '2013-01-01')]
```

通过上面的示例，我们能很清楚地理解 fetchone()、fetchmany(size)、fetchall() 这 3 种方法之间的区别和适用的场景，希望读者在后续的使用中能准确地选取合适的函数进行数据的获取。

10.3 使用 ORM 框架操作数据

Peewee 是一个简单而灵活的 Python 对象关系映射（Object Relational Mapping，ORM）框架，它提供了易使用的接口和工具，用于在 Python 应用程序中进行数据库操作。Peewee 支持多种数据库后端，包括 MySQL、SQLite、PostgreSQL 等，让不同数据库系统之间的切换变得更加容易。

10.3.1 安装 Peewee 库并初始化数据库

首先，安装 Peewee 库，在 Terminal 控制台中输入以下命令。安装 Peewee 库如图 10-9 所示。

```
pip install peewee
```

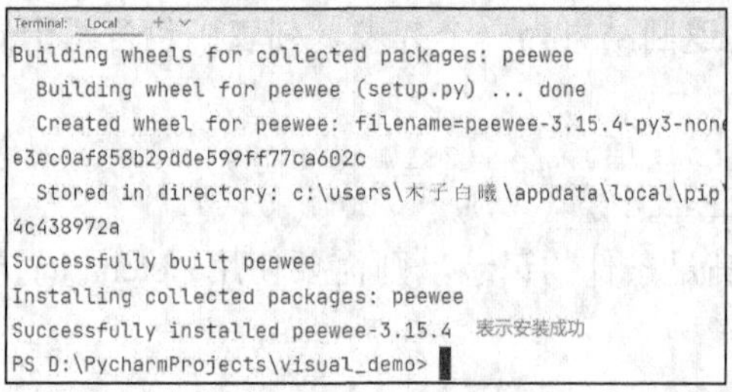

```
Terminal: Local × + ∨
Building wheels for collected packages: peewee
  Building wheel for peewee (setup.py) ... done
  Created wheel for peewee: filename=peewee-3.15.4-py3-none
e3ec0af858b29dde599ff77ca602c
  Stored in directory: c:\users\木子白曦\appdata\local\pip\
4c438972a
Successfully built peewee
Installing collected packages: peewee
Successfully installed peewee-3.15.4  表示安装成功
PS D:\PycharmProjects\visual_demo>
```

图 10-9　安装 Peewee 库

然后，执行创建数据库命令，代码如下。

```
create database orm_test;
```

最后，执行创建数据表操作，代码如下。

```
# 书目表
CREATE TABLE 'orm_test'.'Book'  (
  'id' int UNSIGNED NOT NULL AUTO_INCREMENT,
  'title' varchar(255) NULL COMMENT '书名',
  'author' varchar(255) NULL COMMENT '作者',
  'price' float(10, 2) NULL COMMENT '价格',
  'edition' int NULL COMMENT '版次',
  PRIMARY KEY ('id')
);
```

10.3.2 创建数据库连接

在使用 Peewee 进行数据库操作之前，先要创建一个数据库连接，在命令中输入连接参数数据库名称、用户名、密码、主机和端口即可。为了更好地组织代码，并使代码更易于维护和扩展，我们将数据库连接和映射类集中在一个地方，并在需要的时候导入、使用。新建 orm.py 文件，将连接数据库的代码写入此文件。数据库连接如图 10-10 所示。

```
from peewee import *

# 创建MySQL数据库连接
db = MySQLDatabase(host='localhost', port=4706,database='orm_test',
                   user='root', password='123456')
```

图 10-10 数据库连接

10.3.3 定义数据表模型类

使用 Peewee 进行数据库操作时需要定义数据表的模型类。每个模型类对应数据库中的一张表，并定义表中的字段及其他相关属性。

上述示例中定义了一个名为 Book 的模型类，该模型类继承了 Peewee 的模型类，包括 id、title、author、price、edition 等字段。Meta 类中指定了 Book 模型类使用的数据库连接。定义数据表模型类如图 10-11 所示。

```
from peewee import *

# 创建MySQL数据库连接
db = MySQLDatabase(host='localhost', port=4706,database='orm_test',
                   user='root', password='123456')

class Book(Model):
    id = AutoField(primary_key=True)
    title = CharField()
    author = CharField()
    price = FloatField()
    edition = IntegerField()

    class Meta:
        database = db
```

图 10-11 定义数据表模型类

10.3.4 连接数据库并创建表

在开始使用模型类进行数据库操作之前，需要先连接数据库并创建相关的表。连接数据库并创建表如图 10-12 所示。

```
from peewee import *

# 创建MySQL数据库连接
db = MySQLDatabase(host='localhost', port=3306,database='orm_test',
                   user='root', password='123456')
class Book(Model):
    id = AutoField(primary_key=True)
    title = CharField()
    author = CharField()
    price = FloatField()
    edition = IntegerField()
    class Meta:
        database = db
# 连接数据库
db.connect()
# 创建表
db.create_tables([Book])
```

图 10-12 创建表

通过 Python 创建的表如图 10-13 所示。

图 10-13　通过 Python 建立的表

10.3.5　操作数据库

1. 插入数据

使用 Peewee 插入数据非常简单，只需创建模型类的实例、设置相应的属性值，并调用 save() 方法保存到数据库中。插入数据如图 10-14 所示。

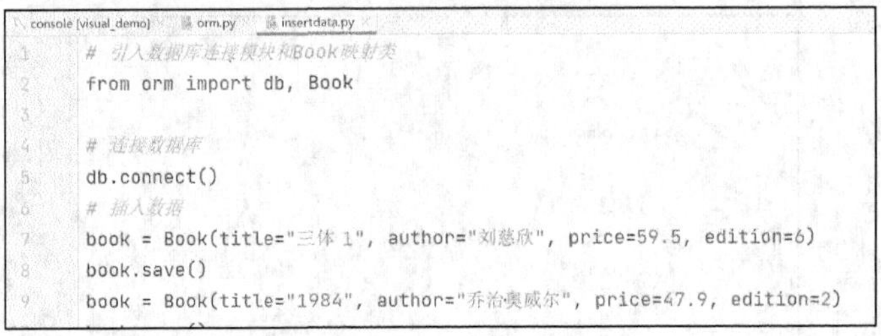

```
# 引入数据库连接模块和Book映射类
from orm import db, Book

# 连接数据库
db.connect()
# 插入数据
book = Book(title="三体 1", author="刘慈欣", price=59.5, edition=6)
book.save()
book = Book(title="1984", author="乔治奥威尔", price=47.9, edition=2)
```

图 10-14　插入数据

数据成功插入后的数据表如图 10-15 所示。

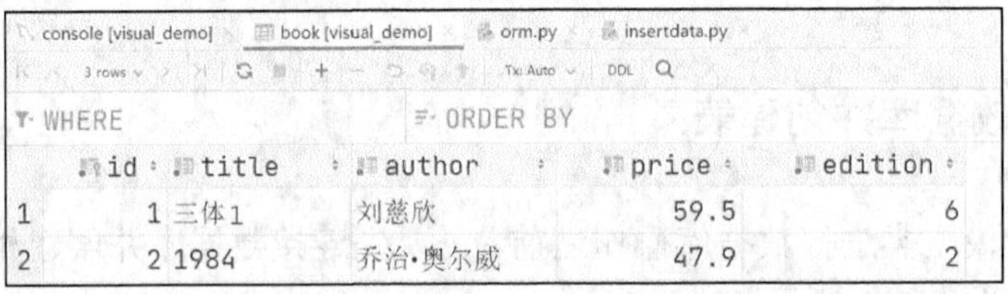

	id	title	author	price	edition
1	1	三体1	刘慈欣	59.5	6
2	2	1984	乔治·奥尔威	47.9	2

图 10-15　数据成功插入后的数据表

2. 查询数据

Peewee 提供了丰富的查询 API，可以灵活地进行条件查询、排序、限制返回结果等操作。查询数据的代码如下。

```
# 查询数据
books = Book.select()
for book in books:
    print('所有记录：', book.to_string())
print("--------------------------------------------")
books = Book.select().where(Book.price < 100)
for book in books:
```

```
    print(f"价格小于 100：", book.to_string())
print("------------------------------------------")
# 排序查询
books = Book.select().order_by(Book.price.asc())
for book in books:
    print(f"价格升序排序：", book.to_string())
print("------------------------------------------")
# 限制返回结果数量
books = Book.select().limit(2)
for book in books:
    print(f"限制返回两条结果：", book.to_string())
```

运行结果如下。

```
所有记录： id = 1, title = 三体 1, author = 刘慈欣, price = 59.5, edition = 6
所有记录： id = 2, title = 1984,author = 乔治·奥威尔, price = 47.9,edition = 2
所有记录： id = 3, title = 万历十五年, author = 黄仁宇, price = 125.5,edition = 3
--------------------------------------------
价格小于 100： id = 1,title = 三体 1,author = 刘慈欣, price = 59.5,edition = 6
价格小于 100： id = 2,title = 1984,author = 乔治·奥威尔, price = 47.9, edition = 2
--------------------------------------------
价格升序排序： id = 1, title = 1984, author = 乔治·奥威尔, price = 47.9, edition = 2
价格升序排序： id = 2, title = 三体 1, author = 刘慈欣, price = 59.5,edition = 6
价格升序排序： id = 3,title = 万历十五年, author = 黄仁宇, price = 125.5, edition = 3
--------------------------------------------
限制返回两条结果： id = 1, title = 三体 1, author = 刘慈欣, price = 59.5,edition = 6
限制返回两条结果： id = 2, title = 1984, author = 乔治·奥威尔, price = 47.9,
edition = 2
```

3. 更新数据

使用 Peewee 更新数据也非常简单，可以直接修改实例的属性，并调用 save() 方法保存修改后的数据到数据库中。更新数据的代码如下。

```
# 更新数据
book = Book.get_by_id(1)
print("修改前：", book.to_string())
book.price = 24.5
book.save()
print("修改后：", book.to_string())
```

运行结果如下。

```
修改前： id = 1, title = 三体 1, author = 刘慈欣, price = 59.5, edition = 6
修改后： id = 1, title = 三体 1, author = 刘慈欣, price = 24.5, edition = 6
```

4. 删除数据

使用 Peewee 删除数据，可以通过调用实例的 delete_instance() 方法或使用 delete() 方法。删除数据的代码如下。

```
#删除数据
print("删除前数据：")
books = Book.select()
for book in books:
    print(book.to_string())
book = Book.get(Book.title == '1984')
```

```
book.delete_instance()
# 使用 where 条件删除数据
Book.delete().where(Book.edition == 3).execute()
print("删除后数据：")
books = Book.select()
for book in books:
    print(book.to_string())
```

运行结果如下。

```
删除前数据：
id = 1, title = 三体 1, author = 刘慈欣, price = 24.5, edition = 6
id = 2, title = 1984, author = 乔治·奥威尔, price = 47.9, edition = 2
id = 3, title = 万历十五年, author = 黄仁宇, price = 125.5, edition = 3
删除后数据：
id = 1, title = 三体 1, author = 刘慈欣, price = 24.5, edition = 6
```

5. 聚合查询

在执行聚合查询之前，先插入部分数据到数据表，以便用于聚合。插入数据代码如下。

```
INSERT INTO 'orm_test'.'book'( 'title', 'author', 'price', 'edition')
VALUES ( '三体 2', '刘慈欣', 24.5, 6);
INSERT INTO 'orm_test'.'book'( 'title', 'author', 'price', 'edition')
VALUES ( '三体 3', '刘慈欣', 24.5, 6);
INSERT INTO 'orm_test'.'book'( 'title', 'author', 'price', 'edition')
VALUES ( '1984', '乔治·奥威尔', 47.9, 2);
INSERT INTO 'orm_test'.'book'( 'title', 'author', 'price', 'edition')
VALUES ( '动物农场', '乔治·奥威尔', 47.9, 2);
INSERT INTO 'orm_test'.'book'( 'title', 'author', 'price', 'edition')
VALUES ( '伊豆舞女', '川端康成', 47.9, 2);
```

插入数据后的数据表如图 10-16 所示。

	id	title	author	price	edition
1	1	三体 1	刘慈欣	24.5	6
2	4	三体 2	刘慈欣	24.5	6
3	5	三体 3	刘慈欣	24.5	6
4	6	1984	乔治•奥尔威	47.9	2
5	7	动物农场	乔治•奥尔威	47.9	2
6	8	伊豆舞女	川端康成	47.9	2

图 10-16　插入数据后的数据表

使用 Peewee 进行聚合查询时可调用 group_by() 方法，代码如下。

```
from peewee import fn
# 聚合出数据库中书的数量大于或等于 2 的作者信息
group_query = (Book
               .select(Book.author, fn.Count(Book.id).alias('count'))
               .group_by(Book.author)
               .having(fn.Count(Book.id) >= 2))
print("查询 SQL 打印：", group_query)
```

```
# 打印聚合结果
for book in group_query:
print(f"标题: {Book.author}, 计数: {book.count}")
```

运行结果如下。

```
查询 SQL 打印:  SELECT 't1'.'author', Count('t1'.'id') AS 'count' FROM 'book'
 AS 't1' GROUP BY 't1'.'author' HAVING (Count('t1'.'id') >= 2)
标题: 刘慈欣, 计数: 3
标题: 乔治・奥威尔, 计数: 2
```

以上代码仅展示了一些 Peewee 的基本用法和常见操作，但 Peewee 还有更多的功能和选项可供探索，例如事务管理、连接池、复杂查询等。有需求的读者可以参考 Peewee 的官方文档，了解更多详细信息和示例。

10.4 实战：电商网站数据分析

电商网站每天都有大量的交易数据产生，我们希望通过分析这些数据，得出一些有价值的结论。本实战通过展示 Python 与 MySQL 数据库交互，进行数据的增、删、改、查等操作，并通过数据分析和可视化更清楚地展示这些数据的价值。本实战的具体流程如下。

首先，创建 MySQL 数据库和数据表。

其次，生成模拟数据并插入数据库。

再次，使用 Python 从 MySQL 中读取数据。

最后，数据分析和可视化。

（1）创建 MySQL 数据库和数据表

我们可以使用 MySQL 的命令行工具或图形化工具（例如 phpMyAdmin）来完成 MySQL 数据库和数据表的创建。

假设要创建的数据库名为“ecommerce”；数据表名为“orders”，包含以下字段，那么可以使用以下 SQL 语句创建 MySQL 数据库和数据表。

order_id: 订单 ID。

order_date: 下单日期。

product_category: 产品类别。

product_price: 产品价格。

quantity: 购买数量。

customer_id: 客户 ID。

region: 地区。

```
CREATE DATABASE ecommerce;
USE ecommerce;
CREATE TABLE orders (
    order_id INT PRIMARY KEY,
    order_date DATE,
    product_category VARCHAR(255),
```

```
    product_price FLOAT,
    quantity INT,
    customer_id INT,
    region VARCHAR(255)
);
```

（2）生成模拟数据并插入数据库

为了便于演示，我们使用 Python 的 faker 库生成模拟数据，并将数据插入 MySQL 数据库。

首先，使用以下代码确保 Python 环境中已安装 faker 库。

```
pip install faker
```

然后，使用以下代码生成模拟数据并插入 MySQL 数据库。

```
import random
from faker import Faker
import pymysql
import matplotlib.pyplot as plt
fake = Faker()
# 连接 MySQL 数据库
cnx = pymysql.connect(host = 'localhost', port = 3306,user = 'root',
                            password = '123456', database = 'ecommerce')
cursor = cnx.cursor()
# 生成模拟数据并插入 MySQL 数据库
for i in range(1000):
    order_id = i + 1
    order_date = fake.date_between(start_date = '-1y', end_date = 'today')
    product_category = random.choice(['Electronics', 'Clothing', 'Books',
                                      'Home'])
    product_price = random.uniform(10, 1000)
    quantity = random.randint(1, 10)
    customer_id = random.randint(1, 100)
    region = random.choice(['North', 'South', 'East', 'West'])
    # 插入数据到 MySQL 数据库中
    insert_query = "INSERT INTO orders (order_id, order_date, product_cate
                   gory, product_price, quantity, customer_id, region) VAL
                   UES (%s, %s, %s, %s, %s, %s, %s)"
    insert_data = (order_id, order_date, product_category, product_price,
                   quantity, customer_id, region)
    cursor.execute(insert_query, insert_data)
# 提交更改并关闭数据库连接
cnx.commit()
cursor.close()
cnx.close()
```

注意：请将代码中的“user”“password”和“host”替换为 MySQL 用户名、密码和主机地址。

（3）使用 Python 从 MySQL 中读取数据

我们可以使用 Python 的 pandas 库从 MySQL 中读取数据。

首先，使用以下代码确保 Python 环境中已经安装 pandas 库和 matplotlib 库。

```
pip install pandas
pip install matplotlib
```

然后，使用以下代码连接到 MySQL 数据库，并读取数据。

```
import pandas as pd
import pymysql
# 连接 MySQL 数据库
cnx = pymysql.connect(user = 'your_username', password = 'your_password',
                      host = 'your_host', database = 'ecommerce')
# 从数据库中读取数据
query = "SELECT * FROM orders"
df = pd.read_sql(query, cnx)
# 关闭数据库连接
cnx.close()
```

（4）数据分析和可视化

我们使用 pandas 库和 matplotlib 库进行数据分析和可视化。示例如下。

```
import matplotlib.pyplot as plt
import pandas as pd
import pymysql

# 连接 MySQL 数据库
cnx = pymysql.connect(user = 'root', password = '123456',
                      host = 'localhost', database = 'ecommerce')
# 从数据库中读取数据
query = "SELECT * FROM orders where order_date between '2023-02-01' and '2023-02-28'"
df = pd.read_sql(query, cnx)
# 关闭数据库连接
cnx.close()
# 查看数据的前几行
print(df.head())

# 设置字体，防止乱码
plt.rcParams['font.sans-serif'] = ['SimHei']
# 计算日销售额
df["sales"] = df["product_price"] * df["quantity"]
daily_sales = df.groupby("order_date")["sales"].sum()
# 绘制日销售额变化图，会自动获取索引为 X 轴
daily_sales.plot(kind = "line", figsize = (10, 6), title = "日销售额")
plt.show()
# 计算产品类别的销售额和销售数量，会自动获取索引为 X 轴
category_sales = df.groupby("product_category")["sales"].sum()
category_sales.plot(kind = "bar", figsize = (10, 6), title = "产品销售额")
plt.show()
# 绘制产品类别的销售额和销售数量柱状图，会自动获取索引为 X 轴
category_quantity = df.groupby("product_category")["quantity"].sum()
category_quantity.plot(kind = "bar", figsize = (10, 6), title = "产品销售数量")
plt.show()
```

运行结果如图 10-17 所示。

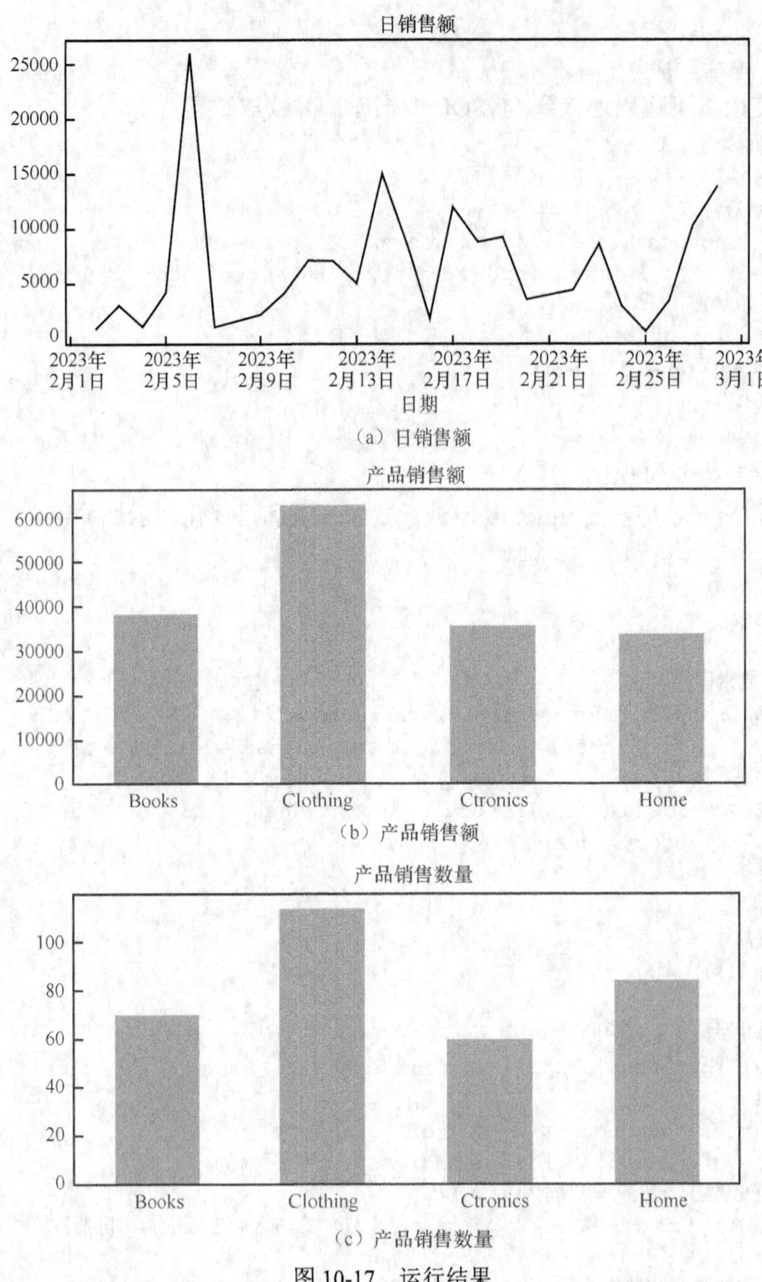

（a）日销售额

（b）产品销售额

（c）产品销售数量

图 10-17　运行结果

本实战展示了 Python 与 MySQL 数据库的交互思路，并通过数据分析和可视化来直观地展示数据的变化情况，方便用户获取有价值的信息。读者可根据自己的想法对本实战的功能或细节进行修改。

第 11 章 Python 网络爬虫

随着网络的迅速发展，万维网成为大量信息的载体，如何有效地提取并利用这些信息成为一个巨大的挑战，因此网络爬虫应运而生。网络爬虫（又称网页蜘蛛、网络机器人）是一种按照一定的规则，自动抓取万维网信息的程序或者脚本。网络爬虫在互联网中的作用如图 11-1 所示。

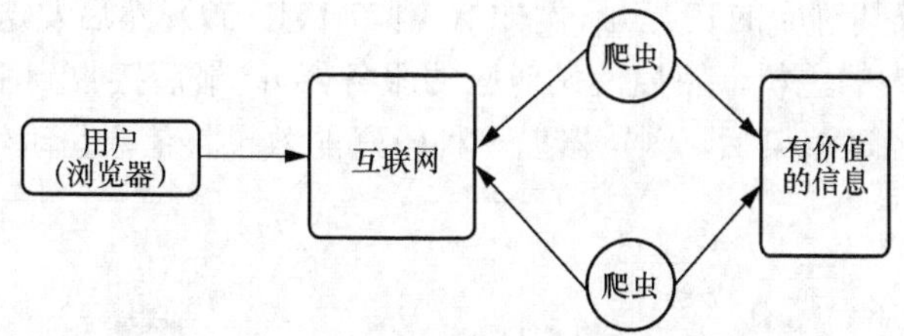

图 11-1 网络爬虫在互联网中的作用

在生活中，网络爬虫经常出现，搜索引擎就离不开网络爬虫，例如百度搜索引擎的爬虫百度蜘蛛。百度蜘蛛是百度搜索引擎的一个自动程序，它每天都会在海量的互联网信息中进行爬取，收集并整理互联网上的网页、图片、视频等信息。当用户在百度搜索引擎中输入关键词时，百度将从收集的网络信息中找出相关的内容，并按照一定的顺序将信息展现给用户。在爬取过程中，搜索引擎会构建一个调度程序来调度百度蜘蛛的工作，这些调度程序需要使用一定的算法来实现。采用不同的算法，爬虫的工作效率会有所不同，爬取的结果也会有所差异，因此，在学习爬虫时不仅需要了解爬虫的实现过程，还需要了解一些常见的爬虫算法。在特定的情况下，开发者还需要设计相应的算法。

本章主要介绍网络爬虫的实现和使用，具体如下。

① 介绍爬虫的工作原理，补充 Web 通信相关内容。

② 介绍爬虫的相关库，包括 urllib 库、requests 库。

③ 介绍爬虫的常用框架。

④ 通过实战熟悉爬虫的具体实现流程。

11.1 网络爬虫原理

网络爬虫功能的实现离不开网络请求，学习爬虫之前首先需要了解网络请求的相关知识，例如 Web 通信原理等。

11.1.1 Web 通信原理

先来看一个例子：某用户打开浏览器，在地址栏输入百度网址，并按 Enter 键，浏览器中会显示百度的主页面内容。在这个简单的操作背后，其实隐藏了很多工作流程。

在用户访问百度网站的例子中，用户浏览器称为客户端，百度网站称为服务器。用户访问百度网站实质上是客户端向服务器发起请求，服务器接收到请求后，将处理后的信息（也称为响应）传给客户端。这个过程是通过 HTTP 实现的。

HTTP 是互联网上应用最为广泛的一种网络协议，是利用传输控制协议（TCP）在两台计算机（通常是 Web 服务器和客户端）之间传输信息的协议。客户端使用 Web 浏览器发起 HTTP 请求给 Web 服务器，Web 服务器发送被请求的信息给客户端。

在浏览器输入网址后，浏览器会先请求域名服务器（DNS），以获得请求站点的 IP 地址（即根据 URL 获取其对应的 IP 地址，例如 163.177.151.109）；然后发送一个 HTTP Request（请求）给拥有该 IP 的主机（百度网站对应的服务器）；最后接收到服务器返回的 HTTP Response（响应）。经过渲染后，浏览器以一种较好的效果将信息呈现给用户。HTTP 基本原理如图 11-2 所示。

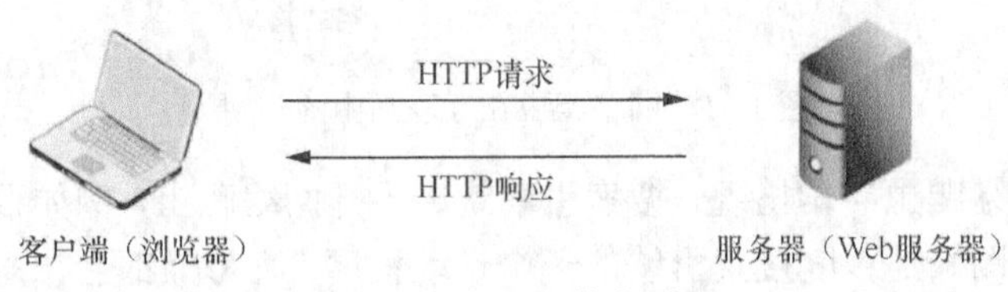

图 11-2　HTTP 基本原理

11.1.2 Web 服务器

Web 服务器的工作步骤如下。

步骤 1：建立连接。客户端建立到服务器的 TCP 连接。

步骤 2：请求过程。客户端向服务器发送 HTTP 请求包，请求服务器中的资源文档。

步骤 3：应答过程。服务器向客户端发送 HTTP 应答包。如果请求的资源包含动态语言的内容，那么服务器会调用动态语言的解释引擎负责处理“动态内容”，并将处理后得到的数据返回给客户端，由客户端解释 HTML 文档，以在客户端屏幕上渲染图形结果。

步骤 4：关闭连接。客户端与服务器断开。

HTTP 常用的请求方法见表 11-1。

步骤 3 中服务器返回给客户端的状态码可以分为 5 种类型，由它们的第一位数字表示。HTTP 状态码及其含义见表 11-2。

表 11-1　HTTP 常用的请求方法

方法	描述
GET()	请求指定的页面信息，并返回实体主体
POST()	向指定资源提交数据进行处理请求（例如提交表单或者上传文件）。数据被包含在请求体中。POST()方法可能会导致新资源的建立或已有资源的修改
HEAD()	类似于 GET()方法，只不过返回的响应中没有具体的内容，用于获取报头
PUT()	从客户端向服务器传送的数据取代指定的文档的内容
DELETE()	请求服务器删除指定的页面
OPTIONS()	允许客户端查看服务器的性能

表 11-2　HTTP 状态码及其含义

代码	含义
1**	信息、请求收到，继续处理
2**	成功，行为被成功地接受、理解和采纳
3**	重定向，为了完成请求，必须进一步执行的动作
4**	客户端错误，请求包含语法错误或者请求无法实现
5**	服务器错误，服务器不能实现一种明显无效的请求

注：**表示可能出现的各种状态，比如 2**可为 200、201、204 等。

例如，状态码为 200，表示请求成功已完成；状态码为 404，表示服务器找不到给定的资源。

下面我们用 Google Chrome 浏览器访问百度官网，查看请求和响应的流程，具体步骤如下。

步骤 1：在浏览器中输入百度网址，并按 Enter 键进入百度网页。

步骤 2：按 F12 键（或单击鼠标右键，选择“检查”命令）来查看页面元素。这时会打开浏览器的调试工具，如图 11-3 所示。

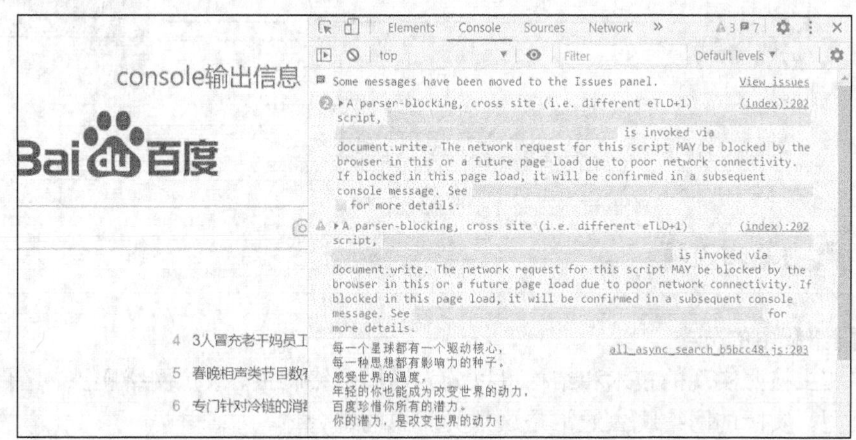

图 11-3　浏览器的调试工具

步骤 3：单击浏览器调试工具的“Network”选项，按 F5 键（或手动刷新页面）并单击调试工具中 Name 栏目下的测试网址，查看请求和响应信息。得到的请求和响应信息如图 11-4 所示。

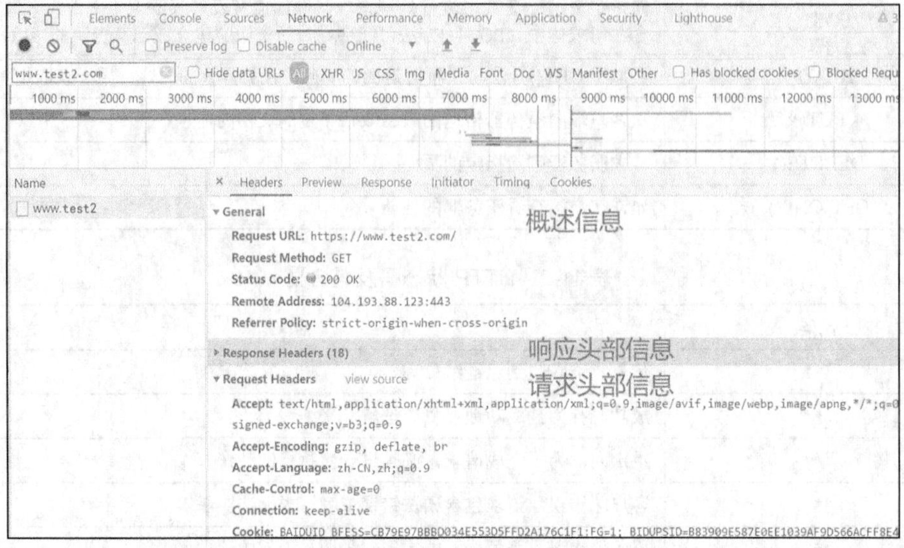

图 11-4　请求和响应信息

HTTP 请求如图 11-5 所示，该图展示了访问百度主页时，浏览器发送 HTTP 请求的过程。

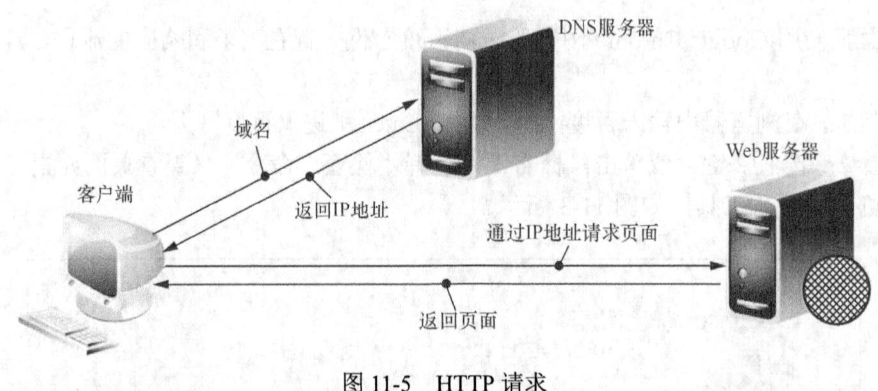

图 11-5　HTTP 请求

11.1.3　爬虫基本流程

1. 网络爬虫的分类

网络爬虫按照实现的技术和结构可以分为通用网络爬虫、聚焦网络爬虫、增量式网络爬虫等类型。实际的网络爬虫通常是这几类爬虫的组合体。

通用网络爬虫又叫作全网爬虫，具有爬取范围广、数量多的特点，对爬取速度和存储空间的要求较高。通用网络爬虫在爬取页面顺序的要求上相对较低，通常采用并行工作方式，需要较长时间才可以刷新一次页面。这类网络爬虫主要应用于大型搜索引擎，有非常高的应用价值。

聚焦网络爬虫也叫主题网络爬虫，是指按照预先定义好的主题，有选择地进行网页爬取。通用网络爬虫相比，聚焦网络爬虫不会将目标资源定位在整个互联网中，而是将爬取的目标资源定位在与主题相关的页面中，从而极大地节省了硬件和网络资源；同时，爬取的页面数量较少，使得处理速度更快了。聚焦网络爬虫主要应用于对特定信息的爬取，为某一类特定的人群提供服务。

增量式网络爬虫对应增量式更新，指的是在更新时只更新改变的地方，未改变的地方则不更新。增量式网络爬虫在爬取网页时，只会在需要的时候爬取新产生或发生更新的页面，对于没有发生变化的页面则不会爬取，这样可有效减少数据下载量，降低时间和空间上的消耗。但是，这类网络爬虫在爬取算法上需要增加一些难度。

在互联网中，Web 页面按存在方式可以分为表层网页和深层网页。表层网页指的是不需要提交表单，使用静态的超链接就可以直接访问的静态页面。深层网页指的是那些大部分内容不能通过静态链接获取的、隐藏在搜索表单后面的，需要用户提交一些关键词才能获得的 Web 页面。深层网页需要访问的信息量是表层网页信息量的几百倍，因此深层网页是主要的爬取对象。

2．网络爬虫的工作流程

我们以通用网络爬虫为例，介绍网络爬虫的基本工作流程，如图 11-6 所示，具体如下。

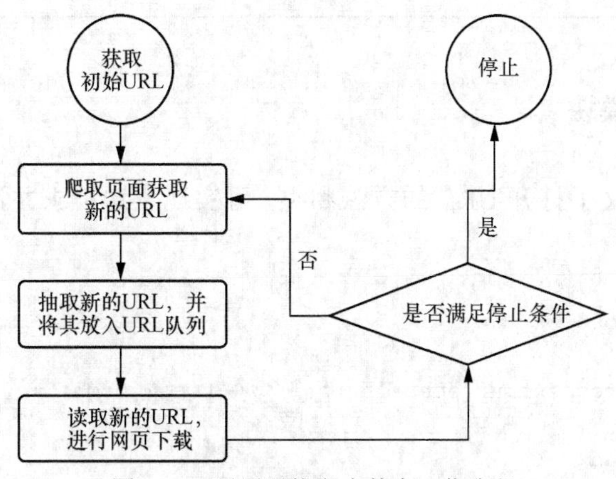

图 11-6 通用网络爬虫基本工作流程

① 获取初始的 URL，该 URL 是用户自己制订的初始爬取的网页。

② 爬取对应 URL 的网页时，获取新的 URL。

③ 将新的 URL 放入 URL 队列。

④ 从 URL 队列中读取新的 URL，然后依据新的 URL 爬取网页，同时从新的网页中获取新的 URL。

⑤ 设置停止条件，若满足停止条件，爬虫会停止爬取；若不满足停止条件，则爬虫

重复执行上述流程。如果没有设置停止条件，则爬虫会一直爬取下去，直到无法获取新的URL为止。

11.2 urllib 库的基本使用

上一节中多次提到 URL 与下载网页，这两项是网络爬虫必备且关键的功能，这两个功能离不开 HTTP。Python 中实现 HTTP 网络请求有 3 种常见方式——urllib、urllib3 和 requests，本节将介绍 urllib 的使用方法。

urllib 是 Python 中请求 URL 连接的官方标准库。Python2 中主要为 urllib 和 urllib2，Python3 中则将它们整合成了 urllib，urllib 库提供了一个 urlopen()方法，通过该方法指定 URL 发送网络请求来获取数据。urllib 库提供了多个子模块，见表 11-3。

表 11-3　urllib 库的子模块

模块名称	描述
request	该模块定义了打开 URL（主要是 HTTP）的方法和类，例如身份验证、重定向、cookie 等
error	该模块主要包含异常类，基本的异常类是 URLError
parse	该模块定义的功能分为两大类：URL 解析、URL 引用
robotparser	该模块用于解析 robots.txt 文件

11.2.1　request 模块

request 模块定义了打开 URL 的方法和类，可实现发送请求并读取网页内容。示例如下。

```
# 导入模块
import urllib.request
# 打开指定需要爬取的网页
Response = urllib.request.urlopen('http://www.test2.com')
# 读取网页代码
Html = response.read()
# 打印读取内容
print(html)
```

上面的示例是通过 get()方法获取某网站（如百度）的网页内容。下面使用 request 模块的 post()方法获取网页信息的内容。

```
# 导入模块
Import urllib.parse
Import urllib.request
# 先使用 urlencode 编码处理数据，再使用 encoding 设置编码方式为 UTF-8
data = bytes(urllib.parse.urlencode({'word':'hello'}), encoding = 'utf8')
# 打开指定需要爬取的网页
```

```
Response = urllib.request.urlopen('http://test4.org/post', data = data)
# 读取网页代码
Html = response.read()
# 打印读取内容
print(html)
```

urllib3 是一个相对独立的第三方库。urllib3 并非直接由 Python 官方维护，但得到了广泛的认可和使用，其原因是它提供了更强大和灵活的功能，可适用于许多复杂的 HTTP 场景。如今，许多 Python 的原生系统已经开始使用 urllib3。urllib3 提供了很多 Python 标准库中没有的重要特性，具体如下。

① 线程安全。

② 连接池。

③ 客户端 SSL/TLS 验证。

④ 使用多种编码上传文件。

⑤ Helpers，用于重试请求并处理 HTTP 重定向。

⑥ 支持 gzip 和 def late 编码。

⑦ 支持 HTTP 和 SOCKS 代理。

⑧ 100%的测试覆盖率。

通过 urllib3 模块实现发送网络请求的示例如下。

```
import urllib3
# 创建 PoolManager 对象，用于处理与线程池的连接及线程安全的所有细节
http = urllib3.PoolManager()
# 对需要爬取的网页发送请求
response = http.request('GET', 'https://www.test2.com/')
# 打印读取内容
print(response.data)
```

POST 请求实现获取网页信息的内容，关键代码如下。

```
# 对需要爬取的网页发送请求
Response = http.request('POST, 'http://test4.org/post', fields = {'word':
'hello'})
```

注意：在使用 urllib3 模块前，需要先在 Python 中通过 pip install urllib3 命令代码安装模块。

11.2.2 parse 模块

urllib.parse 模块用于解析 URL，包含了多种解析方法，下面列举一些常用的函数。

1. 解析 URL

urlparse() 函数可以将 URL 解析成 ParseResult 对象。对象中包含了 6 个元素，分别为协议（scheme）、域名（netloc）、路径（path）、路径参数（params）、查询参数（query）、片段（fragment）。

解析一个 CSDN 网站 URL 的示例如下。

```
from urllib.parse import urlparse
```

```
url = 'https://×××.csdn.net/p_test/article/xijie/12345678'
# 解析 url
parsed_result = urlparse(url)
# 打印信息
print('parsed_result 包含了', len(parsed_result), '个元素')
print(parsed_result)
print('scheme:', parsed_result.scheme)
print('netloc:', parsed_result.netloc)
print('path:', parsed_result.path)
print('params:', parsed_result.params)
print('query:', parsed_result.query)
print('fragment:', parsed_result.fragement)
```

urlsplit()函数也能对 URL 进行拆分，不同的是，urlsplit()函数并不会把路径参数（params）从路径（path）中分离出来。

当 URL 中路径部分包含多个参数时，使用 urlparse()函数进行解析是有问题的，这时可以使用 urlsplit()函数来解析，代码如下。

```
from urllib.parse import urlsplit
url = 'http://user:pwd@domain:80/path1;params1/path2;params2?query=queryarg #
    fragment'
# 解析 URL
split_result = urlsplit (url)
# 打印信息
print(split_result)
print('split.path:', split_result.path)
```

如果 URL 包含一个片段标识符，那么 urldefrag()函数可以返回一个不包含片段标识符且修改过的 URL，并且将该片段标识符作为单独的字符串。如果 URL 中不包含片段标识符，则返回未修改的 URL 和一个空字符串。代码如下。

```
from urllib.parse import urldefrag
url = 'http://user:pwd@domain:80/path1;params1/path2;params2?query=queryarg #
    fragment'
# 解析 url
defrag_result = urldefrag (url)
# 打印信息
print(defrag_result)
print('url:', defrag_result.url)
print('fragment:', defrag_result. fragment   )
```

2. 组建 URL

urlunparse()函数接收一个列表的参数，组成一个完整的 URL。这里的列表是有要求的，必须包括不少于 6 个参数，否则系统会抛出异常。

```
from urllib.parse import urlunparse
url_compos = ('http', 'user:pwd@domain:80', '/path1;params1/path2, 'params2','
query = queryarg', 'fragment')
unparse_result = urlunparse (url_compos)
print(unparse_result)
```

输出结果为完整 URL。

```
http://user:pwd@domain:80/path1;params1/path2; params2?query = queryarg
```

urljoin()函数可以将两个字符串拼接成 URL。

```
from urllib.parse import urljoin
#连接两个参数的 URL，将第二个参数（相对 URL）与第一个参数（基础 URL）拼接成一个完整的 URL
#如果第二个有完整的路径，则以第二个为主
print(urljoin('https://test6.com/', 'index'))
print(urljoin('https://test6.com/', 'https://test7.com/login'))
```

结果如下。

```
https://test6.com/index
https://test7.com/login
```

3．查询参数的解析

使用 urlencode() 函数可以将一个字典转换成合法的查询参数，代码如下。

```
from urllib.parse import urlencode
query_args = {
    'name':'dark sun',
    'country':'中国'
}
query_args = urlencode(query_args)
print(query_args)
```

结果如下。

```
name=dark+sun&country=%E4%B8%AD%E5%9B%BD
```

使用 parse_qs()将查询参数解析成字典，代码如下。

```
from urllib.parse import urlencode
from urllib.parse import parse_qs
query_args = {
    'name':'dark sun',
    'country':'中国'
}
query_args = urlencode(query_args)
print(query_args)
print(parse_qs(query_args))
```

结果如下。

```
name = dark+sun&country = %E4%B8%AD%E5%9B%BD
{'name': ['dark sun'], 'country': ['中国']}
```

11.3 requests 库的基本使用

11.3.1 requests 库简介

requests 是 Python 中实现 HTTP 请求的一种方式，requests 是第三方库，该库在实现 HTTP 请求时要比 urllib 模块简化很多，操作更加人性化。在使用 requests 库时，需要通过执行 pip install requests 代码安装该库。requests 的功能特性如下。

① Keep-Alive &连接池。
② 国际化域名和 URL。
③ 带持久 Cookie 的会话。
④ 浏览器式的 SSL 认证。
⑤ 自动内容解码。
⑥ 基本/摘要式的身份认证。
⑦ 优雅的 Key-Value（键值对）Cookie。
⑧ 自动解压。
⑨ Unicode 响应体。
⑩ HTTP（S）代理支持。
⑪ 文件分块上传。
⑫ 流下载。
⑬ 连接超时。
⑭ 分块请求。
⑮ 支持.netrc。

11.3.2 发送请求

1. 简单的 GET 请求

以 GET 请求方式，打印多种请求信息的示例如下。

```
# 导入模块
import requests
# 发送请求
response = requests.get('http://www.test2.com')
print(response.status_code)   # 打印状态码
print(response.url)           # 打印请求 URL
print(response.headers)       # 打印头部信息
print(response.cookies)       # 打印 cookie 信息
print(response.text)          # 以文本形式打印网页源码
print(response.content)       # 以字节流形式打印网页源码
```

部分打印结果如下。

```
200
http://www.test2.com/
{'Cache-Control': 'private, no-cache, no-store, proxy-revalidate,
no-transform', 'Date': 'Mon, 22 Feb 2021 07:51:57 GMT', 'Content-Type': 'text/html',
'Content-Encoding': 'gzip', 'Last-Modified': 'Mon, 23 Jan 2017 13:27:57 GMT',
'Connection': 'keep-alive', 'Pragma': 'no-cache', 'Transfer-Encoding': 'chunked',
'Set-Cookie': 'BDORZ = 27315; max-age = 86400; domain = .test2.com; path =/ ',
'Server':'bfe/1.0.8.18'}
<RequestsCookieJar[<Cookie parking_session=d4de52e5-bf37-41fa-bc19-8597e9f0eba4
for www.test2.com/>]>
<!DOCTYPE html>
...
```

2．带 headers 的 GET 请求

有时请求一个网页内容时，无论通过 GET 请求或其他请求方式，浏览器都会出现 403 错误，这种现象多数因为服务器拒绝访问，因为为了防止恶意采集信息，网页使用了反爬虫设置。此时，我们可以通过模拟浏览器的头部信息来访问网页，这样就能解决以上反爬虫设置的问题。下面以 requests 库为例，介绍请求头部 headers 的处理，具体步骤如下。

步骤 1：通过浏览器的网络监视器查看头部信息。首先通过浏览器（以 Google Chrome 浏览器为例）打开对应的网页地址，然后按快捷键 F12 并选择 Network 标签。打开网络监视器后，再刷新当前页面，网络监视器将显示图 11-7 所示的数据变化。

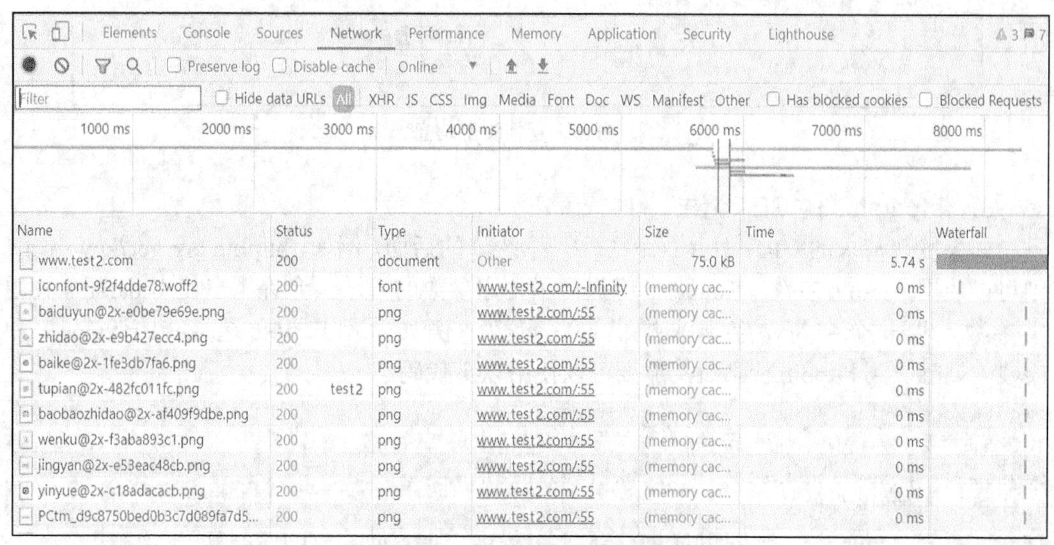

图 11-7　网络监视器的数据变化

步骤 2：选中第一条信息，右侧的消息头面板中将显示请求头部信息，然后复制该信息，如图 11-8 所示。

步骤 3：实现代码，首先创建一个需要爬取的 URL；然后创建头部信息，并发送请求等待响应；最后打印网页的代码信息。实现代码如下。

```
import requests
# 需要爬取网页的地址
url = 'http://www.test2.com/'
# 创建头部信息
headers = {"User-Agent": "Mozilla/5.0 (Windows NT 10.0; Win64; x64) Apple
WebKit/537.36 (KHTML, like Gecko) Chrome/86.0.4240.193 Safari/537.36"}
# 发送请求
response = requests.get(url,headers = headers)
# 以字节流形式打印网页源码
print(response.content)
```

对于头部信息的内容，读者根据自身环境进行更改。上述代码运行后将会输出正常的网页源码。

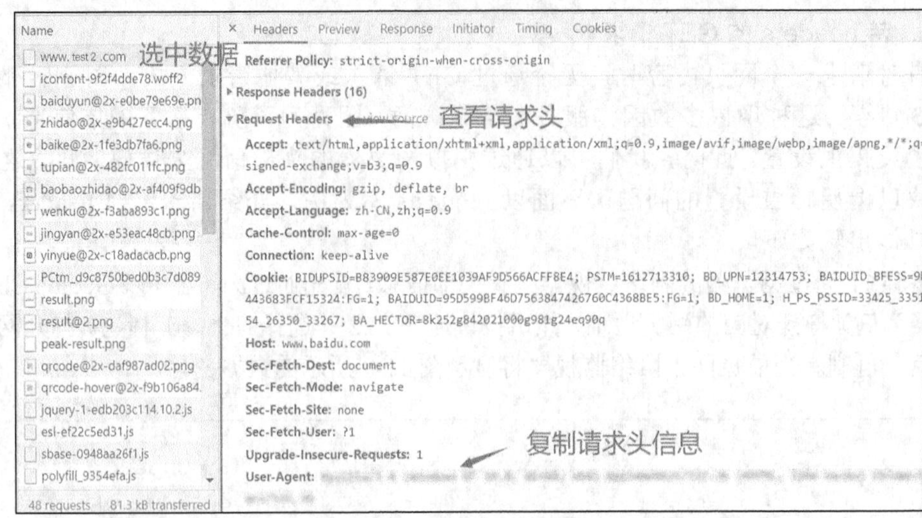

图 11-8　复制头部信息

3．带 params 的 GET 请求

如果发现请求的 URL 中参数跟在“?”（问号）的后面，例如，httpbin.org/get?key = val，则可以使用 params 参数。Requests 库提供了传递参数的方法，允许用户使用 params 关键字参数，以一个字符串字典来提供这些参数。例如，用户想传递 key1 = value1 和 key2 = value2 到 httpbin.org/get，那么可以使用以下代码。

```
import requests
# 传递的参数
payload = {'key1':'value1', 'key2':'value2'}
# 对需要爬取的网页发送请求
response = requests.get('http://test4.org/get',params = payload)
# 以字节流形式打印网页源码
print(response.content)
```

4．发送 POST 请求

以 POST 请求方式发送 HTTP 网络请求的示例如下。

```
import requests
# 表单参数
data = {'word':'hello'}
# 对需要爬取的网页发送请求
response = requests.post('http://test4.org/post',data = data)
# 以字节流形式打印网页源码
print(response.content)
```

requests 库不仅提供以上两种常用的请求方式，还提供以下网络请求方式。代码如下。

```
# PUT 请求
requests.put('http://test4.org/put',data = {'key':'value'})
# DELETE 请求
requests.delete('http://test4.org/delete')
# HEAD 请求
requests.head('http://test4.org/get')
# OPTIONS 请求
```

```
requests.options('http://test4.org/get')
```

11.3.3 解析响应

1. response 对象

response 对象保存了 requests 发送请求后的响应信息，其内容包括状态码、URL、头部信息、cookie 信息和网页源码。代码如下。

```
response = requests.get('http://www.test2.com')
```

PyCharm 的 Debug 调试工具可以断点查看 response 对象的具体内容，这里的 response 对象的内容如图 11-9 所示。

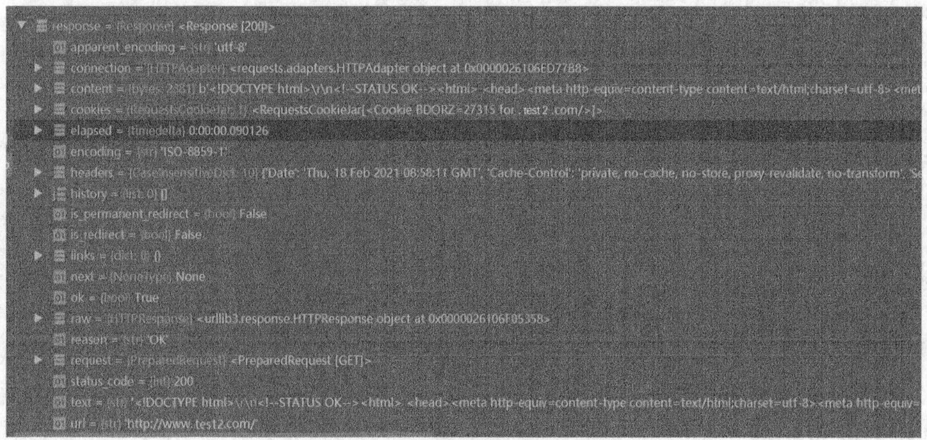

图 11-9 response 对象的内容

(1) 响应码处理

获取响应码使用 status_code 字段，表示本次请求的状态结果，其值为 200 表示正常返回，否则表示出现异常。常见的网络异常有超时异常、HTTP 异常、请求异常等。下面模拟 50 次循环请求，设置超时时间为 0.5 s，在 0.5 s 内服务器未做出响应视为超时，并将超时信息打印在控制台中。我们可以使用 try…except 语句来捕获各种异常并打印相关信息，代码如下。

```
import requests
# 导入 requests.exceptions 模块中的 3 种异常类
from requests.exceptions import ReadTimeout, HTTPError, RequestException
# 循环发送请求 50 次
for a in range(0,50):
    try:# 捕获异常
        # 设置超时为 0.5 s
        response = requests.get('http://www.test2.com',timeout = 0.5)
        # 打印状态码
        print(response.status_code)
    except ReadTimeout:         # 超时异常
        print('timeout')
```

```
    except HTTPError:           # HTTP 异常
        print('httperror')
    except RequestException:  # 请求异常
        print('reqerror')
```

上述程序中，正常情况下将打印正常返回的响应码（即 200），当网络断开或者设定的超时时间过小时将会打印相应的异常信息。

（2）响应头处理

获取响应头使用 headers 字段，示例如下。

```
import requests

response = requests.get('http://www.test2.com')
if response.status_code == requests.codes.ok:     # 响应码
    print(response.headers)                       # 响应头
    print(response.headers.get('content-type'))  # 获取其中的某个字段
```

打印结果如下。

```
{'Date': 'Mon, 22 Feb 2021 07:54:20 GMT', 'Content-Encoding': 'gzip',
'Set-Cookie': 'BDORZ = 27315; max-age = 86400; domain = .baidu.com; path = /',
'Content-Type': 'text/html', 'Transfer-Encoding': 'chunked', 'Pragma': 'no-cache',
'Cache-Control': 'private, no-cache, no-store, proxy-revalidate, no-transform',
'Server': 'bfe/1.0.8.18', 'Connection': 'keep-alive', 'Last-Modified': 'Mon, 23
Jan 2017 13:27:52 GMT'}
text/html
```

上述程序中，headers 字段包含所有的响应头信息。我们可以通过 get()函数获取其中的某个字段，如果没有该字段，将 get()函数返回 None。

（3）cookie 处理

如果响应中包含 cookie 的值，可用以下方式获取 cookie 字段的值，示例如下。

```
import requests

# 创建头部信息，根据自身环境获取
headers = {"User-Agent": "Mozilla/5.0 (Windows NT 10.0; Win64; x64)
AppleWebKit/537.36 (KHTML, like Gecko) Chrome/86.0.4240.193 Safari/537.36"}
response = requests.get('http://www.test2.com', headers = headers)
# 遍历所有的 cookie 字段的值
for cookie in response.cookies.keys():
    print(cookie + ':' + response.cookies.get(cookie))
```

打印结果如下。

```
H_PS_PSSID:33425_33402_33260_33344_31253_33392_33584_26350_22159
BDSVRTM:0
BD_HOME:1
```

如果想自定义 cookie 值并发送出去，可以使用以下方式。

```
import requests
headers = {"User-Agent": "Mozilla/5.0 (Windows NT 10.0; Win64; x64)
AppleWebKit/537.36 (KHTML, like Gecko) Chrome/86.0.4240.193 Safari/537.36"}
# 自定义 cookies
cookies = dict(name = 'Tom',age = '10')
```

```
response = requests.get('http://www.test2.com', headers = headers, cookies =
cookies)
print(response.text)
```

还有一种更高级且能自动处理 cookie 的方式。我们不需要关心 cookie 值是多少，每次访问的时候，程序自动把 cookie 值带上，像浏览器一样。requests 模块提供了一个 Session 工具，该工具可以使连续访问网页、处理登录跳转变得特别方便，不需要关注具体细节。使用示例如下。

```
import requests
# 测试地址，根据实际使用修改
loginUrl = 'http://www.xxxxxxx.com/login'
s = requests.Session()
# 首先访问登录界面，作为游客，服务器会先分配一个 cookie
r = s.get(loginUrl,allow_redirects = True)
datas = {'name':'Tom','passwd':'123456'}
# 向登录链接发送 POST 请求，验证成功，游客权限转为会员权限
r = s.post(loginUrl,data=datas,allow_redirects = True)
print(t.text)
```

上述程序中，如果没有第一步访问登录的页面，而是直接向登录界面发送 POST 请求，则系统会把用户当作非法用户，因为访问登录页面时会分配一个 cookie，这个 cookie 在发送 POST 请求时需要带上。这种使用 Session 处理 cookie 的方式以后会常用到。

（4）重定向与历史信息

上个例子中用到了 allow_redirects 字段，若其值设置为 True，则表示允许重定向；若其值设置为 False，则表示禁止重定向。如果允许重定向，那么我们可以通过 history 字段查看历史信息，即访问成功之前的所有请求跳转信息。依旧请求测试地址，打印 response.history，结果如下。

```
[<Response [302]>]
```

2．BeautifulSoup

BeautifulSoup 库是一个用于从 HTML 和 XML 文件中提取数据的 Python 库。BeautifulSoup 库提供一些简单的函数来处理导航、搜索、修改分析树等功能。BeautifulSoup 库中的查找和提取功能非常强大，通常可以为开发人员节省大量工作时间。

BeautifulSoup 库自动将输入文档转换为 Unicode 编码，将输出文档转换为 UTF-8 编码，用户不需要考虑编码方式。若文档没有指定编码方式，这时 BeautifulSoup 库就不能自动识别编码方式，此时，用户仅需要说明一下原始编码方式即可。

（1）BeautifulSoup 库的安装

目前推荐使用的是 BeautifulSoup 4，不过它已经被移植到 bs4 库中了，所以在使用 BeautifulSoup 4 之前，需要先通过命令 pip install bs4 进行 bs4 库的安装，在导入时需要 from bs4，然后再导入 BeautifulSoup 4。安装 bs4 时，BeautifulSoup 4 也会一并安装。

BeautifulSoup 库支持 Python 标准库中包含的 HTML 解析库，同时也支持许多第三方 Python 解析库，其中包含 lxml 解析库。用户可以使用 pip install lxml 命令安装 lxml。

另一个解析库是 html5lib，它是一个用于解析 HTML 的 Python 库，按照 Web 浏览器的方式解析 HTML。用户可以使用 pip install html5lib 命令安装 html5lib。

解析库的比较见表 11-4。

表 11-4　解析库的比较

解析库	用法	优点	缺点
Python 标准库	BeautifulSoup (markup, "html.parser")	Python 标准库，执行速度适中	在 Python 2.7.3（指 Python 2）或 Python 3.2.2（指 Python 3）之前的版本中文档容错能力差
lxml 的 HTML 解析库	BeautifulSoup (markup, "lxml")	速度快，文档容错能力强	需要安装 C 语言库
lxml 的 XML 解析库	BeautifulSoup (markup, "lxml-xml") BeautifulSoup (markup, "xml")	速度快，唯一支持 XML 的解析库	需要安装 C 语言库
html5lib	BeautifulSoup (markup, "html5lib")	容错性最好，以浏览器的方式解析文档，生成 HTML5 格式的文档	速度慢，不依赖外部扩展

（2）BeautifulSoup 的使用

介绍完 BeautifulSoup 的安装以后，下面介绍如何通过 BeautifulSoup 库进行 HTML 的解析。首先导入 bs4 库；然后创建一个模拟 HTML 代码的字符串，创建 BeautifulSoup 对象，并指定解析库为 lxml；最后通过打印的方式将解析的 HTML 代码显示在控制台中。代码如下。

```
from bs4 import BeautifulSoup
# 创建模拟 HTML 代码的字符串
html_doc = " " "
<html><head><title>The Dormouse's story</title></head>
<body>
<p class = "title"><b>The Dormouse's story</b></p>
<p class = "story">Once upon a time there were three little sisters and
their names were
<a href = http://test8.com/elsie class = "sister" id = "link1">Elsie</a>,
<a href = http://test8.com/lacie class = "sister" id = "link2">Lacie</a> and
<a href = http://test8.com/tillie class = "sister" id = "link3">Tillie</a>,
and they lived at the bottom of a well.</p>
<p class="story">...</p>
" " "
# 创建一个 BeautifulSoup 对象，获取页面正文
soup = BeautifulSoup(html_doc,features = 'lxml')
# 打印解析的 HTML 代码
print(soup)
```

运行结果如下。

```
<html><head><title>The Dormouse's story</title></head>
<body>
<p class = "title"><b>The Dormouse's story</b></p>
<p class = "story">Once upon a time there were three little sisters and
their names were
<a class = "sister" href="http://test8.com/elsie" id="link1">Elsie</a>,
<a class = "sister" href="http://test8.com/lacie" id="link2">Lacie</a> and
<a class = "sister" href="http://test8.com/tillie" id="link3">Tillie</a>,
and they lived at the bottom of a well.</p>
<p class = "story">...</p>
```

```
</body></html>
```

如果将 html_doc 字符串中的代码保存在 index.html 文件中，可以通过打开 HTML 文件的方式进行代码的解析，并且可以通过 prettify()方法进行代码的格式化处理，代码如下。

```
# 创建 BeautifulSoup 对象，打开需要解析的 html 文件
soup = BeautifulSoup(open('index.html'),features = 'lxml')
# 打印格式化后的代码
print(soup.prettify())
```

部分运行结果如下。

```
<html>
 <head>
  <title>
   The Dormouse's story
  </title>
 </head>
 <body>
  <p class = "title">
   <b>
    The Dormouse's story
   </b>
  </p>
  <p class = "story">
...
```

3. JSON 解析

JSON 是一种轻量级的数据交换格式。Python 3 中可以使用 json 模块对 JSON 数据进行编解码，提供了以下两个函数。

json.loads(): 对数据进行解码，即输入 JSON 数据，输出 Python 数据。

json.dumps(): 对数据进行编码，即输入 Python 数据，输出 JSON 数据。

在 JSON 的编/解码过程中，Python 的原始类型与 JSON 类型会相互转换，Python 数据编码为 JSON 数据的转换关系见表 11-5。JSON 数据解码为 Python 类型数据的转换关系见表 11-6。

表 11-5　Python 数据编码为 JSON 类型数据的转换关系

Python 数据	JSON 数据
字典（dict）	对象（object）
列表（list）、元组（tuple）	数组（array）
字符串（str）	字符串（string）
整型（int）、浮点型（float）	数值（number）
真（True）	真（true）
假（False）	假（false）
空值（None）	空值（null）

表 11-6　JSON 数据解码为 Python 类型数据的转换关系

JSON 数据	Python 数据
对象（object）	字典（dict）
数组（array）	列表（list）
字符串（string）	字符串（str）
整数类型[number(int)]	整型（int）
实数类型[number(real)]	浮点型（float）
真（true）	真（True）
假（false）	假（False）
空值（none）	空值（Null）

以下示例演示了将 Python 数据转换为 JSON 数据。

```
# 导入 json 模块
import json
# Python 字典类型数据转换为 JSON 对象（数据）
data = {
    'no' : 1,
    'name' : 'Baidu',
    'url' : 'http://www.test2.com'
}
json_str = json.dumps(data)
print ("Python 原始数据：", repr(data))
print ("JSON 对象：", json_str)
```

运行结果输出如下。

```
Python 原始数据： {'url': 'http://www.test2.com', 'no': 1, 'name': 'Baidu'}
JSON 对象： {"url": "http://www.test2.com", "no": 1, "name": "Baidu"}
```

在以上示例的基础上，我们将一个 JSON 对象（字符串）转换为 Python 数据（字典），具体如下。

```
# 导入 json 模块
import json
# Python 字典类型转换为 JSON 对象
data = {
    'no' : 1,
    'name' : 'Baidu',
    'url' : 'http://www.test2.com'
}
json_str = json.dumps(data)
# print ("Python 原始数据：", repr(data))
# print ("JSON 对象：", json_str)
# 将 JSON 对象转换为 Python 字典
data2 = json.loads(json_str)
print ("data2['name']: ", data2['name'])
print ("data2['url']: ", data2['url'])
```

运行结果输出如下。

```
data2['name']: Baidu
data2['url']: http://www.test2.com
```

如果要处理的是文件而不是字符串，那么可以使用 json.dump()方法和 json.load()方法来编码和解码 JSON 数据。示例如下。

```
# 写入 JSON 数据
with open('data.json', 'w') as f:
    json.dump(data, f)
# 读取数据
with open('data.json', 'r') as f:
    data = json.load(f)
```

11.3.4 实训案例：Python 爬虫获取站长素材网站的照片数据

站长素材网站中有很多各种类型的照片，当我们想要批量使用某些照片的时候，我们可以通过爬虫技术下载下来。主要爬取某个类别的照片数据。如图 11-10 所示。

图 11-10 站长素材网站某类别照片数据

本实例要求编写代码，实现打印图 11-10 中获取照片的数据功能。

11.4 爬虫框架简介

爬虫框架是一些爬虫项目的“半成品”，提供一些爬虫常用的功能，并留下接口，使开发人员在不同的爬虫项目中调用合适的接口，编写少量的代码来实现自己需要的功能。框架中已经实现爬虫常用的功能，这为开发人员节省了很多精力与时间。

11.4.1 Scrapy 框架

Scrapy 框架是一套比较成熟的 Python 爬虫框架，简单轻巧，并且便于使用，可以高效地爬取 Web 页面并从页面中提取结构化的数据。Scrapy 框架的用途广泛，可以用于数据挖掘、监测和自动化测试。Scrapy 框架可以根据需求进行定制，同时也提供了多种类型爬虫的基类，例如 BaseSpider、Sitemap 爬虫等，其 2.4.1 版本还提供了 Web 2.0 爬虫的支持。Scrapy 框架是一套开源的框架，用户在使用时不需要担心收取费用的问题。Scrapy 框架官网页面如图 11-11 所示。

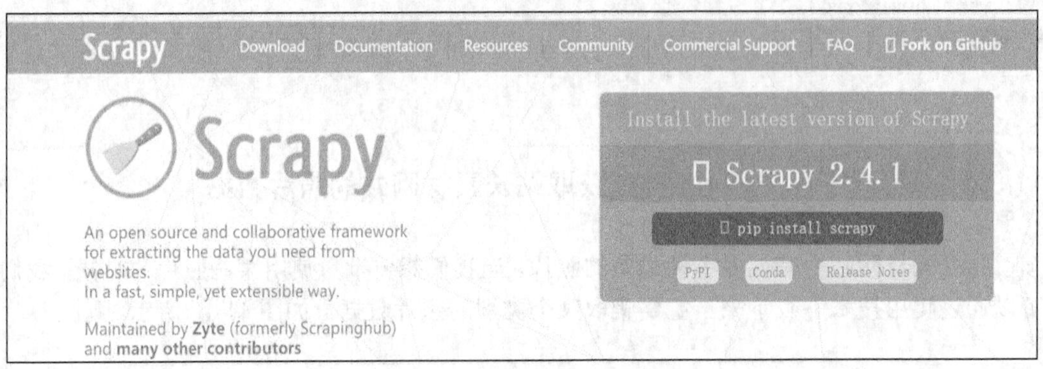

图 11-11　Scrapy 框架官网页面

Scrapy 框架为开发人员提供了非常贴心的开发文档，单击图 11-11 中的“Documentation”标签，便可进入图 11-12 所示的文档页面，其中详细地介绍了 Scrapy 框架的安装及 Scrapy 的使用方法。

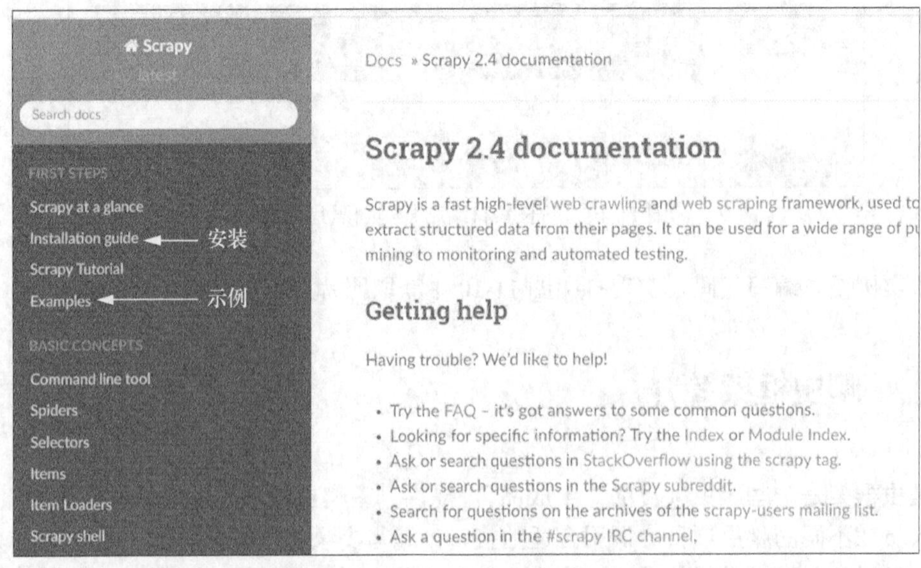

图 11-12　Documentation 页面

1．Scrapy 的基本模块

（1）调度器

调度器，简单来说就是把调度器假设成为一个 URL（抓取网页的网址或者链接）的优先队列，由它决定下一个要抓取的网址，同时去除重复的网址（不做无用功）。用户可以根据自己的需求定制调度器。

（2）下载器

下载器是所有组件中负担最大的，主要负责高速下载网络上的资源。Scrapy 框架的下载器代码不太复杂，但效率高，主要原因是 Scrapy 下载器是建立在 twisted 这个高效的异步模型上的（其实整个框架都建立在这个模型上）。

（3）爬虫

爬虫是用户最关心的部分。用户定制自己的爬虫（通过定制正则表达式等语法）用于从特定的网页中提取自己需要的信息，即所谓的实体，例如使用 XPath 提取自己感兴趣的信息。用户也可以从网页中提取出链接，让 Scrapy 继续抓取下一个页面。

（4）实体管道

实体管道用于接收网络爬虫传过来的数据，以便作进一步处理，例如验证实体的有效性、清除不需要的信息、存入数据库（持久化实体）、存入文本文件等。

（5）引擎

引擎是整个框架的核心，用于处理整个系统的数据流，触发各种事件，可以控制调试器、下载器、爬虫。实际上，引擎相当于计算机的 CPU，控制着整个流程。

（6）中间件

整个 Scrapy 框架中有很多中间件，例如下载器中间件、网络爬虫中间件等。这些中间件相当于过滤器，夹在不同组件之间截获数据流，并进行特殊的加工处理。

2．Scrapy 框架工作流程

Scrapy 框架工作流程如图 11-13 所示，具体步骤如下。

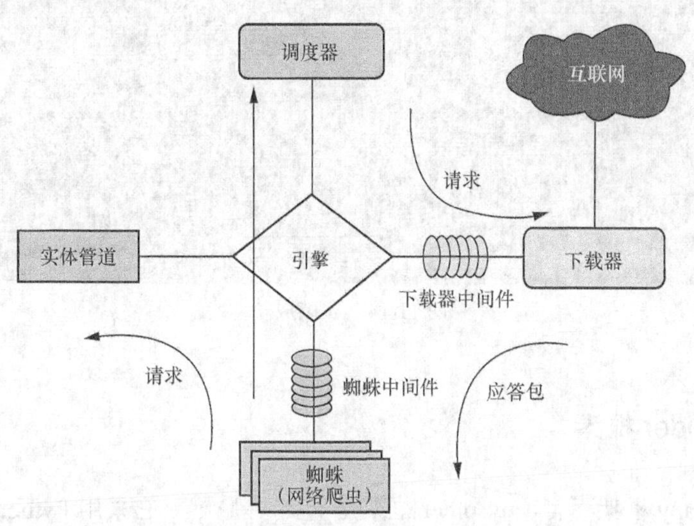

图 11-13　Scrapy 框架工作流程

步骤 1：爬虫中起始的 URL 被构造成 Requests 对象网络爬虫中间件引擎调度器。

步骤 2：引擎调度器把 URL 封装成一个请求后传给下载器。

步骤 3：下载器发送请求，下载资源，并将资源封装成应答包。

步骤 4：爬虫提取 URL，组装成 Requests 对象爬虫中间件引擎调度器，重复步骤 2。

步骤 5：爬虫提取数据引擎管道处理和保存数据。

3．Scrapy 框架依赖的 Python 包

Scrapy 框架是只用 Python 编写的，它依赖的几个关键的 Python 包如下。

lxml：一个高效的 XML 和 HTML 解析库。

parsel：一个写在 lxml 上的 HTML / XML 数据提取库。

w3lib：用于处理 URL 和网页编码的多用途帮助程序。

twisted：异步网络框架。

cryptography 和 pyOpenSSL：处理各种网络级安全需求。

4．scrapy 框架的安装

在命令行或者 PyCharm 的终端中输入以下命令。

```
pip install scrapy
```

输入语句 scrapy，如果系统未抛出异常，则说明 Scrapy 框架已经安装成功，如图 11-14 所示。

```
C:\Users\木子日曦>scrapy
Scrapy 2.9.0 - no active project

Usage:
  scrapy <command> [options] [args]

Available commands:
  bench         Run quick benchmark test
  fetch         Fetch a URL using the Scrapy downloader
  genspider     Generate new spider using pre-defined templates
  runspider     Run a self-contained spider (without creating a project)
  settings      Get settings values
  shell         Interactive scraping console
  startproject  Create new project
  version       Print Scrapy version
  view          Open URL in browser, as seen by Scrapy

  [ more ]      More commands available when run from project directory

Use "scrapy <command> -h" to see more info about a command
```

图 11-14　安装成功

11.4.2　pyspider 框架

相对于 Scrapy 框架而言，pyspider 框架是一支“新秀”。它采用 Python 语言编写，采用分布式架构，支持多种数据库后端，具有强大的 WebUI 支持脚本编辑器、任务监视器、项目管理器及结果查看器。pyspider 框架的具体特性如下。

① Python 脚本控制，用户可以用自己喜欢的 HTML 解析包（内置 PyQuery）。

② 使用 Web 界面编写调试/启停脚本，监控执行状态，查看活动历史，获取结果产出。

③ 支持 MySQL、MongoDB、Redis、SQLite、Elasticsearch、PostgreSQL 与 SQLAlchemy。

④ 支持 RabbitMQ、Beanstalk、Redis 和 Kombu 作为消息队列。

⑤ 支持抓取 JavaScript 页面。

⑥ 强大的调度控制，支持超时重爬及优先级设置。

⑦ 组件可替换，支持单机 / 分布式部署，支持 Docker 部署。

pyspider 框架源码可以从本书配套资源中获取，也可从图 11-15 所示的 pyspider 官方文档获取。

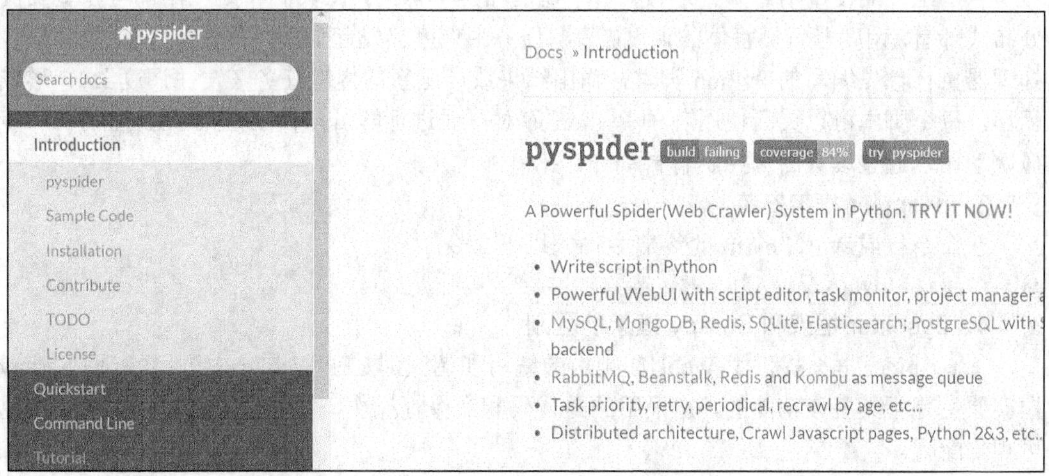

图 11-15　pyspider 官方文档

1. pyspider 的架构

pyspider 的架构主要分为调度器、抓取器、处理器 3 个部分，整个爬取过程受到监控器的监控，爬取的结果由结果处理器进行处理。pyspider 的架构如图 11-16 所示。

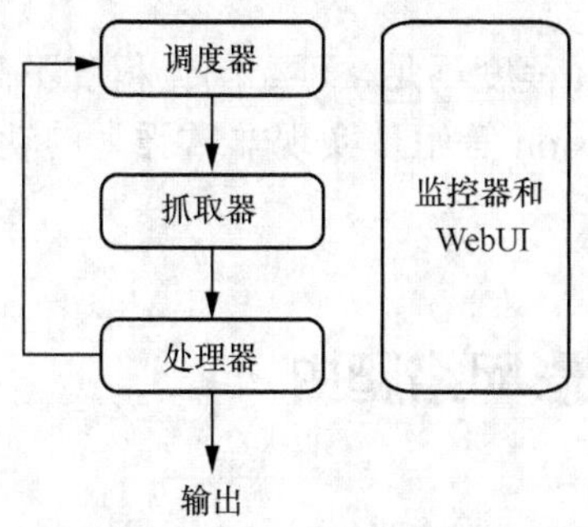

图 11-16　pyspider 的架构

调度器的功能：设置任务优先级，设置周期定时任务，控制流量和基于时间周期或前链标签（例如更新时间）的重抓取调度。

抓取器的功能：支持 data URL，即支持从 data URL 中获取数据。data URL 是一种允许将小文件直接嵌入到文档中的方案，通常用于嵌入图像、样式表等资源。抓取器还可以控制 method（方法）、header（头部）、cookie（记忆块）、proxy（代理）、eTag（资源标签）、last_modified（最后修改时间）、timeout（超时）等抓取调度控制，可以通过适配类似 phantomjs 的 webkit 引擎支持渲染。phantomjs 是一个基于 WebKit 的无界面的、可编程的浏览器。

处理器的功能：内置 PyQuery，以 jQuery 解析页面，在脚本中完全控制调度抓取的各项参数，可以向后链传递信息，捕获异常。

2．pyspider 框架数据处理流程

各个组件间使用消息队列连接。除了调度器是单点的，抓取器和处理器都可以多实例分布式部署。调度器负责整体的调度控制，任务由调度器发起调度，抓取器抓取网页内容，处理器执行预先编写的 Python 脚本，输出结果或产生新的提链任务（发往调度器），形成闭环。每个脚本可以灵活使用各种 Python 库对页面进行解析，使用框架 API 控制下一步抓取动作，通过设置回调控制解析动作。

3．pyspider 框架安装

在命令行或者 PyCharm 的终端中输入以下命令。

```
pip install pyspider
```

4．pyspider 框架和 Scrapy 框架的区别

① pyspider 框架提供了 WebUI，爬虫的编写和调试都是在 WebUI 中进行的。而 Scrapy 框架原生是不具备该功能的，它采用的是代码和命令行操作，但可以通过对接 Portia 实现可视化配置。

② pyspider 框架调试非常方便，WebUI 操作便捷直观。Scrapy 框架则使用 parse 命令进行调试，方便程度不如 pyspider 框架。

③ pyspider 框架支持 PhantomJS 来进行 JavaScript 渲染页面的采集。Scrapy 框架可以对接 Scrapy-Splash 组件，需要额外配置。

④ pyspider 框架中内置了 PyQuery 作为选择器。Scrapy 框架对接了 XPath、CSS 选择器和正则匹配。

⑤ pyspider 框架的可扩展程度不足，可配制化程度不高。Scrapy 框架可以通过对接 Middleware、Pipeline、Extension 等组件实现非常强大的功能，模块之间的耦合程度低，可扩展程度极高。

11.5 实战：豆瓣电影网络爬虫

使用 Scrapy 爬取豆瓣电影 Top250。我们的目标是爬取“豆瓣电影 Top250”网页的电影信息，其中包括电影名、评分、导演等信息。

1．分析网页

目标 URL：豆瓣电影，其界面如图 11-17 所示。可以看出，该界面包括 10 个页面，每一个页面有 25 条电影信息。检查网页源码可以发现，每条电影的详细信息在 ol class = "grid_view"下的 li 标签里。

图 11-17　电影页面

翻页查看各页面 URL 可以发现，第 page 页（1 ≤ page ≤ 10），URL 中的 start 参数的计算式为 start = (page − 1) × 25。

在编写 Scrapy 爬虫时，我们构造出 10 页 URL，生成 10 次请求。

2．Scrapy 爬虫

编写 Scrapy 爬虫，将爬取的电影信息保存到 CSV 文件中，爬取的电影海报保存到本地文件夹中。

创建项目代码如下，项目结构如图 11-18 所示。

```
scrapy startproject Douban_movie_top250
cd Douban_movie_top250
scrapy genspider Douban m***.d***.com
```

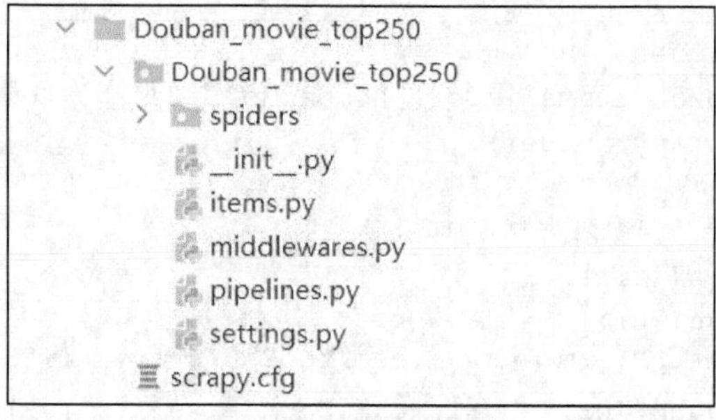

图 11-18　项目结构

图 11-7 中各文件的说明见表 11-7。

表 11-7　文件的说明

名称	作用
scrapy.cfg	项目的配置信息，主要为 Scrapy 命令行工具提供一个基础的配置信息（真正爬虫相关的配置信息在 settings.py 文件中）
items.py	设置数据存储模板，用于结构化数据，例如 Django 的模板（Model）
pipelines.py	数据处理行为，例如一般结构化的数据持久化
settings.py	配置文件，例如递归的层数、并发数，延迟下载等
spiders	爬虫目录，例如创建文件，编写爬虫规则

构造请求如下。

Douban.py 中定义 start_requests()方法，爬取 10 个页面的信息，生成 10 次请求，代码如下。

```
def start_requests(self):
    for i in range(10):
        url = f'https://m***.d***.com/top250?start = {25 * i}&filter ='
        yield Request(url = url, callback = self.parse)
```

编写 items.py，代码如下。

```
import scrapy
class DoubanMovieTop250Item(scrapy.Item):
 # 定义 Item 数据结构
    name = scrapy.Field()
    pic_link = scrapy.Field()
    rank = scrapy.Field()
    director_actor = scrapy.Field()
    info = scrapy.Field()
    rating_score = scrapy.Field()
    rating_num = scrapy.Field()
    introduce = scrapy.Field()
```

编写 Douban.py，代码如下。

Spider 类定义了如何爬取某个（或某些）网站，包括爬取的动作（如是否跟进链接）及如何从网页的内容中提取结构化数据（抓取 item）

```
import scrapy
from scrapy import Request
from Douban_movie_top250.items import DoubanMovieTop250Item
class DoubanSpider(scrapy.Spider):
    name = 'Douban'
    allowed_domains = ['m***.d***.com']
    def start_requests(self):
        for i in range(10):
            url = f'https://m***.d***.com/top250?start = {25 * i}&filter ='
            yield Request(url = url, callback = self.parse)
    def parse(self, response, **kwargs):
     # Xpath 定位提取数据  遍历  获取每一条电影的详细信息
        for li in response.xpath("//ol[@class = 'grid_view']/li"):
```

```
            item = DoubanMovieTop250Item()
            item['rank'] = li.xpath(".//div[@class =
                                'pic']/em/text()").extract_first()
            item['name']=li.xpath(".//div[@class =
                              'hd']/a/span[@class = 'title']/text()").extract_first(
)
            item['pic_link'] = li.xpath(".//div[@class =
                                    'pic']/a/img/@src").extract_first()
            item['info'] = li.xpath(".//div[@class =
                                 'bd']/p/text()").extract()[1].strip()
            item['director_actor'] = li.xpath(".//div[@class =
                                         'bd']/p/text()").extract_first().stri
p()
            item['rating_score'] = li.xpath(".//div[@class =
                                       'star']/span[2]/text()").extract_first()
            item['rating_num'] = li.xpath(".//div[@class =
                                      'star']/span[4]/text()").extract_first()
            item['introduce'] = li.xpath(".//p[@class =
                                     'quote']/span/text()").extract_first()
            yield item
```

此外，我们还要将电影海报保存到本地文件夹中，所以需要编写管道文件 pipelines.py，代码如下。Scrapy 提供了专门处理下载的 Pipeline 工具，支持文件下载和图片下载。文件和图片的下载原理与抓取页面的原理一样，因此下载过程支持异步和多线程，十分高效。

```
from scrapy.pipelines.images import ImagesPipeline  # scrapy 图片下载器
from scrapy import Request
from scrapy.exceptions import DropItem
class DoubanMovieTop250Pipeline(ImagesPipeline):
    # 请求下载图片
    def get_media_requests(self, item, info):
        yield Request(item['pic_link'], meta = {'name': item['name']})
    def item_completed(self, results, item, info):
        # 分析下载结果并剔除下载失败的图片
        image_paths = [x['path'] for ok, x in results if ok]
        if not image_paths:
            raise DropItem("Item contains no images")
        return item
    # 重写 file_path 方法，将图片以原来的名称和格式进行保存
    def file_path(self, request, response = None, info = None):
        name = request.meta['name']  # 接收上面 meta 传递过来的图片名称
        file_name = name + '.jpg'     # 添加图片后缀名
        return file_name
```

配置文件 settings.py 的代码如下。

```
# settings.py
BOT_NAME = 'Douban_movie_top250'
SPIDER_MODULES = ['Douban_movie_top250.spiders']
NEWSPIDER_MODULE = 'Douban_movie_top250.spiders'
'''Crawl responsibly by identifying yourself (and your website) on the
user-agent'''
```

```
USER_AGENT = 'Mozilla/5.0 (Windows NT 6.2; WOW64) AppleWebKit/535.24 (KHTML,
              like Gecko) Chrome/19.0.1055.1 Safari/535.24'
# Obey robots.txt rules
ROBOTSTXT_OBEY = False
# Configure maximum concurrent requests performed by Scrapy (default: 16)
CONCURRENT_REQUESTS = 10
# Configure a delay for requests for the same website (default: 0)
# See also autothrottle settings and docs
DOWNLOAD_DELAY = 0.25
# Configure item pipelines
ITEM_PIPELINES = {
    'Douban_movie_top250.pipelines.DoubanMovieTop250Pipeline': 300,
}
IMAGES_STORE = './Douban_pic'    # 图片保存路径
```

先将路径切换为 spider 的目录，再运行程序。切换路径如图 11-19 所示。运行程序如图 11-20 所示。

```
scrapy crawl Douban -o movies_info.csv
```

```
PS D:\PycharmProjects\visual_demo\Douban_movie_top250\Douban_movie_top250> cd .\spiders\
PS D:\PycharmProjects\visual_demo\Douban_movie_top250\Douban_movie_top250\spiders> scrapy crawl Douban -o movies_info.csv
```

图 11-19　切换路径

```
PS D:\PycharmProjects\visual_demo\Douban_movie_top250\Douban_movie_top250\spiders> scrapy crawl Douban -o movies_info.csv
2023-08-14 15:18:25 [scrapy.utils.log] INFO: Scrapy 2.9.0 started (bot: Douban_movie_top250)
2023-08-14 15:18:25 [scrapy.utils.log] INFO: Versions: lxml 4.8.0.0, libxml2 2.9.12, cssselect 1.2.0, parsel 1.8.1, w3lib
2.1.2, Twisted 22.10.0, Python 3.8.2 (tags/v3.8.2:7b3ab59, Feb 25 2020, 23:03:10) [MSC v.1916 64 bit (AMD64)], pyOpenSSL 2
3.2.0 (OpenSSL 3.1.2 1 Aug 2023), cryptography 41.0.3, Platform Windows-10-10.0.22621-SP0
2023-08-14 15:18:25 [scrapy.crawler] INFO: Overridden settings:
{'BOT_NAME': 'Douban_movie_top250',
```

（a）启动 Scrapy 爬虫

```
'downloader/response_status_count/200': 10,
'elapsed_time_seconds': 3.493259,
'feedexport/success_count/FileFeedStorage': 1,
'finish_reason': 'finished',
'finish_time': datetime.datetime(2023, 8, 14, 7, 18, 29, 635876),
'httpcompression/response_bytes': 661211,
'httpcompression/response_count': 10,
'item_scraped_count': 250,
'log_count/DEBUG': 265,
'log_count/INFO': 11,
'response_received_count': 10,
'scheduler/dequeued': 10,
'scheduler/dequeued/memory': 10,
'scheduler/enqueued': 10,
'scheduler/enqueued/memory': 10,
'start_time': datetime.datetime(2023, 8, 14, 7, 18, 26, 142617)}
2023-08-14 15:18:29 [scrapy.core.engine] INFO: Spider closed (finished)
PS D:\PycharmProjects\visual_demo\Douban_movie_top250\Douban_movie_top250\spiders>
```

（b）完成信息爬取

图 11-20　运行程序

Scrapy 爬虫在 2023-08-14 15:18:25 启动，输出了 Scrapy 的版本和一些配置信息。之后，Scrapy 爬虫一边爬取一边下载，并在 2023-08-14 15:18:29 时完成电影信息的爬取。得到的爬取结果如图 11-21 所示。

A	B	C	D	E	F	G	H
director_actor	info	introduce	name	pic_link	rank	rating_num	rating_score
导演：弗兰克·德拉邦特 Frank	1994	希望让人自	肖申克的救	https://in	1	2903508人i	9.7
导演：陈凯歌 Kaige Chen	1993	风华绝代。	霸王别姬	https://in	2	2143629人i	9.6
导演：罗伯特·泽米吉斯 Rober	1994	一部美国近	阿甘正传	https://in	3	2165155人i	9.5
导演：詹姆斯·卡梅隆 James C.	1997	失去的才是	泰坦尼克号	https://in	4	2194749人i	9.5
导演：吕克·贝松 Luc Besson	1994	怪蜀黍和小	这个杀手不	https://in	5	2299201人i	9.4
导演：宫崎骏 Hayao Miyazaki	2001	最好的宫崎	千与千寻	https://in	6	2248226人i	9.4
导演：罗伯托·贝尼尼 Roberto	1997	最美的谎言	美丽人生	https://in	7	1328907人i	9.6
导演：史蒂文·斯皮尔伯格 Ste	1993	拯救一个人	辛德勒的名	https://in	8	1107810人i	9.6
导演：克里斯托弗·诺兰 Chris	2014	爱是一种力	星际穿越	https://in	9	1840929人i	9.4
导演：克里斯托弗·诺兰 Chris	2010	诺兰给了我	盗梦空间	https://in	10	2065074人i	9.4
导演：彼得·威尔 Peter Weir	1998	如果再也不	楚门的世界	https://in	11	1713381人i	9.4
导演：莱塞·霍尔斯道姆 Lasse	2009	永远都不能	忠犬八公的	https://in	12	1401475人i	9.4
导演：朱塞佩·托纳多雷 Giuse	1998	每个人都要	海上钢琴师	https://in	13	1680668人i	9.3
导演：拉库马·希拉尼 Rajkuma	2009	英俊版憨豆	三傻大闹宝	https://in	14	1861971人i	9.2
导演：克里斯托夫·巴拉蒂 Chr	2004	天籁一般的	放牛班的春	https://in	15	1313861人i	9.3
导演：安德鲁·斯坦顿 Andrew	2008	小瓦力，大	机器人总动	https://in	16	1318340人i	9.3
导演：刘伟强 / 麦兆辉　主	2002	香港电影史	无间道	https://in	17	1366374人i	9.3
导演：拜伦·霍华德 Byron How	2016	迪士尼给我	疯狂动物城	https://in	18	1939556人i	9.2

图 11-21　爬取结果

通过本实战，我们可以了解如何使用 Scrapy 框架进行网页爬取，并提取所需的数据。

第 12 章 Python Web 框架

如今，Web 项目开发越来越难，需要的开发时间越来越多。因此，开发人员灵活运用 Web 开发框架的能力显得愈发重要。

本章将要探讨以下三方面内容。

① Web 框架的基本概念。

② 常见的 Python Web 框架。

③ Flask 框架的安装与使用。

12.1 Web 框架简介

Web 框架也叫作 Web 应用框架，是用于进行 Web 开发的一套软件架构。大多数 Web 框架提供了一套开发和部署网站的方式，为 Web 的行为提供了一套支持的方法。使用 Web 框架，可以让很多业务逻辑外的功能不需要开发人员自己完善，而是使用框架已有的功能即可。

12.1.1 MVC 模式和 Web 框架

Web 框架是用于简化 Web 开发的软件框架，其存在是为了避免开发人员重新“发明轮子”，并且在创建一个新的网站时帮助开发人员减少一些开销。Web 框架一般提供以下常用功能。

① 管理路由。

② 访问数据库。

③ 管理会话和 cookies。

④ 创建模板来显示 HTML。

⑤ 促进代码的重用。

事实上，框架不是创新性的东西，它只是一些能够实现常用功能的 Python 文件。我们可以把框架看作工具的集合，而不是特定的东西。框架可以使网站建立得更快、更容易。

模型–视图–控制器（Model-View-Controller，MVC）模式最早由 Trygve Reenskaug 在 1978 年提出，它在 20 世纪 80 年代是程序语言 Smalltalk 的一种内部架构。后来 MVC 模式被其他语言所借鉴，成为软件工程中的一种软件架构模式。MVC 模式把 Web 应用系统分为以下 3 个基本部分。

模型：用于封装与应用程序的业务逻辑相关的数据及对数据的处理方法，是 Web 应用程序中用于处理应用程序数据逻辑的部分。模型只提供功能性接口，通过这些接口可以获取模型的所有功能。模型不依赖视图和控制器，可以在任何时候调用模型访问数据。有些模型还提供事件通知机制，为在其上注册过的视图或控制器提供实时的数据更新服务。

视图：负责数据的显示和呈现，是面向用户的直接输出。MVC 模式中的一个模型通常为多个视图提供服务。为了获取模型实时更新的数据，视图应该尽早地注册到模型中。

控制器：负责从用户端收集用户的输入，其功能可以看作视图的反向功能。当用户的输入导致视图发生变化时，这种变化必须通过模型反映给视图。在 MVC 模式下，控制器一般不能与视图直接通信，这提高了业务数据的一致性，即以模型作为数据中心。

上述 3 个基本部分互相分离，在改进和升级界面及用户交互流程时，不需要重写业务逻辑及数据访问代码。MVC 模式的架构如图 12-1 所示。

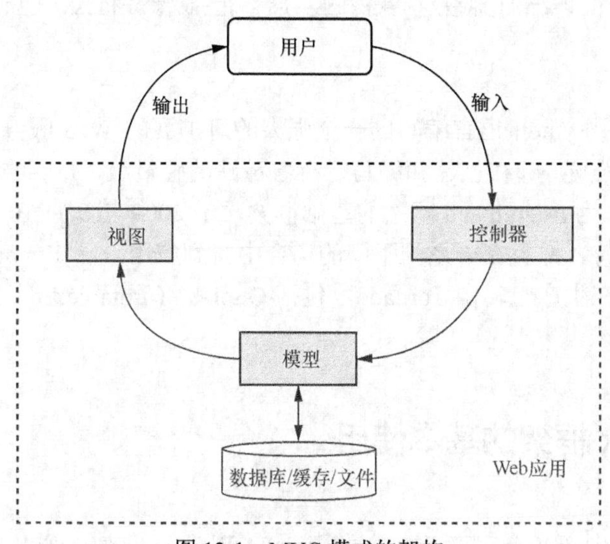

图 12-1　MVC 模式的架构

12.1.2　Python 中常用的 Web 框架

Web 服务器网关接口（Web Server Gateway Interface，WSGI）是一种 Web 服务器和 Web 应用程序或框架之间的简单而通用的接口。也就是说，只要遵循 WSGI 规则，开发人员就可以自主开发 Web 框架。下面介绍几种主流的 Python Web 框架。

（1）Django

Django 在 2003 年诞生于美国堪萨斯州，最初用于制作在线新闻 Web 站点，于 2005 年加入了 BSD[1]，成为开源网络框架。Django 这个名字来自比利时的爵士音乐家 Django

1　BSD: Berkeley Software Distribution，伯克利软件套件。

Reinhardt，意为 Django 能优雅地“演奏”（开发）功能丰富的“乐曲”（Web 应用）。

Django 是当前 Python 中最负盛名且最成熟的网络框架，目前已发展为应用最广泛的 Python 网络框架。Django 各模块之间的结合比较紧密，所以 Django 在功能强大的同时又是一个相对封闭的系统，但是其健全的在线文档及开发社区，使开发者在遇到问题时能找到解决方法。

（2）Flask

Flask 是 Python Web 框架中比较年轻的一个，于 2010 年出现，这使它吸收了其他框架的优点，并且把自己的主要领域定义在微小项目上。同时，Flask 是可扩展的，它让开发人员自己选择用数据库插件来存储数据。Flask 是一个面向简单需求和小型应用的微框架。

（3）Bottle

Bottle 相对于其他 Web 框架来说比较新。它是名副其实的微框架——只有大约 4500 行代码。除了 Python 标准库，它没有任何其他的依赖，甚至还有自己独特的模板语言。Bottle 的文档很详细且抓住了事物的实质。它很像 Flask，也使用了装饰器来定义路径。

（4）Tornado

Tornado 是使用 Python 语言编写的一个强大的可扩展的 Web 服务器，在处理高网络流量时表现得足够强健，却在创建和编写时有着足够的轻量级，并能够用于大量的应用和工具中。Tornado 作为 FriendFeed 网站的基础框架，于 2009 年 9 月 10 日发布，目前已经获得很多社区的支持，并且在一系列不同的场合中得到应用。除 FriendFeed 和 Facebook 外，还有很多公司在生产上转向 Tornado，包括 Quora、Turntable.fm、Bit.ly、Hipmunk、MyYearbook 等。

12.2 Flask 框架的基本使用

Flask 依赖两个外部库——Werkzeug 和 Jinja2。Werkzeug 是一个 WSGI 工具集。Jinja2 负责渲染模板。在安装 Flask 之前，需要先安装这两个外部库。

12.2.1 Flask 安装

1. 创建虚拟环境

安装 Flask 最便捷的方式是使用虚拟环境，venv 为不同项目提供独立的 Python 环境。我们可以使用以下命令进行安装。

```
# 通过 venv 创建虚拟环境 flask_env,虚拟环境名称可自定义
D:\python> Python -m venv flask_env
# 切到 Python 目录下激活虚拟环境 flask_env
D:\python> flask_env\Scripts\activate
```

激活虚拟环境后的效果如图 12-2 所示。

```
D:\python>flask_env\Scripts\activate

(flask_env) D:\python>
```

图 12-2 激活虚拟环境后的效果

2. 安装 Flask

大多数 Python 包使用 pip 实用工具安装，使用 Virtualenv 创建虚拟环境时会自动安装 pip。激活虚拟环境后，pip 所在的路径会被添加进 PATH。我们使用以下命令安装 Flask，安装效果如图 12-3 所示。

```
(flask_env) D:\python>pip install flask==2.3.2
```

```
(flask_env) D:\python>pip install flask==2.3.2
Looking in indexes: https://mirrors.aliyun.com/pypi/simple/
Collecting flask==2.3.2
  Downloading https://mirrors.aliyun.com/pypi/packages/fa/1a/f191d32818e5cd985bdd3f
6/Flask-2.3.2-py3-none-any.whl (96 kB)
     ━━━━━━━━━━━━━━━━━━━━━━━━━━━━━━━━━━━━━━━ 96.9/96.9 kB 787.5 kB/s eta 0:00:00
Collecting Werkzeug>=2.3.3 (from flask==2.3.2)
  Using cached https://mirrors.aliyun.com/pypi/packages/ba/d6/8040faecaba2feb84e164
fe/Werkzeug-2.3.6-py3-none-any.whl (242 kB)
Collecting Jinja2>=3.1.2 (from flask==2.3.2)
```

图 12-3 Flask 安装效果

安装完成以后，我们可以通过以下命令查看所有安装包，得到的结果如图 12-4 所示。

```
(flask_env) D:\python>pip list --format columns
```

```
(flask_env) D:\python>pip list --format columns
Package            Version
------------------ -------
blinker            1.6.2
click              8.1.6
colorama           0.4.6
Flask              2.3.2
importlib-metadata 6.8.0
itsdangerous       2.1.2
Jinja2             3.1.2
MarkupSafe         2.1.3
pip                23.2.1
setuptools         56.0.0
Werkzeug           2.3.6
zipp               3.16.2
```

图 12-4 查看所有安装包

从图 12-4 中可以看到，我们已经成功安装 Flask，并且也安装了 Flask 的两个外部依赖库——Werkzeug 和 Jinja2。

12.2.2 初始化 Flask 应用程序

一个简单的 Flask 应用程序示例如下。

```
from flask import Flask
app = Flask(__name__)
@app.route('/')
def hello_world():
    return 'Hello World!'
if __name__ == '__main__':
    app.run()
```

该文件可命名为 hello.py 或其他类似名称。请不要使用 flask.py 作为应用名称，这会与 Flask 本身发生冲突。

我们可以通过以下命令启动上述应用程序，启动效果如图 12-5 所示。

```
(flask_env) D:\python>python hello.py
```

```
(flask_env) D:\python>python hello.py
 * Serving Flask app 'hello'
 * Debug mode: off
WARNING: This is a development server. Do not use it in a production deployment.
 Use a production WSGI server instead.
 * Running on http://127.0.0.1:5000
Press CTRL+C to quit
```

图 12-5　启动效果

现在访问 http://127.0.0.1:5000/（内部网址），你会看见“Hello World”问候，如图 12-6 所示。

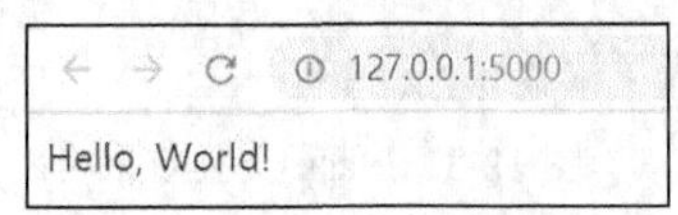

图 12-6　访问 Flask 应用

那么，这段代码做了什么？

首先，我们导入了 Flask 类。这个类的实例将会是我们的 WSGI 应用程序。

其次，我们创建了一个 Flask 类的实例，其第一个参数是应用模块或者包的名称。如果使用单一的模块（例如本例），则应该使用__name__，因为模块的名称将会因其作为单独应用程序来启动还是作为模块导入会有所不同（即是__main__还是实际的导入名）。这个操作是必要的，这样 Flask 类才知道到哪里去找模板、静态文件等。

再次，我们使用 route() 装饰器告诉 Flask 类什么样的 URL 能触发函数。这个函数的名字在生成 URL 时也会被特定的函数采用，这个函数返回我们想要显示在用户浏览器中的信息。

最后，我们用 run() 函数让应用程序运行在本地服务器上。代码中的“if __name__ == '__main__':”确保服务器只会在该脚本被 Python 解释器直接执行时才会运行，而不是在作为模块导入时运行。如果关闭本地服务器，则使用组合键 Ctrl+C。

虽然 run() 函数适用于启动本地服务器，但是我们每次修改代码后都要手动重启该服务器。这样并不方便。而 Flask 可以做到更好。如果我们启用了调试支持，那么本地服务器会在代码修改后自动重新进行载入，并在发生错误时提供一个相当有用的调试器。

有两种途径来启用调试模式，一种是直接在应用对象上设置，代码如下。

```
app.debug = True
app.run()
```

另一种是把 debug 作为 run() 函数的一个参数传入，代码如下。

```
app.run(debug = True)
```

12.2.3　路由与视图

现代 Web 应用的 URL 十分优雅，方便人们辨识和记忆。这对于那些面向使用低速网络连接移动设备访问的应用特别有用。

route() 装饰器可把一个函数绑定到对应的 URL 上。示例如下。

```
@app.route('/')
def index():
    return 'Index Page'
@app.route('/hello')
def hello():
    return 'Hello World'
```

另外，我们可以构造含有动态内容（变量）的 URL，也可以在一个函数上附着多个规则。

要给 URL 添加变量部分，我们可以把这些特殊的字段（变量部分）标记为<variable_name>，这个部分将会作为命名参数传递给我们的函数。示例如下。

```
@app.route('/user/<username>')
def show_user_profile(username):
    # show the user profile for that user
    return 'User %s' % username
@app.route('/post/<int:post_id>')
def show_post(post_id):
    # show the post with the given id, the id is an integer
    return 'Post %d' % post_id
```

现在访问（内部网址）http://127.0.0.1:5000/user/zhangsan，我们会看见 User zhangsan 信息，如图 12-7 所示。

图 12-7　访问 Flask 应用

规则可以用<converter:variable_name>指定一个可选的转换器。转换器类型如下。

string：（缺省值）接收任何不包含斜线的文本。

int：接收正整数。

float：接收正浮点数。

path：类似字符串，但可以包含斜杠。

uuid：接收 UUID 字符串。

Flask 的 URL 规则基于 Werkzeug 的路由模块，示例如下。

```
# 代码 1
@app.route('/projects/')
def projects():
    return 'The project page'
# 代码 2
```

```
@app.route('/about')
def about():
    return 'The about page'
```

虽然代码 1 和代码 2 看起来很相似，但它们结尾斜线的使用在 URL 定义中不同。在代码 1 中，指向 projects 的规范 URL 尾端有一个斜线（/），这很像在文件系统中的文件夹的表示方式。访问一个结尾不带斜线的 URL 会被 Flask 重定向到带斜线的规范 URL 中。

在代码 2 中，URL 结尾不带斜线，这类似于类 UNIX 操作系统下文件的路径名。访问结尾带斜线的 URL 会导致产生“404 Not Found”错误。这种设置使得在遗忘结尾斜线时，允许关联的 URL 接任工作，与 Apache 和其他服务器的行为一致。此外，这样也保证了 URL 的唯一性，有助于避免搜索引擎两次对同一个页面进行索引。

如果 Flask 能匹配 URL，那么 Flask 就可以生成它们。我们可以用 url_for() 方法给指定的函数构造 URL。url_for() 方法接收函数名作为第一个参数，也接收对应 URL 规则的变量部分的命名参数。未知变量部分会添加到 URL 末尾作为查询参数。示例如下。

```
from flask import Flask, url_for
app = Flask(__name__)
@app.route('/')
def index():
     return 'index'
@app.route('/login')
def login():
     return 'login'
@app.route('/user/<username>')
def profile(username):
    return '{}\'s profile'.format(escape(username))
with app.test_request_context():
    print(url_for('index'))
    print(url_for('login'))
    print(url_for('login', next = '/'))
    print(url_for('profile', username = 'John Doe'))
```

为什么要构建 URL？原因如下。

① 反向构建通常比硬编码的描述性更好。更重要的是，它允许我们一次性地修改 URL，而不是边找边改。

② URL 构建会转义特殊字符和 Unicode 数据，节省时间，方便快捷。

③ 如果应用程序不位于 URL 的根路径（例如，在 /myapplication 下，而不是在/下），则 url_for() 方法可以妥善解决这个问题。

HTTP 有许多不同的访问 URL 方法。默认情况下，路由只回应 GET 请求，但是通过 route() 装饰器传递 methods 参数可以改变这个行为。示例如下。

```
@app.route('/login', methods = ['GET', 'POST'])
def login():
    if request.method == 'POST':
        do_the_login()
    else:
        show_the_login_form()
```

如果存在 GET 请求，那么它也会替我们自动地添加 HEAD（请求头），无须人工干预。路由会确保遵照 HTTP RFC（描述 HTTP 的文档）处理 HEAD 请求，因此可以完全忽略这部分的 HTTP 规范。

动态 Web 应用也需要静态文件，这些静态文件通常是 CSS 和 JavaScript 文件。理想状况下，我们已经配置好 Web 服务器来提供静态文件，但是在开发中，Flask 也可以做到。只要在我们的包中或模块所在目录中创建一个名为 static 的文件夹，在应用程序中使用 /static 访问即可文件夹。

给静态文件生成 URL，可以使用特殊的 'static' 端点名，代码如下。

```
url_for('static', filename = 'style.css')
```

静态文件 style.css 应该存储在文件系统的 static/style.css 中。

12.2.4　模板的基本使用

用 Python 生成 HTML 相当烦琐，因为我们必须手动对 HTML 进行转义来保证应用程序的安全。为此，Flask 配备了 Jinja2 模板引擎。

我们可以使用 render_template() 方法来渲染模板，将模板名和关键字参数传入模板的变量即可。示例如下。

```
from flask import render_template
@app.route('/hello/')
@app.route('/hello/<name>')
def hello(name = None):
    return render_template('hello.html', name = name)
```

Flask 会在 templates 文件夹中寻找模板。如果应用程序是一个模块，则这个文件夹应该与模块同级；如果应用程序是一个包，则这个文件夹应作为包的子目录。

应用程序为模块的示例如下。

```
/application.py
/templates
    /hello.html
```

应用程序为包的示例如下。

```
/application
    /__init__.py
    /templates
        /hello.html
```

Jinja2 模板可以生成任何基于文本的格式（HTML、XML、CSV、LaTeX 等）。Jinja2 模板只是一个文本文件，并不需要特定的扩展名，使用.html、.xml 或其他扩展名都可以。Jinja2 模板包含变量或表达式，在渲染模板时这些变量和表达式会被替换为值和标签，它们控制模板的逻辑。Jinja2 模板语法在很大程度上受到了 Django 和 Python 的启发。

第一个模板（templates/index.html）如下。

```
<html>
  <head>
    <title>{{title}} - microblog</title>
```

```
  </head>
  <body>
      <h1>Hello, {{user.nickname}}!</h1>
  </body>
</html>
```

上述代码实现的是一个普通的 HTML 页面，需要注意的是里面加了一些以{{ ··· }}（如{{title}}）组成的动态内容占位符。

视图函数对上述模版的处理如下（views.py）。

```
from flask import Flask , url_for, render_template
app = Flask(__name__)
@app.route('/')
@app.route('/index')
def index():
    user = { 'nickname': 'Miguel' } # fake user
    return render_template("index.html",
        title = 'Home',
        user = user)
if __name__ == '__main__':
    app.run(debug=True)
```

运行 Flask 服务，并访问内部网址 http://127.0.0.1:5000/，可以看到模板渲染后的页面，如图 12-8 所示。

图 12-8　模板渲染后的页面

在上面的程序中，我们从 Flask 框架导入了一个叫作 render_template() 的方法，用这个方法来渲染模板，并给这个方法赋予了模板文件名和一些变量作为参数。它用导入的变量替换模板中的变量占位符，并返回渲染后的模板。

在 Flask 底层，render_template()方法实际上调用了 Flask 的一个组件——Jinja2 模板处理引擎。Jinjia2 模板用导入的变量替换了模板中对应的{{ ··· }}代码块。

Jinja2 模板系统支持流程控制语句，下面我们来尝试一下在模板中添加一个 if 流程控制语句（templates/index.html），代码如下。

```
<html>
  <head>
    {% if title %}
    <title>{{title}} - microblog</title>
    {% else %}
    <title>Welcome to microblog</title>
    {% endif %}
  </head>
  <body>
      <h1>Hello, {{user.nickname}}!</h1>
```

```
  </body>
</html>
```

如果我们在视图函数中忘了定义页面标题变量 title，那么它会使用自己的标题。

```
from flask import Flask , url_for, render_template
app = Flask(__name__)
@app.route('/')
@app.route('/index')
def index():
    user = { 'nickname': 'Miguel' } # fake user
    return render_template("index.html",
        # title = 'Home', 注释掉此行代码
        user = user)
if __name__ == '__main__':
    app.run(debug = True)
```

运行 Flask 服务，并访问 URL 内部网址 http://127.0.0.1:5000/，可以看到页面标题为视图函数自己的标题，如图 12-9 所示。

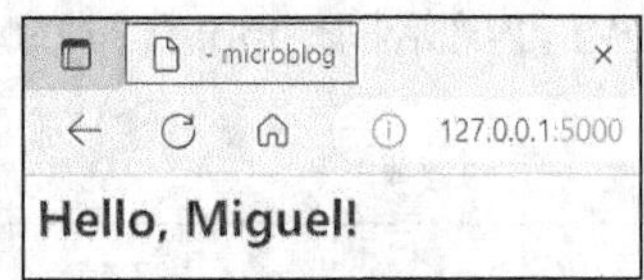

图 12-9　未定义页面标题时的页面

用户想在主页上展示好友最近写的文章，或者像新浪微博那样的好友动态，接下来我们看看如何来完成这个功能。

首先，创建用户和文章（views.py），代码如下。

```
def index():
    user = { 'nickname': 'Miguel' } # fake user
    posts = [ # fake array of posts
        {
            'author': { 'nickname': 'John' },
            'body': 'Beautiful day in Portland!'
        },
        {
            'author': { 'nickname': 'Susan' },
            'body': 'The Avengers movie was so cool!'
        }
    ]
    return render_template("index.html",
        title = 'Home',
        user = user,
        posts = posts)
```

用数组存储用户的文章，每个数组元素都是一个字典。如上述代码所示，这个字典的键（key）是 author 和 body，用于存储文章的作者和文章内容。

不难发现，模板文件现在出现了一个新问题。我们刚刚创建了一个包含用户文章的内容数据，这个数组可能包含任意数量的文章，怎样才能让模板根据这个数组的数量自动渲染内容？

要解决这个问题，就需要一个新的流程控制语句——for 循环语句。我们把 for 循环语句添加到模板文件（templates/index.html）中，代码如下。

```
<html>
  <head>
    {% if title %}
    <title>{{title}} - microblog</title>
    {% else %}
    <title>microblog</title>
    {% endif %}
  </head>
  <body>
    <h1>Hi, {{user.nickname}}!</h1>
    {% for post in posts %}
    <p>{{post.author.nickname}} says: <b>{{post.body}}</b></p>
    {% endfor %}
  </body>
</html>
```

运行 Flask 服务，并访问 URL 内部网址 http://127.0.0.1:5000/，可以看到主页信息展示如图 12-10 所示。

图 12-10　主页信息展示

12.2.5　实训案例：基于 Flask 的简单的待办事项应用

待办事项（Todo List）是一个简单而实用的 Web 应用，使用户能够轻松地管理自己的任务列表，其界面如图 12-11 所示。

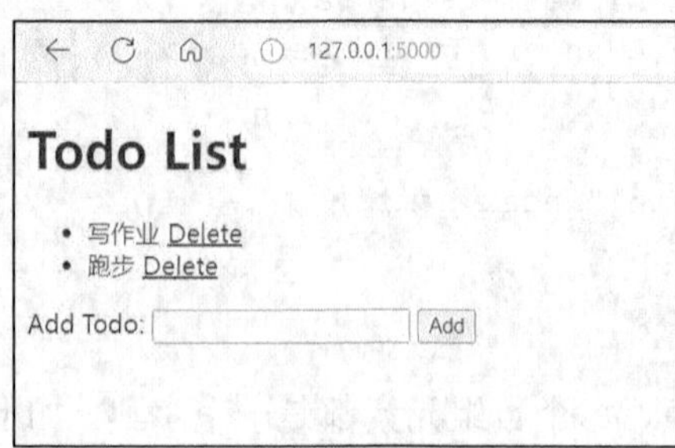

图 12-11　Todo List 界面

本案例要求编写代码，实现图 12-11 所示 Todo List 功能。

12.2.6　实训案例：基于 Flask 的用户认证系统

基于 Flask 的用户认证系统包括用户注册、用户登录、用户注销等三大功能，有助于帮助读者理解使用 Flask 框架构建简单的 Web 应用的思路。用户认证系统的登录界面如图 12-12 所示。

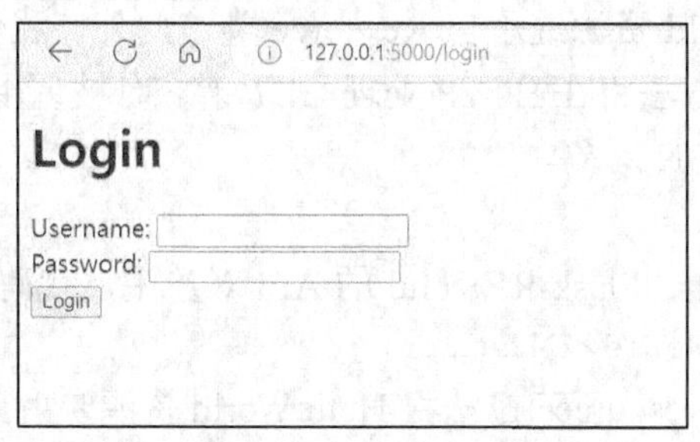

图 12-12　用户认证系统的登录界面

本案例要求编写代码，实现用户认证系统的三大功能。

12.3 Flask-RESTful 的基本使用

Flask-RESTful 是一个在 Flask 基础上构建 RESTful 风格的 API 扩展，它使创建和管理 API 变得更加简单和一致。RESTful API 是一种常用的 Web API 设计风格，用于在客户端和服务器之间传递数据，支持常见的 HTTP 方法（如 get、post、put、delete 等）。本节将介绍 Flask-RESTful 的基本使用方法，包括导入库、定义资源及处理 HTTP 请求。

1. Flask-RESTful 安装

在使用 Flask-RESTful 之前，首先确保已经安装 Flask 和 Flask-RESTful 库。使用以下命令可以在命令行中安装 Flask-RESTful 库。

```
pip install flask-restful == 0.3.10
```

安装完成后，在 Flask 应用中导入 Flask 和 Flask-RESTful 库，代码如下。

```
from flask import Flask
from flask_restful import Api, Resource
```

2. 创建 Flask 应用

在 Python 文件中导入 Flask 和 Flask-RESTful，代码如下。

```
# 导入 Flask 及 Flask-RESTful 模块
from flask import Flask
from flask_restful import Api, Resource
# 创建一个 Flask 应用实例
app = Flask(__name__)
# 创建一个 Flask-RESTful 的 Api 对象
api = Api(app)
```

3．定义资源

在 Flask-RESTful 中，资源是 API 的核心组成部分，它代表了 API 中的实体或操作。资源可以通过创建 Python 类来定义，每个资源类都需要继承自 Resource 类。

以下是一个简单的示例，定义了一个 HelloWorld 资源，实现一个简单的问候信息。

```
class HelloWorld(Resource):
    def get(self):
        return {'hello': 'world!'}
```

可以看出，HelloWorld 资源继承自 Resource 类。此外，我们还为 HelloWorld 资源定义了一个 get() 方法，该方法将在 HTTP 处理 GET 请求时被调用，返回一个包含“hello”和“world”键值对的 JSON 对象。

4．添加资源到 API

将定义好的资源添加到 Flask-RESTful 的 API 对象中，代码如下。

```
api.add_resource(HelloWorld, '/hello')
```

在上述代码中，add_resource()方法将 HelloWorld 资源映射到 URL 路径 /hello。

5．运行 Flask 应用

在文件的结尾，添加以下代码以运行 Flask 应用。

```
if __name__ == '__main__':
    app.run(debug = True)
```

现在，已经通过 Flask-RESTful 创建了一个简单的 RESTful API。通过访问内部网址 http://127.0.0.1:5000/hello，我们可以查看 Flask 应用返回的问候信息，如图 12-13 所示。

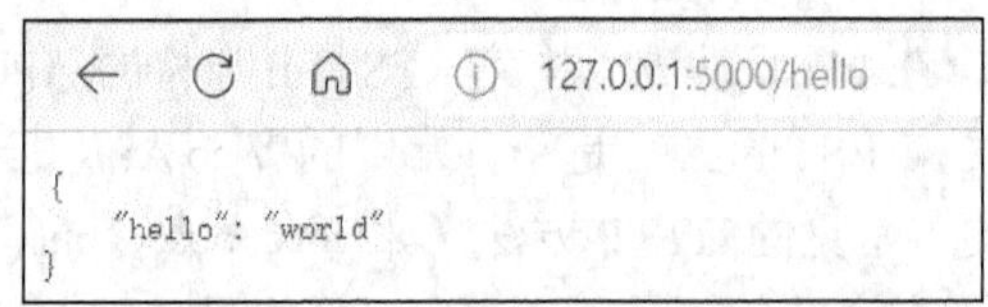

图 12-13　Flask 应用返回的问候信息

使用 Flask-RESTful，可以更轻松地构建符合 RESTful 设计原则的 API，处理不同的 HTTP 请求，并在 API 中添加更多的资源以满足用户需求。读者可参考 Flask-RESTful 的官方文档，了解更多高级用法和功能。

我们将本节代码进行汇总，完整代码如下。

```
from flask import Flask
from flask_restful import Api, Resource

app = Flask(__name__)
api = Api(app)

class HelloWorld(Resource):
    def get(self):
        return {'hello': 'world'}

api.add_resource(HelloWorld, '/hello')
```

```
if __name__ == '__main__':
    app.run(debug=True)
```

12.4 实战：构建任务管理 RESTful API

使用Flask、Flask-RESTful和SQLite来构建一个能够添加、获取、更新和删除任务的RESTful API。SQLite 是一种嵌入式关系数据库管理系统，也是一个轻量级、快速、自包含且与服务器无关的数据库引擎。SQLite 的一个重要特点是不需要独立的服务器进程，而是将数据库嵌入应用程序，以文件形式存储。

1．环境配置

确保已经安装 Flask、Flask-RESTful 和 SQLite，如果没有安装，则使用以下命令来安装。

```
pip install flask flask-restful
```

2．创建 Flask 应用

创建一个名为 app.py 的文件，并导入必要的模块，代码如下。

```
from flask import Flask, request
from flask_restful import Api, Resource
import sqlite3

app = Flask(__name__)
api = Api(app)
```

3．连接 SQLite 数据库

（1）Flask 连接 SQLite 数据库

在应用中创建一个连接到 SQLite 数据库的函数，代码如下。

```
def get_db_connection():
    conn = sqlite3.connect('tasks.db')
    conn.row_factory = sqlite3.Row
    return conn
```

（2）初始化数据库

初始化数据库的代码如下。

```
def init_db():
    conn = get_db_connection()
    with app.open_resource('schema.sql', mode = 'r') as f:
        conn.cursor().executescript(f.read())
    conn.commit()
```

4．定义 API 资源

创建一个 API 资源来处理任务的添加、获取、更新、删除等操作，代码如下。

```
class TaskList(Resource):
    def get(self):
        conn = get_db_connection()
        tasks = conn.execute('SELECT * FROM tasks').fetchall()
        conn.close()
```

```
        return [dict(task) for task in tasks]

    def post(self):
        conn = get_db_connection()
        data = request.get_json()
        conn.execute('INSERT INTO tasks (title, done) VALUES (?, ?)', (data
                    ['title'], 0))
        conn.commit()
        conn.close()
        return {'message': 'Task created'}, 201

class Task(Resource):
    def get(self, task_id):
        conn = get_db_connection()
        task = conn.execute('SELECT * FROM tasks WHERE id = ?',
                                (task_id,)).fetchone()
        conn.close()
        if task is None:
            return {'error': 'Task not found'}, 404
        return dict(task)

    def put(self, task_id):
        conn = get_db_connection()
        data = request.get_json()
        conn.execute('UPDATE tasks SET title = ?, done = ? WHERE id = ?',
                   (data['title'], data['done'], task_id))
        conn.commit()
        conn.close()
        return {'message': 'Task updated'}

    def delete(self, task_id):
        conn = get_db_connection()
        conn.execute('DELETE FROM tasks WHERE id = ?', (task_id,))
        conn.commit()
        conn.close()
        return {'message': 'Task deleted'}
```

5．添加 API 路由

将 API 资源添加到 Flask-RESTful 的 API 对象中，并定义对应的路由，代码如下。

```
api.add_resource(TaskList, '/tasks')
api.add_resource(Task, '/tasks/<int:task_id>')
```

6．运行 Flask 应用

在 app.py 文件末尾添加以下代码来运行 Flask 应用。

```
if __name__ == '__main__':
    init_db()
    app.run(debug = True)
```

7．创建数据库模式

在应用根目录下创建一个名为 schema.sql 的文件，用于定义数据库模式，具体如下。

```
DROP TABLE IF EXISTS tasks;
CREATE TABLE tasks (
    id INTEGER PRIMARY KEY,
    title TEXT NOT NULL,
    done BOOLEAN NOT NULL
);
```

8. 运行应用

通过以下命令行运行应用。

```
python app.py
```

9. 测试 API

现在，我们使用 API 测试工具（例如 Postman）来测试 API 的不同操作。

（1）添加新任务

发送 POST 请求到内部网址 http://localhost:5000/tasks，请求体为 JSON 数据，例如 {"title": "New Task"}，测试 POST 请求如图 12-14 所示。

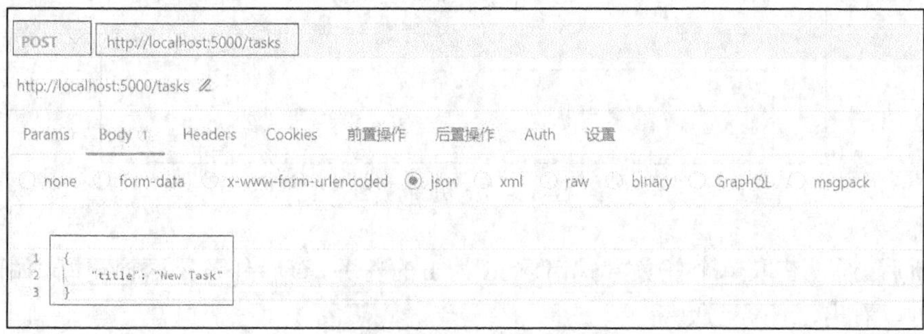

图 12-14　测试 POST 请求

（2）获取所有任务

浏览器地址栏发送 GET 请求到内部网址 http://localhost:5000/tasks，可获取到刚添加的内容，如图 12-15 所示。

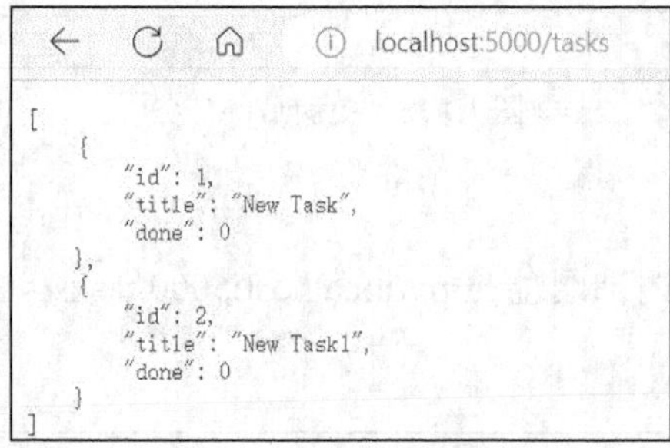

图 12-15　获取所有任务

（3）获取单个任务

发送 GET 请求到内部网址 http://localhost:5000/tasks/<task_id>，可以获取指定 id 的任务，如图 12-16 所示。

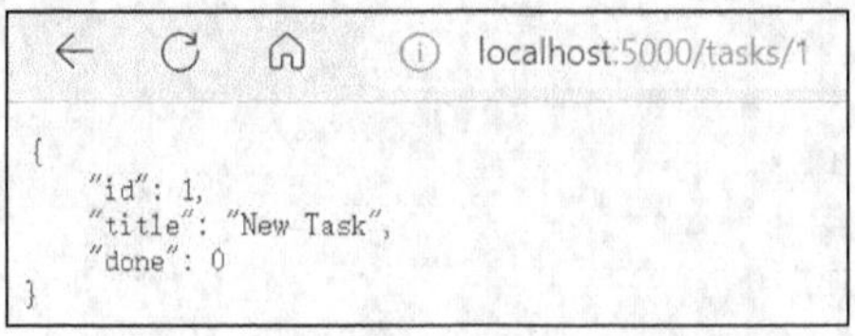

localhost:5000/tasks/1

```
{
    "id": 1,
    "title": "New Task",
    "done": 0
}
```

图 12-16　获取指定 id 的任务

（4）更新任务

发送 PUT 请求到内部网址 http://localhost:5000/tasks/<task_id>，请求体为 JSON 数据，例如{"title": "Updated Task", "done": true}。更新任务如图 12-17 所示。

图 12-17　更新任务

更新后，通过获取单个任务方式请求 id 为 1 的任务，查看任务是否已更新，如图 12-18 所示。可以看出，任务已更新。

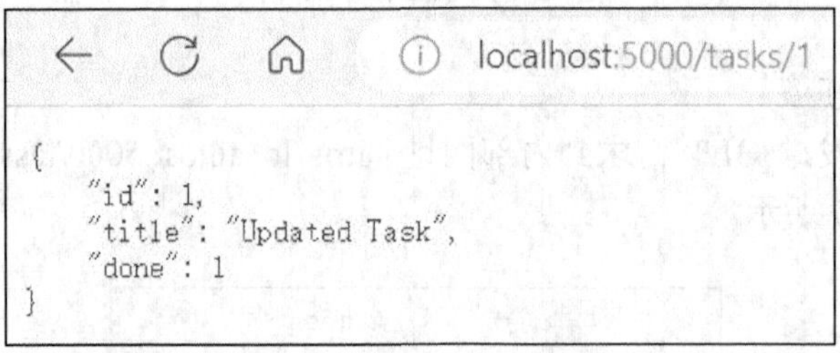

localhost:5000/tasks/1

```
{
    "id": 1,
    "title": "Updated Task",
    "done": 1
}
```

图 12-18　更新后的任务

（5）删除任务

发送 DELETE 请求到内部网址 http://localhost:5000/tasks/<task_id>，删除 id 为 2 的任务，如图 12-19 所示。

图 12-19　删除 id 为 2 的任务

更新后，通过获取所有任务的方式请求所有数据，查看 id 为 2 的任务是否还存在，如图 12-20 所示。可以看出，id 为 2 的任务已被删除。

```
[
    {
        "id": 1,
        "title": "Updated Task",
        "done": 1
    }
]
```

图 12-20 删除后的全部任务

这个实战演示了如何使用 Flask、Flask-RESTful 和 SQLite 构建一个简单的任务管理 API。本实战的完整代码如下。

```
'''app.py 文件内容'''
from flask import Flask, request
from flask_restful import Api, Resource
import sqlite3

app = Flask(__name__)
api = Api(app)


def get_db_connection():
    conn = sqlite3.connect('tasks.db')
    conn.row_factory = sqlite3.Row
    return conn


def init_db():
    conn = get_db_connection()
    with app.open_resource('schema.sql', mode = 'r') as f:
        conn.cursor().executescript(f.read())
    conn.commit()


class TaskList(Resource):
    def get(self):
        conn = get_db_connection()
        tasks = conn.execute('SELECT * FROM tasks').fetchall()
        conn.close()
        return [dict(task) for task in tasks]

    def post(self):
        conn = get_db_connection()
        data = request.get_json()
        conn.execute('INSERT INTO tasks (title, done) VALUES (?, ?)', (data
['title'], 0))
        conn.commit()
        conn.close()
        return {'message': 'Task created'}, 201
```

```
class Task(Resource):
    def get(self, task_id):
        conn = get_db_connection()
        task = conn.execute('SELECT * FROM tasks WHERE id = ?', (task_id,)).fet
chone()
        conn.close()
        if task is None:
            return {'error': 'Task not found'}, 404
        return dict(task)

    def put(self, task_id):
        conn = get_db_connection()
        data = request.get_json()
        conn.execute('UPDATE tasks SET title = ?, done = ? WHERE id = ?', (data
['title'], data['done'], task_id))
        conn.commit()
        conn.close()
        return {'message': 'Task updated'}

    def delete(self, task_id):
        conn = get_db_connection()
        conn.execute('DELETE FROM tasks WHERE id = ?', (task_id,))
        conn.commit()
        conn.close()
        return {'message': 'Task deleted'}


api.add_resource(TaskList, '/tasks')
api.add_resource(Task, '/tasks/<int:task_id>')
if __name__ == '__main__':
    init_db()
    app.run(debug = True)



'''schema.sql 文件内容'''
DROP TABLE IF EXISTS tasks;
CREATE TABLE tasks (
    id INTEGER PRIMARY KEY,
    title TEXT NOT NULL,
    done BOOLEAN NOT NULL
);
```

第 13 章 Python 数据分析

数据分析是指用适当的统计分析方法对收集的大量数据进行分析，将它们加以汇总，以最大化地开发数据的功能，发挥数据的作用。数据分析是为了提取有用信息和形成结论而对数据加以详细研究和概括总结的过程。

近年来，数据分析工作岗位变得越来越受欢迎，有多种语言都可应用于数据分析，其中 Python 成为首选。

Python 在数据分析和交互、探索性计算、数据可视化等方面有非常成熟的库和活跃的社区，这让 Python 成为数据任务处理的重要解决方案。在数据处理和分析方面，Python 拥有 Numpy、Pandas、Matplotlib、Scikit-learn、IPython 等优秀的库及工具，尤其是 Numpy 和 Pandas 在处理数据方面有着绝对优势。

Jupyter Notebook 是一种开源的交互式计算环境，它允许我们创建和共享包含实时代码、方程、可视化和文本的文档。Jupyter Notebook 最初以 IPython Notebook 的形式推出，后来扩展支持了多种编程语言，例如 Python、R、Julia 等，目前已成为数据科学家、研究人员和教育工作者的重要工具，用于数据分析、数据可视化、实验和教学。本章主要探讨以下 3 个方面的内容。

① 基础环境的安装与使用。

② NumPy 库的基本使用。

③ Pandas 库的基本使用。

13.1 配置数据分析基础环境

为了隔离数据分析和其他项目所需的依赖项，以及确保不同项目的依赖不会互相干扰。以下首先使用在 venv 虚拟环境中创建一个数据分析环境的步骤，虚拟环境所在位置为 D:\python。

我们切换到 D:\python，创建并激活虚拟环境，代码如下。

```
D:\python>mkdir data_analysis
D:\python>python -m venv analysis_env
# 激活虚拟环境
D:\python>analysis_env\Scripts\activate
```

1．安装 NumPy

NumPy 的安装非常简单，可以通过 pip 工具来完成，代码如下。安装效果如图 13-1 所示。

```
pip install numpy == 1.24.4
```

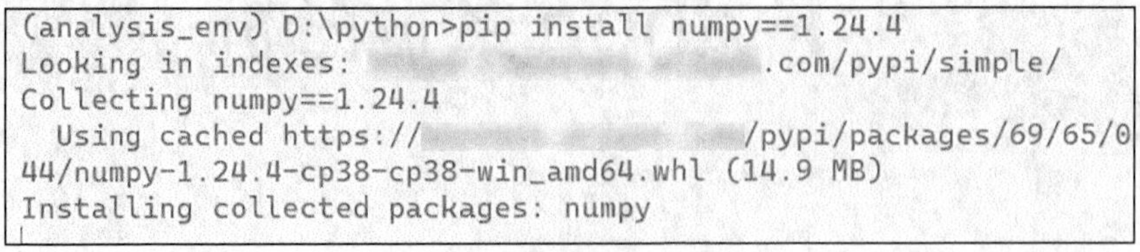

```
(analysis_env) D:\python>pip install numpy==1.24.4
Looking in indexes: https://[blurred].com/pypi/simple/
Collecting numpy==1.24.4
  Using cached https://[blurred]/pypi/packages/69/65/0
44/numpy-1.24.4-cp38-cp38-win_amd64.whl (14.9 MB)
Installing collected packages: numpy
```

图 13-1　Numpy 的安装效果

安装完成后，我们可以在 Python 交互环境中验证 Numpy 是否安装成功。在终端或命令提示符中输入 python 命令进入 Python 交互环境，并导入 Numpy，代码如下。

```
import numpy
```

验证结果如图 13-2 所示。可以发现，系统没有报错，这表示 Numpy 已经成功安装。

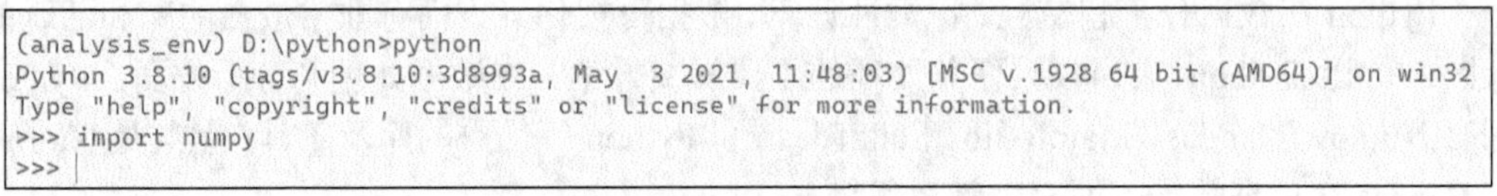

```
(analysis_env) D:\python>python
Python 3.8.10 (tags/v3.8.10:3d8993a, May  3 2021, 11:48:03) [MSC v.1928 64 bit (AMD64)] on win32
Type "help", "copyright", "credits" or "license" for more information.
>>> import numpy
>>>
```

图 13-2　Numpy 安装验证

2．安装 Pandas

Pandas 的安装也是通过 pip 工具进行的，代码如下。安装效果如图 13-3 所示。

```
pip install pandas == 2.0.3
```

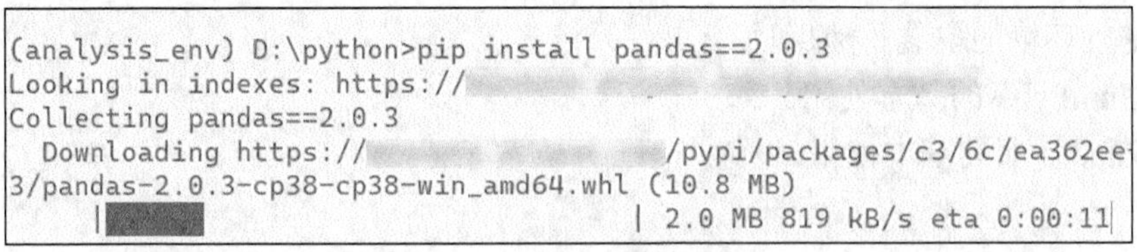

```
(analysis_env) D:\python>pip install pandas==2.0.3
Looking in indexes: https://[blurred]
Collecting pandas==2.0.3
  Downloading https://[blurred]/pypi/packages/c3/6c/ea362ee
3/pandas-2.0.3-cp38-cp38-win_amd64.whl (10.8 MB)
     |██                              | 2.0 MB 819 kB/s eta 0:00:11
```

图 13-3　Pandas 的安装效果

安装完成后，我们可以在 Python 交互环境中验证 Pandas 是否安装成功。在终端或命令提示符中输入 python 命令进入 Python 交互环境，并导入 Pandas，代码如下。

```
import pandas as pd
```

验证结果如图 13-4 所示。可以发现，系统没有报错，这表示 Pandas 已经成功安装。

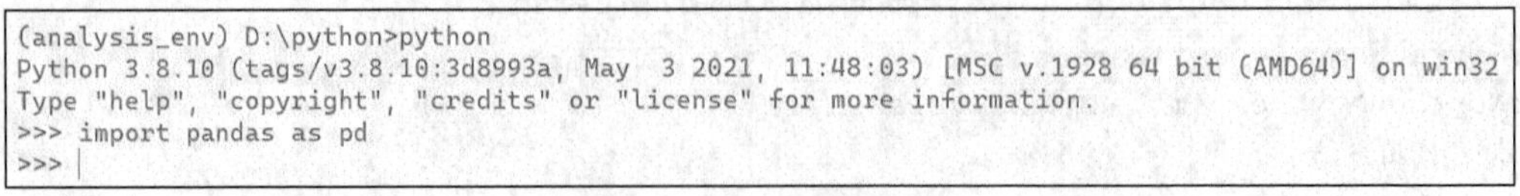

```
(analysis_env) D:\python>python
Python 3.8.10 (tags/v3.8.10:3d8993a, May  3 2021, 11:48:03) [MSC v.1928 64 bit (AMD64)] on win32
Type "help", "copyright", "credits" or "license" for more information.
>>> import pandas as pd
>>>
```

图 13-4　验证 Pandas

3．安装 Jupyter Notebook

Jupyter Notebook 的安装同样是通过 pip 工具进行的，使用的命令如下。安装效果如图 13-5 所示。

```
pip install jupyter
```

```
(analysis_env) D:\python>pip install jupyter
Looking in indexes: https://[illegible]/pypi/si
Collecting jupyter
  Downloading https://[illegible]/pypi/packages/
e/jupyter-1.0.0-py2.py3-none-any.whl (2.7 kB)
Collecting notebook
  Downloading https://mirrors.aliyun.com/pypi/packages/
2/notebook-7.0.2-py3-none-any.whl (4.0 MB)
     |█████                         | 686 kB 726 kB/s
```

图 13-5　Jupyter Notebook 的安装效果

安装完成后，我们通过以下步骤启动 Jupyter Notebook。

步骤 1：打开命令行终端。

步骤 2：激活相应的虚拟环境

步骤 3：切换到我们想要工作的目录，例如 cd my_project。

步骤 4：运行命令 Jupyter Notebook。

启动 Jupyter Notebook 如图 13-6 所示，并在默认浏览器中打开 Jupyter Notebook 的 Web 界面。

```
(analysis_env) D:\python>cd my_project

(analysis_env) D:\python\my_project>jupyter notebook
[I 2023-08-15 15:00:22.833 ServerApp] Package notebook took 0.0000s to import
[I 2023-08-15 15:00:22.959 ServerApp] Package jupyter_lsp took 0.1175s to import
[W 2023-08-15 15:00:22.959 ServerApp] A `_jupyter_server_extension_points` function was not found in jupyter_lsp. Instea
d, a `_jupyter_server_extension_paths` function was found and will be used for now. This function name will be deprecate
d in future releases of Jupyter Server.
[I 2023-08-15 15:00:23.021 ServerApp] Package jupyter_server_terminals took 0.0612s to import
[I 2023-08-15 15:00:23.021 ServerApp] Package jupyterlab took 0.0000s to import
[I 2023-08-15 15:00:24.026 ServerApp] Package notebook_shim took 0.0000s to import
[W 2023-08-15 15:00:24.026 ServerApp] A `_jupyter_server_extension_points` function was not found in notebook_shim. Inst
ead, a `_jupyter_server_extension_paths` function was found and will be used for now. This function name will be depreca
ted in future releases of Jupyter Server.
```

图 13-6　启动 Jupyter Notebook

在 Jupyter Notebook Web 界面中，我们可以创建新的 Notebook 文件，或打开现有的 Notebook 文件。Jupyter Notebook Web 界面如图 13-7 所示。

图 13-7　Jupyter Notebook Web 界面

如果要关闭 Jupyter Notebook 服务器，则返回终端，使用组合键 Ctrl + C 并确认关闭即可。

至此，我们完成了环境配置，得到了一个完善的数据分析环境。

13.2 NumPy 库的基本使用

13.2.1 NumPy 库简介

NumPy 是 Python 中科学计算的基础包。它是一个 Python 库，提供多维数组对象、各种派生对象（例如掩码数组和矩阵），以及用于数组快速操作的各种 API，包括数学、逻辑、形状操作、排序、选择、输入输出、离散傅立叶变换、基本线性代数、基本统计运算和随机模拟等。

NumPy 中的 *N* 维数组对象 ndarray 描述了相同类型的“items”的集合，以 0 下标为开始进行集合中元素的索引。ndarray 对象用于存储同类型元素的多维数组。

NumPy 具有以下主要特性和功能。

多维数组对象（numpy.ndarray）：NumPy 的核心是 ndarray 对象，它是一个具有相同数据类型的多维数组。

数学函数库：NumPy 提供了丰富的数学函数库，例如基本的数学运算、线性代数运算、傅立叶变换、随机数生成等。

广播功能：NumPy 的广播功能允许在不同形状的数组之间执行元素级操作，无须进行显式的循环。

线性代数和随机数生成：NumPy 提供了丰富的线性代数操作，如矩阵乘法、解线性方程组等。NumPy 还具有用于生成服从各种概率分布的随机数的功能。

索引和切片：NumPy 支持高效的索引和切片操作，使得对数组元素的访问和修改变得非常方便。

内存效率：NumPy 数组在内存中的存储效率很高，而且提供了对内存布局的灵活控制。

13.2.2 *N* 维数组——ndarray

1. Ndarray 的属性

ndarray 的属性见表 13-1，这些属性反映了数组本身固有的信息。

表 13-1 ndarray 的属性

属性名	属性解释
ndarray.shape	数组维度组成的元组
ndarray.ndim	数组维数

续表

属性名	属性解释
ndarray.size	数组中的元素数量
ndarray.itemsize	一个数组元素的长度（单位为 B）
ndarray.dtype	数组元素的类型

2．ndarray 的形状

首先，创建一些数组，代码如下。

```
# 创建不同形状的数组
>>> a = np.array([[1,2,3],[4,5,6]])
>>> b = np.array([1,2,3,4])
>>> c = np.array([[[1,2,3],[4,5,6]],[[1,2,3],[4,5,6]]])
```

然后，分别打印这些数组的形状，代码如下。

```
>>> a.shape
>>> b.shape
>>> c.shape
```

得到的结果如下。

```
(2, 3)    # 二维数组
(4,)      # 一维数组
(2, 2, 3) # 三维数组
```

3．ndarray 的类型

在 NumPy 中，dtype 属性用于获取数组的数据类型，返回一个描述数组数据类型的对象。在给定数组 score 的情况下，dtype 的类型可以使用 type(score.dtype)来获取。

```
>>> type(score.dtype)

<type 'numpy.dtype'>
```

上述代码中，dtype 是 numpy.dtype 类型。numpy.dtype 类型见表 13-2。

表 13-2　numpy.dtype 类型

名称	描述	简写
np.bool	大小为 1B 的布尔值（True 或 False）	'b'
np.int8	大小为 1B，取值范围为−128～127	'i'
np.int16	整数，取值范围为−32768～32767	'i2'
np.int32	整数，取值范围为-2^{31}～$2^{32}-1$	'i4'
np.int64	整数，取值范围为-2^{63}～$2^{63}-1$	'i8'
np.uint8	无符号整数，取值范围为 0～255	'u'
np.uint16	无符号整数，取值范围为 0～65535	'u2'

续表

名称	描述	简写
np.uint32	无符号整数，取值范围为 0～2^{32}−1	‘u4’
np.uint64	无符号整数，取值范围为 0～2^{64}−1	‘u8’
np.float16	半精度浮点数：16bit，正/负号 1 bit，指数 5 bit，精度 10 bit	‘f2’
np.float32	单精度浮点数：32 bit，正/负号 1 bit，指数 8 bit，精度 23 bit	‘f4’
np.float64	双精度浮点数：64 bit，正/负号 1 bit，指数 11 bit，精度 52 bit	‘f8’
np.complex64	复数，用两个 32 bit 浮点数分别表示实部和虚部	‘c8’
np.complex128	复数，用两个 64 bit 浮点数分别表示实部和虚部	‘c16’
np.object_	Python 对象	‘O’
np.string_	字符串	‘S’
np.unicode_	unicode 类型	‘U’

4. 创建数组时指定类型

NumPy 中可以在创建数组的时候通过 dtype 参数指定数组的数据类型，示例如下。

```
>>> a = np.array([[1, 2, 3],[4, 5, 6]], dtype = np.float32)
>>> a.dtype
dtype('float32')

>>> arr = np.array(['python', 'tensorflow', 'scikit-learn', 'numpy'], dtype
 = np.string_)
>>> arr
    array([b'python', b'tensorflow', b'scikit-learn', b'numpy'], dtype = '|S12
')
```

13.2.3 NumPy 基本运算

1. 创建数组

数组的创建有以下 3 种常用方式。

（1）使用 NumPy 内部的功能函数

NumPy 具有用于创建数组的内置函数。

arrange() 函数是一种广泛使用的函数，用于快速创建一维数组。将值 20 传递给 arange() 函数后，该函数会创建一个值范围为 0～19 的数组，代码如下。

```
import NumPy as np
array = np.arange(20)
array
```

创建的数组如下。

```
array([0,  1,  2,  3,  4,
```

```
       5,  6,  7,  8,  9,
       10, 11, 12, 13, 14,
       15, 16, 17, 18, 19])
```

要验证上述数组的维度，可以使用 shape 属性，代码如下。

```
array.shape
```

输出结果如下。

```
(20,)
```

由于逗号后面没有值，因此这是一维数组。

如果只使用 arange() 函数，那么得到的只是一维数组。要创建二维数组，还需要使用 reshape() 函数。首先创建一个一维数组，然后将该数组转换为具有 4 行和 5 列的二维数组，代码如下。

```
array = np.arange(20).reshape(4,5)
array
```

输出结果如下。

```
array([[ 0,  1,  2,  3,  4],
       [ 5,  6,  7,  8,  9],
       [10, 11, 12, 13, 14],
       [15, 16, 17, 18, 19]])
```

要创建三维数组，需为 reshape() 函数指定 3 个参数，代码如下。

```
array = np.arange(27).reshape(3,3,3)
array
```

输出结果如下。

```
array([[[ 0,  1,  2],
        [ 3,  4,  5],
        [ 6,  7,  8]],

       [[ 9, 10, 11],
        [12, 13, 14],
        [15, 16, 17]],

       [[18, 19, 20],
        [21, 22, 23],
        [24, 25, 26]]])
```

需要注意的是：数组中元素的数量（27）必须是其尺寸（3×3×3）的乘积。

除了 arange() 函数，还可以使用其他函数来快速创建和填充数组，例如使用 zeros() 函数创建一个元素值为 0 的数组。函数的参数表示行数和列数（或其维数），默认的 dtype 是 float64。ones() 函数将创建一个元素值为 1 的数组，该函数在所有其他方面与 zeros() 函数相同。示例如下。

```
>>> np.zeros((2, 3))
array([[ 0., 0., 0.], [ 0., 0., 0.]])
>>>np.ones((3,4))
array([[1., 1., 1., 1.],
       [1., 1., 1., 1.],
       [1., 1., 1., 1.]])
```

（2）从其他 Python 结构中转换

通常，在 Python 中排列成类数组结构的数值数据可以通过 array()函数转换为数组。最明显的例子是列表和元组。将列表转换为 ndarray 的代码如下。

```
# 导入 NumPy,别名是 np
import NumPy as np
x = np.array([2,3,1,0])
print(x)
```

输出结果如下。

```
[2 3 1 0]
```

（3）使用特殊的库函数

我们还可以使用特殊库函数来创建数组。例如，要创建一个范围为 0～1 的随机值的数组，可以使用 random() 函数。示例如下。这对于需要随机状态才能开始的问题特别有用。

```
>>> np.random.random((2,2))
array([[0.1632794 , 0.34567049],
       [0.03463241, 0.70687903]])
```

创建和填充 NumPy 数组是使用 NumPy 执行快速数值数组计算的第一步。创建数组之后，才能够执行基本的数组操作。

2．切片和索引

ndarray 对象的内容可以通过索引或切片来访问和修改，这与 Python 中列的切片操作一样。ndarray 对象可以基于 0～n 的下标进行索引，切片可以通过内置的 slice() 函数，并设置 start、stop 及 step 参数来实现。从原数组中切割出一个新数组，代码如下。

```
import NumPy as np
a = np.arange(10)
s = slice(2,7,2) # 从索引 2 开始到索引 7 停止，步长为 2
print (a[s])
```

输出结果如下。

```
[2  4  6]
```

在以上示例中，我们首先通过 arange() 函数创建 ndarray 对象，然后分别设置起始、终止和步长的值为 2、7 和 2。我们也可以通过冒号分隔切片参数（start : stop : step）来进行切片操作，示例如下。

```
import NumPy as np
a = np.arange(10)
b = a[2:7:2] # 从索引 2 开始到索引 7 停止，步长为 2
print (b)
```

输出结果如下。

```
[2  4  6]
```

在上述代码中，如果只放置一个参数，例如 a=[2]，则将返回与该索引相对应的单个元素；如果为 a=[2:]，则表示从该索引开始，之后的所有项都将被提取 a；如果使用了两个参数，例如 a=[2:7]，则提取两个索引（不包括停止索引）之间的项。

多维数组同样适用上述索引提取方法。示例如下。

```
import NumPy as np
```

```
a = np.array([[1,2,3],[3,4,5],[4,5,6]])
print(a)
print('---------')
print(a[1:])
```

输出结果如下。

```
[[1 2 3]
 [3 4 5]
 [4 5 6]]
---------
[[3 4 5]
 [4 5 6]]
```

3．算术运算

NumPy 支持矩阵的加、减、乘、除、取余等算术运算。NumPy 中的加、减、乘、除与取余操作可以是两个数组之间的运算，也可以是数组与常数之间的运算。在计算中，我们认为常数是一个标量，认为数组是一个矢量或向量，因此可以得到：一个数组和一个标量进行加、减、乘、除等算术运算时，结果是数组中的每个元素都与该标量进行相应的运算，并返回一个新数组。

同样地，数组之间也可以进行加、减、乘、除等运算。原则上，数组之间进行运算时，各数组的形状应当相同。当两个数组形状相同时，它们之间进行算术运算就是在数组的对应位置进行相应的运算。示例如下。

```
# 矩阵的加、减、点乘、平方
a = np.array([10, 20, 30, 40])
b = np.arange(4)
c = a - b
d = a + b
print a, b
print c, d
e = a * b
print e
f = e ** 2
print f
```

输出结果如下。

```
[10 20  30   40] [0 1 2 3]
[10 19  28   37] [10 21 32 43]
[0  20  60   120]
[0  400 3600 14400]
```

此外，NumPy 还提供了 add()、subtract()、multiply()和 divide()这些算术函数来进行加减乘除运算。需要注意的是，数组必须具有相同的形状或符合数组广播规则（下文介绍）。示例如下。

```
import NumPy as np
a = np.arange(9, dtype = np.float_).reshape(3,3)
print ('第一个数组：')
print (a)

print ('第二个数组：')
```

```
b = np.array([10,10,10])
print (b)

print ('两个数组相加：')
print (np.add(a,b))

print ('两个数组相减：')
print (np.subtract(a,b))

print ('两个数组相乘：')
print (np.multiply(a,b))

print ('两个数组相除：')
print (np.divide(a,b))
```

输出结果如下。

```
第一个数组：
[[0. 1. 2.] [3. 4. 5.] [6. 7. 8.]]

第二个数组：
[10 10 10]

两个数组相加：
[[10. 11. 13.] [13. 14. 15.] [16. 17. 18.]]

两个数组相减：
[[-10. -9. -8.] [ -7. -6. -5.] [ -4. -3. -2.]]

两个数组相乘：
[[ 0. 10. 20.] [30. 40. 50.] [60. 70. 80.]]

两个数组相除：
[[0. 0.1 0.2] [0.3 0.4 0.5] [0.6 0.7 0.8]]
```

4．广播

广播是 NumPy 对不同形状的数组进行数值计算的方式，对数组的算术运算通常在相应的元素上进行。

如果两个数组 a 和 b 的形状相同，即满足 a.shape == b.shape，那么 a*b 的结果是 a 与 b 数组对应位相乘的结果。

当运算中 2 个数组的形状不同时，NumPy 将自动触发广播机制。代码如下。

```
import NumPy as np
a = np.array([[ 0, 0, 0], [ 10, 10, 10], [ 20, 20, 20], [ 30, 30, 30]])
b = np.array([ 1, 2, 3])
print(a + b)
```

输出结果如下。

```
[[ 1  2  3]
 [11 12 13]
 [21 22 23]
 [31 32 33]]
```

广播的规则如下。

① 让所有输入数组都向其中形状最长（维度最大）的数组看齐，形状不够（维度不大）的数组通过在前面加 1 补齐。

② 输出数组的形状是输入数组形状在各个维度上的最大值。

③ 如果输入数组的某个维度和输出数组的对应维度的长度相同或者其长度为 1，则这个数组能够用来计算，否则会出错。

④ 当输入数组的某个维度为 1 时，沿着此维度运算时都用此维度上的第一组值。

5. NumPy 统计函数

NumPy 的统计函数可以实现对整个数组或者是沿着数组轴方向的统计计算。常用的统计函数有求最大值和最小值，求和与平均值，计算百分位数、中位数、标准差、方差等。

（1）admin()——计算最小值

amin() 方法用于计算最小值。我们可以通过 axis 参数指定是计算每一行的最小值、每一列的最小值，还是整体的最小值。示例如下。

```
In [1]: import NumPy as np
In [2]: a = np.array([[1,2,3],
...: [4,5,6],
...: [7,8,9]])

In [3]: np.amin(a,axis = 0)     # 按行，返回最小值
Out[3]: array([1, 2, 3])

In [4]: np.amin(a,axis = 1)     # 按列，返回最小值
Out[4]: array([1, 4, 7])

In [5]: np.amin(a,axis = None) # 整体返回最小值
Out[5]: 1
```

（2）amax()——计算最大值

amax() 方法是与 amin() 相对的方法，用于获得指定 axis 的最大值。示例如下。

```
In [3]: np.amax(a,axis = 0)     # 按行，返回最小值
Out[3]: array([1, 2, 3])

In [4]: np.amax(a,axis = 1)     # 按列，返回最小值
Out[4]: array([1, 4, 7])

In [5]: np.amax(a,axis = None) # 整体返回最小值
Out[5]: 7
```

（3）ptp()——计算最值差

ptp() 方法用来获得某行、某列或者整体的最大值与最小值的差值。示例如下。

```
In [9]: np.ptp(a,axis = 0)     # 按行，返回最大值-最小值的值
Out[9]: array([6, 6, 6])

In [10]: np.ptp(a,axis = 1)     # 按列，返回最大值-最小值的值
Out[10]: array([2, 2, 2])
```

```
In [11]: np.ptp(a,axis = None) # 整体返回最大值-最小值的值
Out[11]: 8
```

（4）percentile()——计算分位数

percentile() 方法用于获得相应 axis 的分位数。示例如下。

```
In [12]: np.percentile(a,50,axis = 0)      # 按行，返回 50 分位数
Out[12]: array([4., 5., 6.])

In [13]: np.percentile(a,50,axis = 1)      # 按列，返回 50 分位数
Out[13]: array([2., 5., 8.])

In [14]: np.percentile(a,50,axis = None)   # 整体，返回 50 分位数
Out[14]: 5.0
```

（5）median()——计算中位数

median() 方法用于计算中位数，通过 axis 设置按行、按列，还是按整体计算中位数。示例如下。

```
In [3]: np.median(a,axis = 0)      # 按行取中位数
Out[3]: array([4., 5., 6.])

In [4]: np.median(a,axis = 1)      # 按列取中位数
Out[4]: array([2., 5., 8.])

In [5]: np.median(a,axis = None)   # 按整体取中位数
Out[5]: 5.0
```

（6）mean()——计算均值

mean() 方法用于计算均值，通过 axis 来设置按行、按列，还是按整体计算均值。示例如下。

```
In [6]: np.mean(a,axis = 0)      # 按行取均值
Out[6]: array([4., 5., 6.])

In [7]: np.mean(a,axis = 1)      # 按列取均值
Out[7]: array([2., 5., 8.])

In [8]: np.mean(a,axis = None)   # 按整体取均值
Out[8]: 5.0
```

（7）var()——计算方差

var() 方法用于计算方差，通过 axis 来设置按行、按列，还是按整体计算方差。示例如下。

```
In [9]: np.var(a,axis = 0)        # 按行取方差
Out[9]: array([6., 6., 6.])

In [10]: np.var(a,axis = 1)       # 按列取方差
Out[10]: array([0.66666667, 0.66666667, 0.66666667])

In [11]: np.var(a,axis = None)   # 按整体取方差
Out[11]: 6.666666666666666
```

（8）std()——计算标准差

std() 方法用于计算标准差，通过 axis 来设置按行、按列，还是按整体计算标准差。

示例如下。

```
In [12]: np.std(a,axis = 0)      # 按行取标准差
Out[12]: array([2.44948974, 2.44948974, 2.44948974])

In [13]: np.std(a,axis = 1)      # 按列取标准差
Out[13]: array([0.81649658, 0.81649658, 0.81649658])

In [14]: np.std(a,axis = None)  # 按整体取标准差
Out[14]: 2.581988897471611
```

13.3 Pandas 库的基本使用

Pandas 库是 Python 的核心数据分析支持库，提供了快速、灵活、明确的数据结构，旨在简单、直观地处理关系型数据和标记型数据。它基于 NumPy 构建，提供了高级数据结构和数据操作工具，可以与其他第三方科学计算支持库完美集成。我们可以使用下面格式约定，引入 Pandas 包。

```
import pandas as pd
```

13.3.1 Pandas 库的数据结构

Pandas 库的主要数据结构是 Series（一维数据）与 DataFrame（二维数据），这两种数据结构足以处理金融、统计、社会科学、工程等领域的大多数典型用例。

1．Series

Series 是一种类似于一维数组的对象，由一组数据（各种 NumPy 数据类型值，value）及一组与之相关的数据标签（即索引，index）组成，即 index 和 values 两部分。开发人员可以通过索引的方式选取 Series 中的单个或一组值。

（1）Series 的创建

pd.Series(data,index)：第一个参数 data 可以是列表、字典或者 DataFrame 中的某一行或者某一列；第二个参数是数据的索引，可以省略，默认 0～(*N*−1)，其中，*N* 表示数据的长度。示例如下。

```
import pandas as pd
#通过列表构建 Series
s1 = pd.Series(range(5, 10))
print(s1)
s1 = pd.Series(range(5, 10))
```

运行结果如下。

```
0    5
1    6
2    7
3    8
4    9
```

```
dtype: int64
<class 'pandas.core.series.Series'>
```

（2）Series 的操作

Series 类型索引、切片、运算等操作类似于 Python 字典类型的操作，示例如下。

```
import pandas as pd
# 通过字典构建 Series
year_kg = {2018: 55.8, 2019: 58.1, 2020: 62.5}
s2 = pd.Series(year_kg)
print(s2)
# 获取数据
print(s2.values)
# 获取索引
print(s2.index)
#通过索引获取数据
print(s2[2018])
# 索引与数据的对应关系不被运算结果影响
print(s2 * 2)
```

运行结果如下。

```
2018    55.8
2019    58.1
2020    62.5
dtype: float64
[55.8 58.1 62.5]
Int64Index([2018, 2019, 2020], dtype = 'int64')
55.8
2018    111.6
2019    116.2
2020    125.0
dtype: float64
```

2. DataFrame

DataFrame 是一个表格型数据结构，含有一组有序的列，每列可以是不同类型的值。DataFrame 既有行索引也有列索引，因而它可以被看作由 Series 组成的字典（共用同一个索引），其中的数据是以二维结构存储的。

（1）DataFrame 的创建

pd.DataFrame(data, columns, index)：columns、index 表示指定的列、行索引，并按照顺序排列。

DataFrame 最常用的创建方式是直接传入一个由等长列表或 NumPy 数组组成的字典，Pandas 会自动加上行索引，字典的键被作为列索引。示例如下。

```
import pandas as pd
data = {'city': ['bj', 'sh',  'sz', 'gz'],
'data': [3.5, 3.7, 3.6, 3.4]}
Df = pd.DataFrame(data)
print(df)
```

运行结果如下。

```
  city  data
```

```
0   bj   3.5
1   sh   3.7
2   sz   3.6
3   gz   3.4
```

如果DataFrame在创建时指定了columns和index，则按照索引顺序排列。如果传入的列在数据中找不到，结果中就会产生缺失值。示例如下。

```
import pandas as pd
data = {'city': ['bj', 'sh',  'sz', 'gz'],
        'data': [3.5, 3.7, 3.6, 3.4]}
Df = pd.DataFrame(data, columns = ['city', 'data', 'debt'],
                  index = ['one', 'two', 'three', 'four'])
print(df)
```

运行结果如下。

```
      city  data debt
one     bj   3.5  NaN
two     sh   3.7  NaN
three   sz   3.6  NaN
four    gz   3.4  NaN
```

DataFrame还有一种常见的创建方式，那就是使用嵌套字典。如果嵌套字典传给DataFrame，Pandas库会将字典外层的键作为列，字典内层的键则作为行索引。示例如下。

```
import pandas as pd
data = {'bj': {2018: 2.5, 2019: 2.9},
        'sh': {2018: 1.5, 2019: 2.7, 2020: 3.6}}
df= pd.DataFrame(data)
print(df)
```

运行结果如下。

```
       bj   sh
2018   2.5  1.5
2019   2.9  2.7
2020   NaN  3.6
```

（2）DataFrame对象操作

我们可以通过类似于字典标记的方式或属性的方式将DataFrame的列获取为一个Series。列可以通过赋值的方式进行修改。当将列表或数组赋值给某个列时，它们的长度必须跟DataFrame的长度相匹配，如果赋值的是一个Series，则Pandas会精确匹配DataFrame的索引，所有的空位都将被填为缺失值。当为不存在的列赋值时，Pandas会创建出一个新列。del关键字用于删除列。示例如下。

```
import pandas as pd
data = {'city': ['bj', 'sh'],
        'idx': [3.5, 3.7]}
df2 = pd.DataFrame(data, columns = ['city', 'idx', 'gdp'],index = [1, 2])
print(df2)
#获取一个列的 Series
print(df2['city'])  #等价 df2.city
#通过赋值进行列修改
df2['gdp'] = 16.5
```

```
print(df2)
#如果给列赋值的是一个 Series，则精确匹配 DataFrame 的索引，空位将被填上 NaN
val = pd.Series([3, 2], index = [1,4])
df2['gdp'] = val
print(df2)
#为不存在的列赋值，会创建出一个新列
df2['cost'] = 50
print(df2)
#del 关键字用于删除列
del df2['cost']
print(df2.columns)
```

运行结果如下。

```
  city  idx  gdp
1   bj  3.5  NaN
2   sh  3.7  NaN
1   bj
2   sh
Name: city, dtype: object
  city  idx   gdp
1   bj  3.5  16.5
2   sh  3.7  16.5
  city  idx  gdp
1   bj  3.5  3.0
2   sh  3.7  NaN
  city  idx  gdp  cost
1   bj  3.5  3.0    50
2   sh  3.7  NaN    50
Index(['city', 'idx', 'gdp'], dtype='object')
```

13.3.2 Pandas 库的索引操作

Series 和 DataFrame 的索引是 Index 类型，Index 对象是不可修改的。示例如下。

```
import pandas as pd
s1 = pd.Series(range(0, 3),index = [1,2,3])
data = {'city': ['bj', 'sh', 'sz'],
        'idx': [3.5, 3.7, 3.6]}
df1 = pd.DataFrame(data, columns = ['city', 'idx'],
                   index = ['one', 'two', 'three'])
print(s1.index)
print(df1.index)
#索引对象不能修改
df1.index[0] = 1
```

运行结果如下。

```
Traceback (most recent call last):
  File "E:/python_study/tiaoshi.py", line 10, in <module>
    df1.index[0] = 1
      File "E:\python_study\venv\lib\site-packages\pandas\core\indexes\base.py
```

```
", line 4081, in __setitem__
Int64Index([1, 2, 3], dtype = 'int64')
Index(['one', 'two', 'three'], dtype = 'object')
    raise TypeError("Index does not support mutable operations")
TypeError: Index does not support mutable operations
```

1. Series 索引

Series 索引支持按序号或者索引名取值，且支持切片操作。示例如下。

```
import pandas as pd
s1 = pd.Series(range(1, 5),index = ['a','b','c','d'])
print(s1)
#--取值-
#按序号取值
print(s1[3])
#按索引名取值
print(s1['d'])
#--切片-
#按序号切片，类似列表切片
print(s1[0:2])
#按索引名切片时，包含终止索引名对应的值。
print(s1['a':'c'])
```

运行结果如下。

```
a    1
b    2
c    3
d    4
dtype: int64
4
4
a    1
b    2
dtype: int64
a    1
b    2
c    3
dtype: int64
```

2. DataFrame 索引

Dataframe 索引按列索引名取值，不支持直接切片。但是，Dataframe 索引可以借助 loc() 函数、iloc() 函数或者 ix() 函数实现切片，其中，loc() 函数基于标签索引，iloc() 函数基于位置索引，ix() 函数基于混合索引。示例如下。

```
import numpy as np
import pandas as pd
df2 = pd.DataFrame(np.random.randn(4,3), columns = ['a', 'b', 'c'])
print(df2)
# 按列索引取值，返回 Series
print(df2['a'])
#位置索引切片，第一个参数索引行，第二个参数是列
print(df2.iloc[0:2,0])
```

```
#标签索引切片,包含结尾位置
print(df2.loc[0:2,'a'])
```

运行结果如下。

```
          a         b         c
0  0.518901 -0.062892 -0.689473
1 -0.364344 -0.641788 -1.933184
2  0.184655  0.720017 -0.339338
3 -0.520530 -0.639277  0.897784
0    0.518901
1   -0.364344
2    0.184655
3   -0.520530
Name: a, dtype: float64
0    0.518901
1   -0.364344
Name: a, dtype: float64
0    0.518901
1   -0.364344
2    0.184655
Name: a, dtype: float64
```

13.3.3 Pandas 库的对齐运算

对齐运算是数据清洗的重要过程,可以按索引对齐进行运算,没对齐的位置则补 NaN。当使用 add() 函数、sub() 函数、div() 函数、mul() 函数进行运算时，通过 fill_value() 函数指定填充值，未对齐的数据将和填充值作运算。

Series 的对齐运算的示例如下。

```
import pandas as pd
s1 = pd.Series(range(1, 6), index = range(5))
s2 = pd.Series(range(10, 13), index = range(3))
print('s1: ' )
print(s1)
print('------')
print('s2: ')
print(s2)
print('------')
#对齐运算，未对齐位置的值为 NaN
print(s1+s2)
```

运行结果如下。

```
s1:
0    1
1    2
2    3
3    4
4    5
dtype: int64
```

```
------
s2:
0    10
1    11
2    12
dtype: int64
------
0    11.0
1    13.0
2    15.0
3     NaN
4     NaN
dtype: float64
```

DataFrame 的对齐运算的示例如下。

```
import pandas as pd
import numpy as np
df1 = pd.DataFrame(np.ones((2,2)), columns = ['a', 'b'])
df2 = pd.DataFrame(np.ones((3,3)), columns = ['a', 'b', 'c'])
print('df1: ')
print(df1)
print('----------------')
print('df2: ')
print(df2)
print('----------------')
print('df1+df2: ')
print(df1 + df2)
```

运行结果如下。

```
df1:
     a    b
0  1.0  1.0
1  1.0  1.0
----------------
df2:
     a    b    c
0  1.0  1.0  1.0
1  1.0  1.0  1.0
2  1.0  1.0  1.0
----------------
df1+df2:
     a    b   c
0  2.0  2.0 NaN
1  2.0  2.0 NaN
2  NaN  NaN NaN
```

填充未对齐的数据并进行运算的示例如下。

```
import pandas as pd
s1 = pd.Series(range(1, 6), index = range(5))
s2 = pd.Series(range(10, 13), index = range(3))
print('s1: ' )
```

```
print(s1)
print('------')
print('s2: ')
print(s2)
print('------')
#未对齐的数据将和填充值作运算
print(s1.add(s2,fill_value = 2))
```

运行结果如下。

```
s1:
0    1
1    2
2    3
3    4
4    5
dtype: int64
------
s2:
0    10
1    11
2    12
dtype: int64
------
0    11.0
1    13.0
2    15.0
3     6.0
4     7.0
dtype: float64
```

13.3.4 Pandas 库的常用函数

1. 应用函数

通过 apply() 方法将函数应用到列或行上。这里需注意指定轴的方向，默认 axis = 0，表示方向为列；axis = 1 时表示方向是行。示例如下。

```
import numpy as np
import pandas as pd
df = pd.DataFrame(np.random.randn(3,3))
print(df)
#默认 axis = 0，方向为列
print(df.apply(lambda x : x.max()))
# 指定轴方向，axis = 1，方向为行
print(df.apply(lambda x : x.max(), axis = 1))
```

运行结果如下。

```
          0         1         2
0  1.094535  1.308998  1.947757
1  2.751342 -0.159051 -1.049599
2 -0.632266 -0.435550 -0.193741
```

```
0    2.751342
1    1.308998
2    1.947757
dtype: float64
0    1.947757
1    2.751342
2   -0.193741
dtype: float64
```

通过 applymap() 方法将函数应用到每个数据上，每个数据都进行相应的函数操作。示例如下。

```
import numpy as np
import pandas as pd
df = pd.DataFrame(np.random.randn(3,3))
print(df)
# 使用applymap()函数应用到每个数据
f = lambda x:'%.1f' % x
print(df.applymap(f))
```

运行结果如下。

```
          0         1         2
0  0.890512  0.662258 -0.830326
1 -0.123167  0.989640 -1.196043
2  0.751724  0.020847  0.132685
      0    1     2
0   0.9  0.7  -0.8
1  -0.1  1.0  -1.2
2   0.8  0.0   0.1
```

2. 排序函数

（1）索引排序

索引排序函数 sort_index() 默认使用升序排序，当 ascending = False 时表示降序排序。DataFrame 排序时要注意轴方向。示例如下。

```
import numpy as np
import pandas as pd
#Series
s = pd.Series(range(6, 9), index = np.random.randint(5, size = 3))
print(s)
#按索引升序排序
print(s.sort_index())
# DataFrame
df = pd.DataFrame(np.random.randn(3, 3),
                  index = np.random.randint(5, size = 3),
                  columns = np.random.randint(5, size = 3))
print(df)
#按行降序排列
print(df.sort_index(axis = 1, ascending = False))
```

运行结果如下。

```
2    6
1    7
```

```
0    8
dtype: int64
0    8
1    7
2    6
dtype: int64
          1         1         0
2 -0.833797 -0.018458 -0.232224
2 -0.042798 -0.583808  1.481018
4  0.410144  1.229957 -0.482232
          1         1         0
2 -0.833797 -0.018458 -0.232224
2 -0.042798 -0.583808  1.481018
4  0.410144  1.229957 -0.482232
```

（2）按值排序

按值排序函数 sort_values(by = 'column name') 根据某个唯一的列名进行排序，如果有其他相同列名，则报错。示例如下。

```
import numpy as np
import pandas as pd
#Series
s = pd.Series(range(6, 9), index = np.random.randint(5, size = 3))
print(s)
#按值降序排序
print(s.sort_values(ascending = False))
# DataFrame
df = pd.DataFrame(np.random.randn(3, 3),
                  index = [0,1,2],
                  columns = [3,4,5])
print(df)
#按列 3 的值降序排序
df_sort = df.sort_values(by = 3, ascending = False)
print(df_sort)
```

运行结果如下。

```
2    6
2    7
0    8
dtype: int64
0    8
2    7
2    6
dtype: int64
          3         4         5
0  0.532388 -2.681898 -0.182087
1 -1.650539  0.317613  0.654770
2 -0.112652 -1.103171 -1.171316
          3         4         5
0  0.532388 -2.681898 -0.182087
2 -0.112652 -1.103171 -1.171316
```

```
1 -1.650539  0.317613  0.654770
```

3. 统计计算函数

常用的统计函数有求和函数 sum()、平均值函数 mean()、最大值函数 max()、最小值函数 min()。这些函数可使用 axis 参数和 skipna 参数，axis = 0 表示按列统计，axis = 1 表示按列统计，默认 axis = 0；skipna 排除缺失值，默认为 True。此外，describe() 函数能同时产生多种统计结果。示例如下。

```
import numpy as np
import pandas as pd
df = pd.DataFrame(np.random.randn(4,3), columns = ['a', 'b', 'c'])
print(df)
print("求和：")
print(df.sum())
print("求最大值：")
print(df.max())
print("求最小值：")
print(df.min(axis = 1, skipna = False))
print("多个统计值：")
print(df.describe())
```

运行结果如下。

```
          a         b         c
0  0.019285  0.855057  0.537117
1 -0.733763 -1.839449 -0.188236
2  0.443629  1.258991  0.808648
3  0.142529 -2.200714 -2.457563
求和：
a   -0.128320
b   -1.926115
c   -1.300035
dtype: float64
求最大值：
a    0.443629
b    1.258991
c    0.808648
dtype: float64
求最小值：
0    0.019285
1   -1.839449
2    0.443629
3   -2.457563
dtype: float64
多个统计值：
              a         b         c
count  4.000000  4.000000  4.000000
mean  -0.032080 -0.481529 -0.325009
std    0.500595  1.790290  1.482670
min   -0.733763 -2.200714 -2.457563
25%   -0.168977 -1.929765 -0.755568
```

```
50%     0.080907 -0.492196  0.174440
75%     0.217804  0.956040  0.605000
max     0.443629  1.258991  0.808648
```

4. 缺失值处理函数

在 Pandas 库中，NaN 表示浮点数和非浮点数组中的缺失数据，None 也被当作 NaN 处理。常用的缺失值处理函数有 isnull()、dropna()、fillna()。

首先，通过以下代码生成一段存在缺失值的 DataFrame 数据。

```
import numpy as np
import pandas as pd
df = pd.DataFrame([[i for i in range(3,6)], [1, 2, np.nan],
                   [np.nan, 4, np.nan], [1, 2, 3]])
print(df)
```

运行结果如下。

```
     0  1    2
0  3.0  4  5.0
1  1.0  2  NaN
2  NaN  4  NaN
3  1.0  2  3.0
```

之后，调用相应的函数来处理缺失值，其中包含缺失值的判定、丢弃和填充。

首先，使用 isnull() 函数判断是否存在缺失值，值缺失则返回 True，否则返回 False。示例如下。

```
print(df.isnull())
```

运行结果如下。

```
       0      1      2
0  False  False  False
1  False  False   True
2   True  False   True
3  False  False  False
```

然后，使用 dropna()函数丢弃缺失数据，根据 axis 轴方向，丢弃包含 NaN 的行或列。示例如下。

```
print(df.dropna())
print(df.dropna(axis = 1))
```

运行结果如下。

```
     0  1    2
0  3.0  4  5.0
3  1.0  2  3.0
   1
0  4
1  2
2  4
3  2
```

最后，使用 fillna(data) 函数填充缺失数据，NaN 将被函数中的 data 替代填充。示例如下。

```
print(df.fillna(10))
```

运行结果如下。

```
    0   1     2
0   3.0  4   5.0
1   1.0  2  10.0
2  10.0  4  10.0
3   1.0  2   3.0
```

13.4 实战：MovieLens 1M 数据分析

GroupLens Research 采集了一组从 20 世纪 90 年代末到 21 世纪初由 MovieLens 网站用户提供的电影评分数据。这些数据中包括电影评分、电影元数据（风格类型和年代）及关于用户的人口统计学数据（年龄、邮编、性别、职业等）。

MovieLens 1M 数据集含有来自 6000 名用户对 4000 部电影的 100 万条评分数据。它分为 3 个表——评分表、用户信息表和电影信息表。将该数据从 zip 文件中解压出来之后，可以通过 pandas.read_table 将各个表分别读到一个 pandas DataFrame 对象中。数据集从本书配套资源中进行获取。

（1）启动 Jupyter Notebook

启动 Jupyter Notebook 后，创建新的 Notebook，如图 13-8 所示。

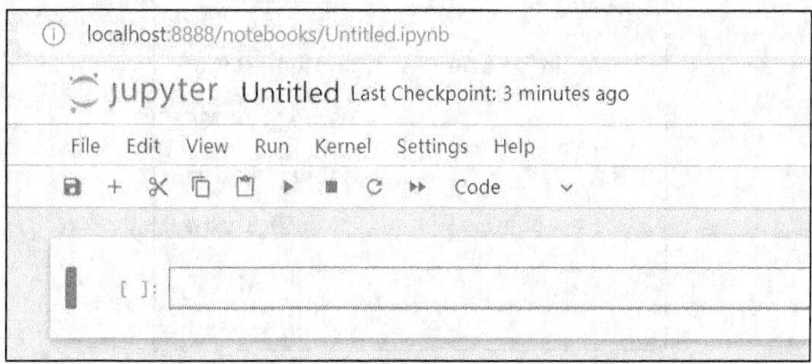

图 13-8　新建 Notebook

（2）读取需要分析的数据

```
import pandas as pd

# 读取 users 数据
unames = ['user_id', 'gender', 'age', 'occupation', 'zip']
    users = pd.read_csv('ml-1m/users.dat', sep = '::',header = None, names = u
names,
                engine = 'python')
# 读取评分数据
rnames = ['user_id', 'movie_id', 'rating', 'timestamp']
ratings = pd.read_table('ml-1m/ratings.dat', sep = '::',
                    header = None, names = rnames,engine = 'python')
# 读取电影数据
```

```
mnames = ['movie_id', 'title', 'genres']
movies = pd.read_table('ml-1m/movies.dat', sep = '::',header = None,
                        names = mnames, engine = 'python')
```

利用 Python 的切片功能，通过查看每个 DataFrame 的前几行内容这种方式验证数据加载工作是否正常，代码如下。

```
users[:5]
ratings[:5]
movies[:5]
```

验证 users 数据加载是否正常如图 13-9 所示。验证 rating 数据加载是否正常如图 13-10 所示。验证 movies 数据加载是否正常如图 13-11 所示。

users[:5]

	user_id	gender	age	occupation	zip
0	1	F	1	10	48067
1	2	M	56	16	70072
2	3	M	25	15	55117
3	4	M	45	7	02460
4	5	M	25	20	55455

图 13-9　验证 users 数据加载是否正常

ratings[:5]

	user_id	movie_id	rating	timestamp
0	1	1193	5	978300760
1	1	661	3	978302109
2	1	914	3	978301968
3	1	3408	4	978300275
4	1	2355	5	978824291

图 13-10　验证 rating 数据加载是否正常

movies[:5]

	movie_id	title	genres
0	1	Toy Story (1995)	Animation|Children's|Comedy
1	2	Jumanji (1995)	Adventure|Children's|Fantasy
2	3	Grumpier Old Men (1995)	Comedy|Romance
3	4	Waiting to Exhale (1995)	Comedy|Drama
4	5	Father of the Bride Part II (1995)	Comedy

图 13-11　验证 movies 数据加载是否正常

（3）数据合并

对散布在 3 个表中的数据进行分析并不方便，如果将所有数据都合并到一个表中，那么问题就简单多了。我们想要根据性别和年龄计算某部电影的平均得分，可以先用 Pandas 的 merge() 函数将 ratings 数据和 users 数据合并到一起，然后将 movies 数据也合并进去。代码如下。

```
data = pd.merge(pd.merge(ratings, users), movies)
```

合并后的数据如图 13-12 所示。

```
data = pd.merge(pd.merge(ratings, users), movies)
data
```

	user_id	movie_id	rating	timestamp	gender	age	occupation	zip	title	genres
0	1	1193	5	978300760	F	1	10	48067	One Flew Over the Cuckoo's Nest (1975)	Drama
1	2	1193	5	978298413	M	56	16	70072	One Flew Over the Cuckoo's Nest (1975)	Drama
2	12	1193	4	978220179	M	25	12	32793	One Flew Over the Cuckoo's Nest (1975)	Drama
3	15	1193	4	978199279	M	25	7	22903	One Flew Over the Cuckoo's Nest (1975)	Drama
4	17	1193	5	978158471	M	50	1	95350	One Flew Over the Cuckoo's Nest (1975)	Drama
...	...	...	...	...	...	...	...	...	...	...
1000204	5949	2198	5	958846401	M	18	17	47901	Modulations (1998)	Documentary
1000205	5675	2703	3	976029116	M	35	14	30030	Broken Vessels (1998)	Drama
1000206	5780	2845	1	958153068	M	18	17	92886	White Boys (1999)	Drama
1000207	5851	3607	5	957756608	F	18	20	55410	One Little Indian (1973)	Comedy|Drama|Western
1000208	5938	2909	4	957273353	M	25	1	35401	Five Wives, Three Secretaries and Me (1998)	Documentary

1000209 rows × 10 columns

图 13-12　合并后的数据

（4）电影评分分析

为了按性别计算每部电影的平均得分，我们使用 pivot_table() 方法，代码如下。

```
    mean_ratings = data.pivot_table('rating', index = 'title',columns = 'gende
r',
                           aggfunc = 'mean')
mean_ratings[:5]
```

透视不同性别的评分数据如图 13-13 所示。

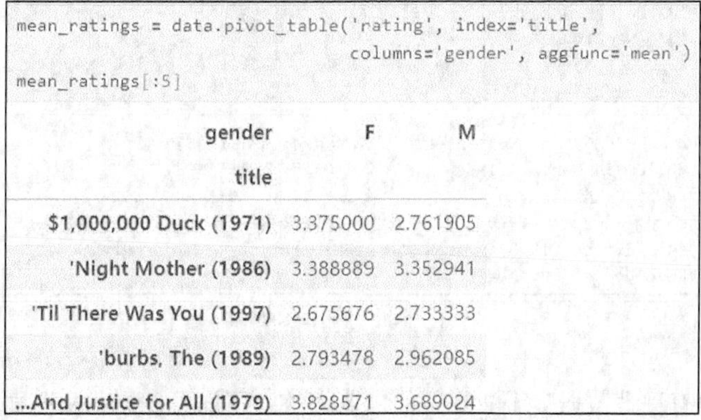

```
mean_ratings = data.pivot_table('rating', index='title',
                                columns='gender', aggfunc='mean')
mean_ratings[:5]
```

gender	F	M
title		
$1,000,000 Duck (1971)	3.375000	2.761905
'Night Mother (1986)	3.388889	3.352941
'Til There Was You (1997)	2.675676	2.733333
'burbs, The (1989)	2.793478	2.962085
...And Justice for All (1979)	3.828571	3.689024

图 13-13　透视不同性别的评分数据

上述操作产生了另一个 DataFrame，其内容为电影平均得分，行标题为电影名称（索引），列标为性别。

现在过滤掉评分数据不够 250 条（随机数字）的电影。为了达到这个目的，我们先对 title 进行分组，然后利用 size() 方法得到一个含有各电影分组大小的 Series 对象。代码如下。

```
ratings_by_title = data.groupby('title').size()
ratings_by_title[:10]
```

计算电影分组大小如图 13-14 所示。

```
ratings_by_title = data.groupby('title').size()
ratings_by_title[:10]

title
$1,000,000 Duck (1971)                37
'Night Mother (1986)                  70
'Til There Was You (1997)             52
'burbs, The (1989)                   303
...And Justice for All (1979)        199
1-900 (1994)                           2
10 Things I Hate About You (1999)    700
101 Dalmatians (1961)                565
101 Dalmatians (1996)                364
12 Angry Men (1957)                  616
dtype: int64
```

图 13-14　计算电影分组大小

过滤掉评分数据少于 250 条的电影，代码如下。

```
active_titles = ratings_by_title.index[ratings_by_title > = 250]
active_titles
```

过滤后的数据如图 13-15 所示。

```
active_titles = ratings_by_title.index[ratings_by_title >= 250]
active_titles

Index([''burbs, The (1989)', '10 Things I Hate About You (1999)',
       '101 Dalmatians (1961)', '101 Dalmatians (1996)', '12 Angry Men (1957)',
       '13th Warrior, The (1999)', '2 Days in the Valley (1996)',
       '20,000 Leagues Under the Sea (1954)', '2001: A Space Odyssey (1968)',
       '2010 (1984)',
       ...
       'X-Men (2000)', 'Year of Living Dangerously (1982)',
       'Yellow Submarine (1968)', 'You've Got Mail (1998)',
       'Young Frankenstein (1974)', 'Young Guns (1988)',
       'Young Guns II (1990)', 'Young Sherlock Holmes (1985)',
       'Zero Effect (1998)', 'eXistenZ (1999)'],
      dtype='object', name='title', length=1216)
```

图 13-15　过滤后的数据

标题索引中含有评分数据多于 250 条的电影名称，下面可以据此从前面的 mean_ratings 中选取所需的电影名称，代码如下。

```
mean_ratings = mean_ratings.loc[active_titles]
mean_ratings
```

获取的数据如图 13-16 所示。

gender	F	M
title		
'burbs, The (1989)	2.793478	2.962085
10 Things I Hate About You (1999)	3.646552	3.311966
101 Dalmatians (1961)	3.791444	3.500000
101 Dalmatians (1996)	3.240000	2.911215
12 Angry Men (1957)	4.184397	4.328421
...	...	...
Young Guns (1988)	3.371795	3.425620
Young Guns II (1990)	2.934783	2.904025
Young Sherlock Holmes (1985)	3.514706	3.363344
Zero Effect (1998)	3.864407	3.723140
eXistenZ (1999)	3.098592	3.289086

1216 rows × 2 columns

图 13-16　获取的数据

为了了解女性观众最喜欢的电影，我们对 F 列进行降序排列，代码如下。

```
top_female_ratings = mean_ratings.sort_values(by = 'F', ascending = False)
top_female_ratings[:10]
```

（5）计算评分分歧

想要找出男性和女性观众分歧最大的电影，只要在 mean_ratings 后加上一个用于存储平均得分之差的列，并对其进行排序。代码如下。

```
mean_ratings['diff'] = mean_ratings['M'] - mean_ratings['F']
sorted_by_diff = mean_ratings.sort_values(by = 'diff')
sorted_by_diff[:10]
```

对排序结果进行反序处理并取出前 10 行，得到的便是男性观众更喜欢的电影。代码如下。

```
sorted_by_diff[::-1][:10]
```

男性喜欢的电影 top10 如图 13-17 所示。

```
sorted_by_diff[::-1][:10]
```

gender	F	M	diff
title			
Good, The Bad and The Ugly, The (1966)	3.494949	4.221300	0.726351
Kentucky Fried Movie, The (1977)	2.878788	3.555147	0.676359
Dumb & Dumber (1994)	2.697987	3.336595	0.638608
Longest Day, The (1962)	3.411765	4.031447	0.619682
Cable Guy, The (1996)	2.250000	2.863787	0.613787
Evil Dead II (Dead By Dawn) (1987)	3.297297	3.909283	0.611985
Hidden, The (1987)	3.137931	3.745098	0.607167
Rocky III (1982)	2.361702	2.943503	0.581801
Caddyshack (1980)	3.396135	3.969737	0.573602
For a Few Dollars More (1965)	3.409091	3.953795	0.544704

图 13-17　男性喜欢的电影 top10

如果只想要找出分歧最大的电影（不考虑性别因素），则可以计算得分数据的方差或标准差。代码如下。

```
rating_std_by_title = data.groupby('title')['rating'].std()
rating_std_by_title = rating_std_by_title.loc[active_titles]
rating_std_by_title.sort_values(ascending = False)[:10]
```

分歧最大的电影如图 13-18 所示。

```
title
Dumb & Dumber (1994)                       1.321333
Blair Witch Project, The (1999)            1.316368
Natural Born Killers (1994)                1.307198
Tank Girl (1995)                           1.277695
Rocky Horror Picture Show, The (1975)      1.260177
Eyes Wide Shut (1999)                      1.259624
Evita (1996)                               1.253631
Billy Madison (1995)                       1.249970
Fear and Loathing in Las Vegas (1998)      1.246408
Bicentennial Man (1999)                    1.245533
Name: rating, dtype: float64
```

图 13-18　分歧最大的电影

本实战展示了如何使用 Pandas 库和 NumPy 来处理和分析数据。我们可以根据自己的实际数据集和需求，进一步扩展该实战，进行更复杂的数据处理、计算等操作。